Ecuaciones Diferenciales

515.35
O84e Osses Alvarado, Axel.
Ecuaciones diferenciales / Axel Osses Alvarado.
1a. ed. – Santiago de Chile: Universitaria, 2024.
210 p.: il. ; 17 x 24 cm. – (Textos Universitaria)
Incluye índice.
Bibliografía : p. 209-210.

ISBN Impreso: 978-956-11-3093-7
ISBN Digital: 978-956-11-3094-4

1. Ecuaciones diferenciales.
I. t.

Texto compuesto en tipografía *Palatino Linotype 11/15*

Se terminó de imprimir esta
PRIMERA EDICIÓN
en los talleres de Eclipse Impresores JR,
Camino de la Colina 1456, Huechuraba,
en marzo de 2025.

DISEÑO DE PORTADA
Norma Díaz San Martín

La publicación de este libro ha sido financiada por el
Fondo Rector Juvenal Hernández Jaque 2022
de la Universidad de Chile.

www.universitaria.cl

IMPRESO EN CHILE / PRINTED IN CHILE

Axel Osses Alvarado

ECUACIONES DIFERENCIALES

FONDO JUVENAL HERNÁNDEZ JAQUE

La publicación de esta obra fue evaluada por el Comité Editorial del Fondo Rector Juvenal Hernández Jaque y revisada por pares evaluadores especialistas en la materia. El Comité Editorial está conformado por Profesores/as Titulares de la Universidad de Chile y es presidido por la Prorrectora.

EDITORIAL UNIVERSITARIA

Este libro fue construyéndose con la experiencia de más de 25 años en el curso de Ecuaciones Diferenciales Ordinarias del Plan Común de la Escuela de Ingeniería y Ciencias de la Facultad de Ciencias Físicas y Matemáticas de la Universidad de Chile. Agradezco por ello, primero que nada, a los más de ocho mil alumnos y alumnas que han consultado y estudiado las versiones preliminares de este libro a lo largo de los años, pues está basado en esa extraordinaria experiencia que significa enseñar.

Agradezco a todos esos exalumnos: Oscar Peredo, André De Laire, Francisco Ortega, Jorge Lemus, Nicolás Carreño, Felipe Serrano, Esteban Iglesias, Paulina Arena, Rolando Rogers, Nicolás Fuenzalida y Diego Olguín, la mayoría de ellos ya profesionales o académicos, que aportaron con su valioso trabajo, correcciones y recomendaciones. Agradezco también a los profesores Leonardo Sánchez y Felipe Álvarez, que me motivaron gracias al ejemplo de su inagotable entusiasmo y sabiduría.

Agradezco al Fondo Rector Juvenal Hernández Jaque de la Prorrector a de la Universidad de Chile por haberme brindado la oportunidad de editar, publicar y difundir este texto.

Agradezco también a mis dos hijas Ari y Alexandra por haberme acompañado durante su crecimiento en la vida y haber tenido siempre interés por mi labor académica de investigación y la docencia universitaria.

Índice general

Prefacio

Algunos de los libros que más atesoran los estudiantes son los que están basados en la experiencia de enseñar.

Este libro es el fruto de 25 años de experiencia enseñando el curso de Ecuaciones Diferenciales Ordinarias para científicos e ingenieros, seleccionando las formas más constructivas e intuitivas de presentar y demostrar los resultados teóricos y de acompañarlos con ejemplos que sean iluminadores e interesantes. Esto es un proceso lento y basado en la práctica. Se decide una forma, y años después se cambia, se revisa, se mejora, en un camino de constante evolución, que además se conecta con el avance de la investigación actual en las matemáticas y de los problemas aplicados contemporáneos. Este libro recoge también una selección de metodologías de enseñanza de muchos libros y fuentes diferentes y también incluye formas originales y novedosas.

Contiene así tanto la teoría clásica de ecuaciones diferenciales a través de deducciones rigurosas, como la práctica de resolución de ejercicios a través de múltiples ejemplos resueltos y propuestos y notas históricas sobre los temas desarrollados. Los ejemplos incluyen desde los cambios de temperatura del mar cuando nos bañamos, pasando por el funcionamiento de los amortiguadores de un auto, hasta la dispersión del dióxido de carbono en los dos hemisferios de nuestro planeta.

En esa misma dirección, se ha incluido al final un capítulo con aplicaciones de las ecuaciones diferenciales a problemas de la vida real. Esto surge de mi experiencia de investigación en el Centro de Modelamiento Matemático de la Universidad de Chile y en otros proyectos aplicados en medicina, astronomía y geofísica. Se tratan, entre otros, los temas siguientes: la pesca en el Mar Adriático, el análisis de las réplicas de un terremoto, la evolución y formación de estrellas a partir del polvo cósmico hasta que vuelven a desaparecer en periodos de millones de años, cómo modelar los latidos del corazón humano, modelos epidemiológicos de susceptibles, infectados y recuperados que son utilizados para estudiar la evolución de pandemias, como fue el caso del Covid-19 en el periodo 2019-2021 a nivel mundial.

En resumen, las principales características del libro persiguen que sea fácil de consultar y de estudiar a través de múltiples ejemplos y ejercicios sin perder rigurosidad; que sea completo, en el sentido de incluir tanto la teoría como la práctica, tanto con papel o tablet y lápiz como con el uso de computadores; y que esté orientado a la modelación de problemas de la vida real, al uso de datos y al respeto por el ser humano y la naturaleza.

Capítulo 1

Nociones básicas y métodos elementales

1.1. Motivación: leyes físicas y problemas geométricos

Las ecuaciones diferenciales ordinarias son identidades que vinculan una función con sus derivadas. Por ejemplo, si $y(t)$ denota el número de bacterias en una colonia en función del tiempo[1], la ecuación diferencial

$$y'(t) = \sigma y(t)$$

donde σ es una constante positiva, expresa que el aumento de la población bacteriana, representada por la derivada y', es proporcional a la propia población y, esto es, mientras más bacterias hay, más rápido ellas se multiplican.

La solución de una ecuación diferencial es una función y no un número, a diferencia de las ecuaciones algebraicas. En el ejemplo anterior se trata de encontrar la función $y(t)$: número de bacterias en función del tiempo. Una posible solución es la función:

$$y(t) = y_0 e^{\sigma t}$$

donde y_0 es el número inicial de bacterias en $t = 0$ y e es la constante de Euler. Este tipo de soluciones exponenciales aparecerán recurrentemente en la teoría y en la práctica.

De hecho, las ecuaciones diferenciales aparecen con frecuencia en muchas ramas de la matemática y sirven para plantear y resolver problemas provenientes de la física, la ingeniería, la economía, la biología y de las ciencias sociales, entre otras disciplinas[2].

Veremos a través de algunas *leyes físicas* y de algunos *problemas geométricos* que una ecuación diferencial es una forma simple de reproducir y en el mejor de los casos explicar una situación real, esto es, al fin y al cabo, que se trata de una forma útil de modelar.

1.1.1. *Intercambio de temperatura: mar y atmósfera*

Alguna vez cuando en verano nos hemos bañado en el mar entrada la tarde, quizá hemos experimentado la sensación de que el agua se siente más tibia.

Es intuitivo pensar, por ejemplo, que si el día estuvo más cálido se entibiará más el mar en la tarde y al contrario, si el día ha estado más helado. El calentarse o enfriarse representa de hecho un cambio de la temperatura del mar. Esto es, si la temperatura del mar en función del tiempo es $T(t)$, calentarse significa T crece en el tiempo, esto es, que su derivada $T'(t)$ es positiva, en cambio enfriarse significa que T decrece y $T'(t)$ es negativa. Entonces podríamos postular que si T_A es la temperatura de la atmósfera, el cambio de temperatura del mar T'

---

[1] A menudo llamaremos a una función $y : \mathbb{R} \mapsto \mathbb{R}$ por $y(t)$ simplemente y su derivada por y' siempre que esta exista.

[2] Las ecuaciones diferenciales se conocen también bajo otros nombres en ciencias e ingeniería tales como: modelos diferenciales, ecuaciones de evolución, sistemas dinámicos, etc.

resulta directamente proporcional a la diferencia $T_A - T$ de temperatura entre la atmósfera y el mar. La EDO que modela el fenómeno se podría escribir de la siguiente manera:

$$T'(t) = k(T_A(t) - T(t)),$$

donde $k > 0$ es una constante de proporcionalidad.

Esta observación es de hecho una ley física basada en el siguiente principio:

LEY DE ENFRIAMIENTO DE NEWTON

"Cuando la diferencia de temperaturas entre un cuerpo y el ambiente es pequeña, el calor transferido en una unidad de tiempo entre el cuerpo y la atmósfera es proporcional a la diferencia de temperatura entre el cuerpo y el ambiente".

En este caso el "cuerpo" es el mar y la constante de proporcionalidad k es llamada el *coeficiente de transferencia térmica*, y depende localmente de la superficie de contacto, calor específico y masas involucradas.

Es razonable pensar también que T_A varía en el tiempo de manera periódica:

$$T_A(t) = 17 + A\,\mathrm{sen}(\omega t),$$

esto es, que oscila en verano en torno a los 20 grados digamos, con una frecuencia $\omega = 2\pi/24$ correspondiente a un periodo de 24 horas si medimos el tiempo t en horas y una amplitud de oscilación A.

Veremos más adelante en el Ejemplo 1.14, que la solución de esta ecuación está dada por:

$$T(t) = 17 + A'\,\mathrm{sen}(\omega t - \phi) + Ce^{-kt},$$

donde $A' < A$, $\phi > 0$ y C son ciertas constantes. Las soluciones de este tipo, que resultan ser esencialmente oscilatorias, aparecerán también de forma recurrente a lo largo de este texto.

Lo importante es que vemos que, asintóticamente cuando el tiempo es grande, la temperatura del mar $T(t)$ oscila con el mismo periodo de 24 horas que la atmósfera, pero con una amplitud menor y un retardo positivo. Este retardo explica que, en la tarde, cuando el día se está enfriando, el mar puede estar todavía calentándose y de alguna manera almacena el calor del día durante la noche. Incluso su temperatura podría, a algunas horas de la tarde y gran parte de la noche, superar a la temperatura ambiente (ver Figura 1).

Vemos entonces cómo una ley simple puede explicar un fenómeno físico que hace parte de la vida cotidiana y que podemos observar y experimentar.

1.1.2. *Un fenómeno en biología: la osmosis*

Analicemos el fenómeno de la *osmosis*, presente en muchos procesos fisiológicos. Consideremos un experimento en que disponemos dos medios de salmuera A y B separados por una membrana impermeable en $t = 0$ con concentraciones iniciales C_A^0 y C_B^0 con $C_A^0 < C_B^0$. En un instante $t > 0$ la membrana que los separa se vuelve semipermeable y permite el paso de las moléculas de agua, pero no de las moléculas de sal disueltas (ver Figura 2). El problema es modelar la evolución de las concentraciones de sal $C_A(t)$ y $C_B(t)$ en función del tiempo. Se observa experimentalmente que a medida que el tiempo transcurre, el agua se desplaza a través de la membrana desde la solución de baja concentración A hacia la de

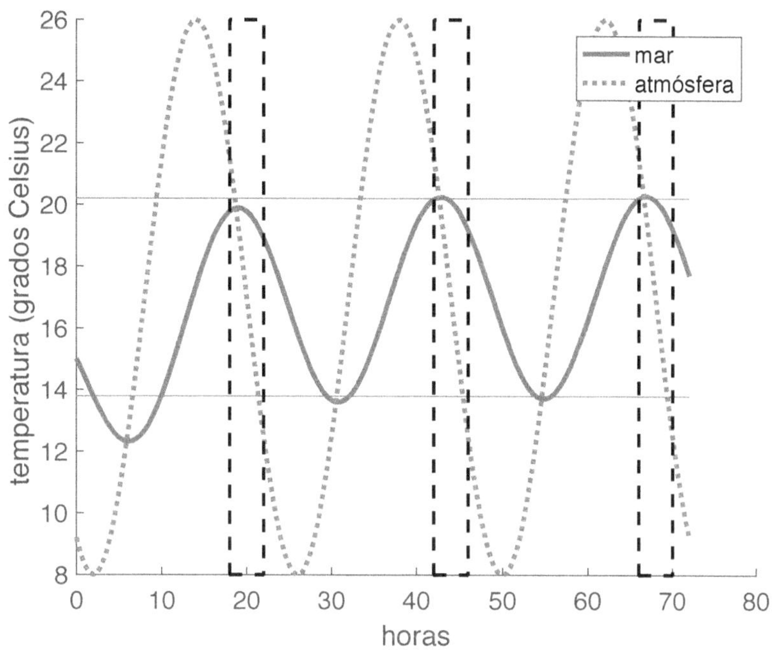

FIGURA 1. Variación de la temperatura del mar en horas, inicialmente de $T(0) = 15$ grados frente a una temperatura ambiente periódica $T_A(t) = 17 - 9\,\mathrm{sen}(\omega(t-20))$, $\omega = 2\pi/24$, $k = 0.1$. Se indica en línea punteada las horas de la tarde entre las 18 y las 22 horas en que la temperatura del mar podría comenzar a superar a aquella de la atmósfera. (Ver figura en pliego color p. 211).

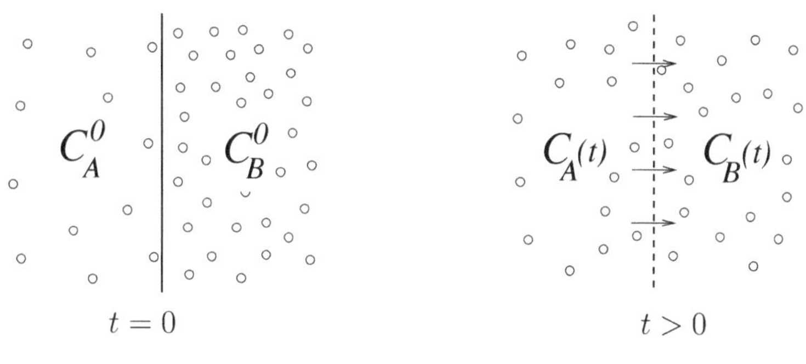

FIGURA 2. Fenómeno de osmosis del agua por una membrana semipermeable.

alta concentración B hasta alcanzar asintóticamente un valor de equilibrio como se muestra en el gráfico de la Figura 3.

Se constata, también experimentalmente, que este valor de equilibrio corresponde al promedio M de concentraciones, el cual es conservado a través del tiempo. Esto tiene dos consecuencias: dicho promedio debe ser igual al promedio de las concentraciones iniciales y es por lo tanto conocido. Además, como

$C_A(t) + C_B(t) = 2M$ es constante, podemos obtener en cada instante t la concentración en B conociendo la de A y viceversa. Así es que el problema se reduce a encontrar solamente la función $C_A(t)$.

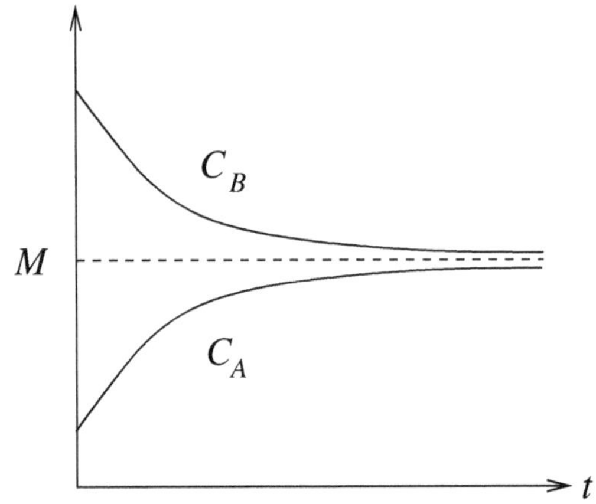

FIGURA 3. Evolución de las concentraciones durante la osmosis que converge asintóticamente al promedio M de las concentraciones de ambos medios.

Si registramos en un gráfico el logaritmo natural de la diferencia $M - C_A(t)$ en función del tiempo, observaremos que la curva experimental se ajusta bien a una recta de pendiente negativa $-\sigma$. Una hipótesis razonable es entonces un *ajuste exponencial* de $C_A(t)$ a la asíntota de ordenada M, en efecto,

$$\ln(M - C_A(t)) = -\sigma t + C \quad \Rightarrow \quad C_A(t) = M - K e^{-\sigma t},$$

donde K es una constante que se obtiene imponiendo la condición inicial $C_A(0) = C_A^0$ lo que nos da $K = M - C_A^0$. Reemplazando la constante K en la expresión anterior, esto nos provee de la fórmula siguiente para la concentración buscada:

$$C_A(t) = M - (M - C_A(0))e^{-\sigma t}. \tag{1}$$

Esta función representa un buen *modelo* de la realidad, ya que se ajusta razonablemente bien a las mediciones experimentales; sin embargo puede resultar todavía misterioso por qué deberíamos aceptar este modelo de crecimiento exponencial como un modelo razonable y no otro modelo diferente, por ejemplo un ajuste polinomial por pedazos.

Esto nos lleva a preguntarnos ¿Hay alguna ley o principio que explique el fenómeno de la osmosis? Una idea, que resulta ser fundamental, consiste en estudiar *si existe una relación simple entre la concentración* $C_A(t)$ *y su aumento* $C'_A(t)$. Derivando (1) obtenemos:

$$\begin{aligned} C'_A(t) &= \sigma K e^{-\sigma t} \\ &= \sigma K e^{-\sigma t} + \sigma M - \sigma M \\ &= \sigma(M - (M - K e^{-\sigma t})) \end{aligned}$$

esto es, la relación buscada es:

$$C'_A(t) = \sigma(M - C_A(t)). \tag{2}$$

Entonces la solución (1) satisface (2). Interpretando (2) encontramos una relación diferencial simple y comprensible que podemos enunciar como la ley siguiente:

> LEY DE OSMOSIS
>
> *"El aumento de concentración es proporcional en cada instante a la diferencia de concentración entre el promedio asintótico de concentraciones y la concentración actual. La constante de proporcionalidad cuantifica la permeabilidad de la membrana".*

Notar que la ley anterior es muy similar a la ley de enfriamiento de Newton que vimos en la sección anterior. Esto es una gran ventaja de las leyes o principios basados en ecuaciones diferenciales, un carácter, en muchos casos, llamado *universal*.

La ley de osmosis representada por la ecuación diferencial (2) provee entonces una interpretación más intuitiva y profunda del proceso de osmosis. Más adelante, en el Ejemplo 1.13, veremos que (2) tiene como solución (1).

EJERCICIO PROPUESTO 1.1. Si en el gráfico del experimento de la Figura 3, el aumento de la concentración en A hubiese resultado con una forma sigmoide (esto es estrictamente creciente hacia la asíntota pero con un punto de inflexión) ¿qué modelo diferencial propondría usted para este fenómeno? Indicación: averigüe sobre el modelo de crecimiento logístico.

1.1.3. *Ley de gravitación universal*

Muchos fenómenos de la naturaleza pueden modelarse a través de relaciones entre cantidades y sus variaciones[3], esta idea revolucionaria para la ciencia fue introducida en el siglo XVII, entre otros, por Fermat, Newton y Leibniz. En términos matemáticos, estamos hablando en todos los casos de identidades que relacionan una función y sus derivadas o sea, de ecuaciones diferenciales[4].

La mayoría de las leyes físicas puede representarse por ecuaciones diferenciales que involucran alguna función como incógnita, la que puede representar por ejemplo el movimiento de un cuerpo o la concentración de una especie química. Dichas ecuaciones diferenciales suelen ser simples, sin embargo el encontrar la función incógnita puede llegar a ser una tarea ardua. Un ejemplo es la ley de la gravitación universal, que modela el movimiento de los planetas alrededor del sol:

> LEY DE GRAVITACIÓN UNIVERSAL
>
> *"La aceleración de un planeta es proporcional a la fuerza que sobre él ejerce el sol, cuya magnitud es inversa al cuadrado de la distancia que los separa".*

Esta ley del siglo XVII lleva a dos ecuaciones con dos derivadas de la forma:

$$x'' = -\frac{x}{(x^2+y^2)^{3/2}}, \qquad y'' = -\frac{y}{(x^2+y^2)^{3/2}},$$

[3]O *fluxiones* en la terminología original de Newton, que da la idea de continuo temporal.

[4]Algunas ecuaciones diferenciales famosas caen en la categoría de ecuaciones en derivadas parciales, más generales que las que veremos en este libro, pues contienen derivadas respecto al tiempo y al espacio: la ecuación del calor, la de ondas, las de fluidos o de Navier-Stokes, la de la elasticidad o de Lamé, la del electromagnetismo o de Maxwell, la de la mecánica cuántica o de Schrödinger.

donde (x, y) es la posición del planeta en el plano de origen en el Sol. Estas ecuaciones tienen como solución elipses en el caso de un solo planeta. En el caso de varios planetas, también ejercen fuerza sobre un planeta los demás planetas y no solamente el Sol, lo que lleva a órbitas muchísimo más complicadas y motivó el estudio de órbitas caóticas en el siglo XX por Henri Poincaré.

El movimiento de los planetas hace parte de los fenómenos en los que se conoce la ley y por lo tanto las ecuaciones diferenciales que representan dicho fenómeno, pero no se logra comprender completamente la solución a dichas ecuaciones. La ley de movimiento en este caso resulta más simple que el movimiento en sí mismo[5].

Este ejemplo de los planetas nos muestra además que las ecuaciones diferenciales se pueden presentar en grupos de dos o más formando *sistemas de ecuaciones diferenciales*[6].

EJERCICIO PROPUESTO 1.2. Averigüe quién recopiló los datos a partir de los que Kepler postuló la idea de órbitas elípticas.

1.1.4. *Algunos problemas geométricos*

Las ecuaciones diferenciales pueden ser también útiles para plantear y resolver problemas geométricos, por ejemplo, para agrupar una familia de curvas. Veamos el caso de las *familias ortogonales.*

Consideremos la familia de todas las parábolas con vértice en el origen definidas por la ecuación $y = ax^2$, con $a \in \mathbb{R}$. Derivando con respecto a x obtenemos $y' = 2ax$. Si usamos la expresión anterior para eliminar el parámetro a obtenemos la ecuación diferencial que representa la familia de parábolas:

$$y' = 2\frac{y}{x}.$$

Esta ecuación diferencial revela que con las parábolas con vértice en el origen comparten la siguiente propiedad: la pendiente en cada punto de ellas es el doble de la pendiente de la recta que une ese punto con el origen.

Tratemos ahora de encontrar la familia de todas las curvas que intersectan de manera perpendicular a las parábolas de la familia anterior. Esto es, la llamada *familia ortogonal.*

Si la función z define una de estas curvas entonces $z'(x)y'(x) = -1$ para toda y en la familia de parábolas y para todo $x \in \mathbb{R}$ siempre que $z(x) = y(x)$, esto es, las curvas se intersectan en el punto $(x, y(x))$. Dado que $y'(x) = \dfrac{2y(x)}{x}$, la ecuación que define a la familia ortogonal resulta ser:

$$z'(x) = \frac{-1}{y'(x)} = \frac{-x}{2y(x)} = -\frac{x}{2z(x)}.$$

Notar que reemplazamos y por z pues las curvas se intersectan.

Tratemos de resolver la ecuación diferencial anterior. Esto es, tratemos de encontrar la forma de la función $z(x)$ o más precisamente, de las curvas (x, z).

[5]Es el caso también de las ecuaciones de Navier-Stokes que modelan el movimiento de un fluido tridimensional, y no se sabe si dan lugar o no a una única soluci'on; o el de la ecuación de Schrödinger, que encripta la compleja dualidad onda-partícula de manera increíblemente simple.

[6]Ver Capítulo 5.

Tenemos que

$$\begin{aligned} 2z(x)z'(x) &= -x \\ \frac{d}{dx}\Big(z(x)\Big)^2 &= -x. \end{aligned}$$

Si integramos a ambos lados de la ecuación obtenemos

$$z(x)^2 = -\frac{x^2}{2} + C,$$

donde C es una constante. Escrito de otro modo, esto es

$$\frac{z^2}{C} + \frac{x^2}{2C} = 1.$$

La familia ortogonal a las parábolas está integrada entonces por todas las elipses que están centradas en el origen.

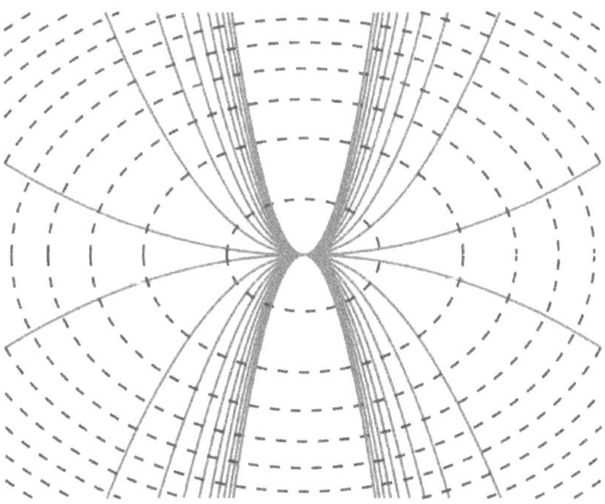

FIGURA 4. Familias de curvas ortogonales. Por cada punto de la familia de parábolas por el origen pasa una elipse ortogonal.

EJERCICIO PROPUESTO 1.3. En la discusión anterior, al reemplazar y por z, dado que las curvas se intersectan, se obtiene la ecuación $z' = -\frac{x}{2z}$. Por otro lado, si hubiésemos reemplazado y por $y = ax^2$ habríamos llegado a la ecuación $z' = -\frac{1}{2ax}$ que es completamente diferente. Convénzase de que no es correcto reemplazar y por $y = ax^2$ dado que a depende de x, por lo que la segunda ecuación no es válida.

1.2. Definiciones básicas y noción de solución

Ahora que nos hemos familiarizado con algunas ecuaciones diferenciales ordinarias y que hemos visto que aparecen como una herramienta útil para modelar fenómenos naturales y problemas geométricos, veamos algunas definiciones más generales.

DEFINICIÓN 1.1. Una *ecuación diferencial ordinaria* (abreviada EDO) es una identidad de la forma

$$F(x, y(x), y'(x), y''(x), \dots, y^{(n)}(x)) = 0,$$

donde x representa la *variable independiente* e y una la función incógnita, llamada también *variable dependiente* o *solución* de la EDO. La función F representa la relación que liga las derivadas de y y la variable x. Se dice que la ecuación es *ordinaria* pues se deriva con respecto a una sola variable independiente[7].

En algunas situaciones, como en los problemas geométricos, resulta natural usar x como variable independiente. En otras situaciones, como en los problemas donde se deriva respecto del tiempo, es mucho más natural utilizar la letra t. En los primeros capítulos hemos escogido arbitrariamente x como la variable independiente, pero cuando sea apropiado más adelante cambiaremos a t.

Consideraremos aquí que F es una función a valores escalares, esto corresponde a *una* sola ecuación diferencial. Se puede considerar también que F tome valores vectoriales, pero en este caso se tratará de *sistemas* de ecuaciones diferenciales que veremos más adelante en el Capítulo 5.

DEFINICIÓN 1.2. El *orden* de una ecuación diferencial es el grado de derivación máximo que aparece en la ecuación que en este caso[8] es el número natural n.

DEFINICIÓN 1.3. Una EDO *lineal* de orden n es de la forma

$$a_n(x)y^{(n)} + a_{n-1}(x)y^{(n-1)} + \cdots + a_1(x)y' + a_0(x)y = Q(x), \tag{3}$$

donde las funciones $a_i(x) \in \mathbb{R}, \forall i \in \{1, \dots, n\}$ son llamadas *coeficientes* de la EDO.

DEFINICIÓN 1.4. Si $Q(x)$ (llamado comúnmente *lado derecho* de la EDO) es idénticamente nulo, la EDO lineal se dice *homogénea*. Si $Q(x) \neq 0$, la EDO lineal se dice *no homogénea*.

DEFINICIÓN 1.5. Si los coeficientes $a_i(x)$ no dependen de x, se dice que la EDO lineal es a *coeficientes constantes*. De lo contrario se dice que ella es a *coeficientes variables*.

En el caso que $a_n(x) \neq 0$ se puede dividir la EDO (3) por $a_n(x)$. La EDO que así se obtiene con

$$\overline{a}_n(x) = 1, \quad \overline{a}_i(x) = \frac{a_i(x)}{a_n(x)}, \; i = 0, \dots, n-1, \quad \overline{Q}(x) = \frac{Q(x)}{a_n(x)}$$

se dice que está *normalizada*[9]. Utilizaremos la barra sobre los coeficientes y el lado derecho para indicar normalización.

DEFINICIÓN 1.6. Una EDO *no lineal* es una EDO que no es lineal [10].

---

[7]Si se deriva con respecto a varias variables, se habla de Ecuación Diferencial Parcial (EDP). Notemos que existen también las inecuaciones diferenciales, donde la igualdad en la Definición 1.1 es reemplazada por una desigualdad.

[8]Existen nociones de derivación de orden no entero más general, que dan lugar a las llamadas Ecuaciones Pseudo Diferenciales (EΨD)

[9]Si $a_n(x) = 0$ para valores discretos de x, se puede normalizar por intervalos.

[10]Esta definición puede parecer en primera instancia ridícula, pero por economía y coherencia, muchos conceptos en matemáticas, como el de dependencia lineal a partir de la independencia lineal, o el de matriz singular a partir de matriz invertible, se definen por negación de una definición anterior.

Cabe notar que existe una diferencia fundamental entre una EDO lineal y una no lineal. Por ejemplo, en una EDO lineal, si el lado derecho se duplica, la solución también, en cambio esto no ocurre necesariamente en una EDO no lineal. Gran parte de este texto concierne el estudio de EDO lineales, que son las más simples, pero también resolveremos algunas EDO no lineales en este capítulo y estudiaremos algunos sistemas no lineales simples en el Capítulo 6.

EJEMPLO 1.1. $y(1+(y')^2)=4$. EDO no lineal, de orden 1. Esta es la EDO de la *curva braquistócrona*, que estudiaremos más a fondo en el Ejemplo 1.9.

EJEMPLO 1.2. $xy' + c\,\mathrm{sen}(x)y = \tan(x)$. EDO lineal de orden 1 a coeficientes variables, no homogénea ni normalizada.

EJEMPLO 1.3. $y'' - 2y = 0$. EDO lineal de orden 2 a coeficientes constantes, homogénea y normalizada.

n	orden de la EDO
$Q(x)=0$	homogénea
$Q(x)\neq 0$	no homogénea
$\forall i,\ a_i = cte$	coeficientes constantes
$\exists i,\ a_i = a_i(x)$	coeficientes variables
$a_n = 1$	normalizada

CUADRO 1. Clasificación de la EDO lineal $\sum_{i=0}^{n} a_i(x)y^{(i)} = Q(x)$.

1.3. Resolución de EDO elementales

En este capítulo estudiaremos algunas técnicas que nos permitirán determinar las soluciones de una gran cantidad de EDO. Comenzaremos por analizar cuatro tipos de ecuaciones de primer orden que llamaremos *elementales*:

- integración directa: $y' = f(x)$.
- variables separables: $y' = f(x)g(y)$.
- lineal de primer orden homogénea: $y' + \overline{a}_0(x)y = 0$.
- lineal de primer orden no homogénea: $y' + \overline{a}_0(x)y = \overline{Q}(x)$.

Posteriormente estudiaremos algunas otras ecuaciones de primer y segundo orden que pueden reducirse a estos casos elementales.

Nos enfocaremos en la resolución de las ecuaciones y no siempre seremos demasiado rigurosos en los aspectos teóricos que justifican los cálculos. Estos aspectos (existencia, unicidad, regularidad de la solución) serán tratados con más profundidad en capítulos siguientes.

Para resolver los casos elementales será útil el cálculo de primitivas y recordar el Teorema Fundamental del Cálculo.

TEOREMA 1.1 (TFC). *Sea f integrable en $[a,b]$, entonces, dado $x_0 \in [a,b]$ e $y_0 \in \mathbb{R}$, la función y, definida por*

$$y(x) = y_0 + \int_{x_0}^{x} f(s)ds, \quad \textit{para} \quad x \in [a,b],$$

es continua en $[a,b]$ y se tiene $y(x_0) = y_0$. Si además f es continua en $[a,b]$ entonces la función $y(x)$ es también derivable[11] *en $[a,b]$ con derivada continua igual a $f(x)$, esto es, se tiene que*

$$y(x) = y(x_0) + \int_{x_0}^{x} y'(s)ds, \quad \forall x \in [a,b] \tag{4}$$

$$\frac{d}{dx}\int_{x_0}^{x} f(s)ds = f(x) \quad \forall x \in [a,b]. \tag{5}$$

Las identidades anteriores serán especialmente útiles en este y los próximos capítulos, por lo que se sugiere al lector o a la lectora recordarlas siempre, teniendo especial cuidado en no confundir (4) y (5).

1.3.1. *Integración directa*

Consideramos una EDO del tipo

$$y' = f(x). \tag{6}$$

Si la función f es integrable (por ejemplo si es continua o continua por pedazos[12]), gracias al TFC las soluciones existen y están dadas por:

$$y = \int f(x)dx + C, \tag{7}$$

donde $C \in \mathbb{R}$ es una constante arbitraria.

EJEMPLO 1.4. Las soluciones de la ecuación $y' = \text{sen}(x)$ son de la forma

$$y = \int \text{sen}(x)dx + C = -\cos(x) + C, \quad \text{con} \quad C \in \mathbb{R}.$$

EJEMPLO 1.5. La ecuación $y' = x$ tiene como soluciones a las funciones de la forma

$$y = \int x dx + C = \frac{x^2}{2} + C, \quad \text{con} \quad C \in \mathbb{R}.$$

Denotaremos por C genéricamente a una constante arbitraria sin importar las eventuales transformaciones biyectivas que la mantienen arbitraria (ponderaciones por un escalar no nulo, cambios de signo, suma de otra constante). Por ejemplo C, $2C$, $C/\sqrt{2}$, $-C$, $C+4$ pueden ser representadas por una misma constante genérica. Si la transformación no es biyectiva, por ejemplo C^2, entonces se pierde la arbitrariedad y es mejor escribir explícitamente C^2 o precisar de algún modo que la constante no puede ser negativa.

[11] Derivable en el cerrado $[a,b]$ significa derivable en el abierto (a,b) y con derivadas laterales en a^+ y b^-.

[12] Ver Capítulo 4, donde se da la definición de las funciones continuas por pedazos.

EJEMPLO 1.6. Estudiemos la ecuación $y' = \frac{1}{x}$ para $x \neq 0$.

$$y = \int \frac{dx}{x} + C = \ln(|x|) + C = \ln(|x|) + \ln(k) = \ln(k|x|), \quad k > 0.$$

En el cálculo anterior hemos reemplazado la constante arbitraria C por $\ln(k)$ (donde $k = e^C > 0$) para escribir la solución de manera más compacta y sin perder arbitrariedad. Observemos también que el módulo en el logaritmo nos da la primitiva correcta de $1/x$ cuando $x < 0$. Como $|x|$ no es derivable en $x = 0$, se considera la resolución de la EDO separadamente en cada intervalo $(-\infty, 0)$ y $(0, \infty)$.

Supongamos ahora que queremos encontrar la solución de (6) definida sobre un intervalo I y que además pase por cierto punto (x_0, y_0) dado. Esto es, queremos resolver el siguiente problema[13]:

$$\begin{cases} y'(x) &= f(x) \quad \text{para todo } x \in I, \\ y(x_0) &= y_0. \end{cases}$$

Integrando la ecuación $y' = f(x)$ entre x_0 y $x \in I$ obtenemos

$$\int_{x_0}^{x} y'(s)ds = \int_{x_0}^{x} f(s)ds$$

y del TFC (identidad (4)), se tiene que

$$y(x) = y(x_0) + \int_{x_0}^{x} f(s)ds. \tag{8}$$

Detengámonos aquí para comparar (7) y (8). La función $F(x) = \int_{x_0}^{x} f(s)ds$ en (8) es una primitiva bien particular de f: aquella que cumple $F(x_0) = 0$. Entonces la constante C en (7) deja de ser arbitraria y se tiene que $C = y(x_0)$.

En las ecuaciones de primer orden que estudiaremos en este curso, siempre podremos determinar la constante arbitraria si conocemos el valor de la función en un punto del intervalo[14].

1.3.2. *Variables separables*

Una EDO en variables separables tiene la forma siguiente:

$$y' = f(x)g(y). \tag{9}$$

Lo primero que observamos es que si $g(y_0) = 0$ entonces la función constante $y(x) \equiv y_0$ define una solución de la EDO (9). Para los valores de y donde $g(y) \neq 0$ se tiene $\frac{y'}{g(y)} = f(x)$. Integrando y usando el Teorema del cambio de variables obtenemos

$$\int \frac{y'(x)}{g(y(x))}\, dx = \int \frac{dy}{g(y)} = \int f(x)dx + C, \tag{10}$$

donde $C \in \mathbb{R}$ es una constante. Si G es una primitiva de $\frac{1}{g}$ y F es una primitiva de f entonces

$$G(y) = F(x) + C.$$

---

[13]Ver Capítulo 2 donde se estudia este problema conocido como *problema de Cauchy*.

[14]Para ecuaciones de orden n necesitaremos conocer los valores de la función y sus derivadas hasta el orden $n-1$ pues las integraciones sucesivas arrojarán más constantes.

Si queremos una fórmula explícita para las soluciones debemos despejar y en función de x en la relación anterior[15]. Si no se puede despejar y, las soluciones quedan expresadas de manera implícita o paramétrica (ver Ejemplo 1.9).

EJEMPLO 1.7. Analicemos la ecuación

$$y' = xy.$$

Aquí $f(x) = x$ y $g(y) = y$. Observemos primero que la función nula $y(x) \equiv 0$ define una solución de la EDO. Si $y \neq 0$ hacemos

$$\int \frac{dy}{y} = \int x\, dx + C.$$

Tenemos entonces que

$$\ln(|y|) = \frac{x^2}{2} + C,$$

de donde

$$|y| = \exp\left(\frac{x^2}{2} + C\right) = ke^{\frac{x^2}{2}},$$

donde $k = e^C > 0$. Eliminando el módulo y considerando los posibles valores positivos y negativos vemos que todas las soluciones son de la forma

$$y = ke^{\frac{x^2}{2}},$$

con $k \in \mathbb{R}$ (el valor $k = 0$ nos da la solución nula).

EJEMPLO 1.8. Estudiemos ahora la EDO

$$y' = \cos^2(y).$$

En este caso $f(x) = 1$ y $g(y) = \cos^2(y)$. Las soluciones constantes son de la forma $y(x) \equiv \frac{\pi}{2} + k\pi$ con $k \in \mathbb{Z}$. Para encontrar las demás soluciones,

$$\begin{aligned} \int \frac{dy}{\cos^2(y)} &= \int dx + C \\ \int \sec^2(y)dy &= x + C \\ \tan(y) &= x + C, \end{aligned}$$

donde $C \in \mathbb{R}$. Para $y \in (-\frac{\pi}{2}, \frac{\pi}{2})$ esto es

$$y = \arctan(x + C).$$

Para los demás valores de y debemos tener en cuenta la periodicidad de la función tangente. Tenemos entonces que todas las soluciones no constantes son de la forma

$$y = k\pi + \arctan(x + C),$$

con $C \in \mathbb{R}$ y $k \in \mathbb{Z}$.

EJERCICIO PROPUESTO 1.4. Para el problema de Cauchy, vea cómo funciona el método con integrales definidas. Si se integra entre $x_0 \in I$ y $x \in I$ a ambos lados de (9), se tiene que

$$\int_{y(x_0)}^{y(x)} \frac{dy}{g(y)} = \int_{x_0}^{x} f(x)dx.$$

[15]El Teorema de la Función Implícita, que se estudia en el curso de Cálculo en Varias Variables, da las condiciones para que esto sea posible.

Como antes, si G es primitiva de $\frac{1}{g}$ y F es primitiva de f, se tiene que

$$\begin{aligned} G(y(x)) &= F(x) - F(x_0) + G(y(x_0)) \\ &= F(x) + C \end{aligned}$$

con $C = G(y(x_0)) - F(x_0)$ constante. Compare (10) y (11) como se hizo antes entre (7) y (8).

En el siguiente ejemplo la solución queda definida *paramétricamente.*

EJEMPLO 1.9 (Braquistócrona). Se denomina así a la forma que debe tener un alambre para que una argolla que se desliza por él sin roce bajo la acción de la gravedad de un punto a otro de menor altura y no en la misma vertical, lo haga en el menor tiempo posible.

El problema de encontrar la curva de tiempo mínimo (braquistócrona en latin) fue propuesto por el matemático suizo Jean Bernoulli en 1696 para desafiar a la comunidad científica de su tiempo. Él mismo encontró una solución y otras cuatro soluciones aparecieron debidas a Leibniz, a L'Hôpital, al hijo de Jean Bernoulli y una solución anónima que se atribuyó luego a Newton. Todas ellas usan ecuaciones diferenciales y cálculo diferencial.

Para explicar la solución que Jean de Bernoulli encontró, hay primero que explicar la forma continua de la conocida *ley de Snell* proveniente de la óptica.

Pensemos en una deportista que participa en una competencia y debe cruzar primero un río nadando desde un punto de partida A y luego de salir del agua correr por una playa de arena hasta un punto de meta B, y desea llegar en el mínimo tiempo posible de A a B. Suponemos que en el agua nada a velocidad (constante) v_1 mientras que en la arena corre a velocidad (también constante) v_2 con $v_1 < v_2$. Una primera idea es que debe nadar y correr en línea recta, pero si lo pensamos bien, debería nadar menos en el agua y correr más en la arena para minimizar su tiempo. De modo que su trayectoria debiera ser una línea quebrada de A a B con vértice en C situado en un punto entre el agua y la arena. Si a y b son las distancias verticales de A y B a C y c y x son las distancias horizontales de A a B y C respectivamente, entonces en tiempo total de la carrera está dado por:

$$T(x) = \frac{\sqrt{x^2 + a^2}}{v_1} + \frac{\sqrt{(c-x)^2 + b^2}}{v_2}.$$

Haciendo $T'(x) = 0$ se obtiene la coordenada x (lo que determina el punto C) de tiempo mínimo

$$\frac{x}{v_1\sqrt{x^2 + a^2}} = \frac{c-x}{v_2\sqrt{(c-x)^2 + b^2}}$$

de donde se obtiene a su vez, introduciendo los ángulos de incidencia respecto de la normal a la interfaz α_1 y α_2, la conocida ley de Snell:

$$\frac{\operatorname{sen}\alpha_1}{v_1} = \frac{\operatorname{sen}\alpha_2}{v_2}.$$

Si pensamos ahora en una competencia de triatlón y se agrega un tramo extra de bicicleta, es decir, ir primero nadando desde A, luego corriendo en la arena, y finalmente en bicicleta hasta la meta B, y suponemos que la deportista tiene una velocidad v_3 andando en bicicleta con $v_1 < v_2 < v_3$, entonces de manera similar podemos pensar que la trayectoria óptima es una línea con dos quiebres en C_1 y C_2 cada vez que la deportista cambia de velocidad, cumpliédose que:

$$\frac{\operatorname{sen}\alpha_1}{v_1} = \frac{\operatorname{sen}\alpha_2}{v_2} = \frac{\operatorname{sen}\alpha_3}{v_3} = cte.$$

De manera análoga, la argolla de masa m que cae bajo la gravedad g tiene una velocidad v que va en aumento de acuerdo con la distancia vertical recorrida y, como si la argolla al caer fuera como la deportista que va aumentando gradualmente su velocidad. En efecto, la velocidad aumenta con la distancia, pues igualando energías cinética y potencial se obtiene:

$$\frac{1}{2}mv^2 = mgy \qquad \Rightarrow \qquad v = \sqrt{2gy}.$$

Por esta razón, Jean de Bernoulli conjeturó la ley de Snell generalizada siguiente:

$$\frac{\operatorname{sen}\alpha}{v} = cte$$

donde α es el ángulo que instantáneamente forma la tangente a la curva en la posición de la argolla y la vertical. Usando la propiedad geométrica de que la tangente de $\pi/2 - \alpha$ es la derivada de y se obtiene que:

$$\operatorname{sen}\alpha = \cos(\pi/2 - \alpha) = \frac{1}{\sqrt{1 + \tan^2(\pi/2 - \alpha)}} = \frac{1}{\sqrt{1 + (y')^2}}$$

por lo que, usando la ley de Snell generalizada, se obtiene

$$v = \frac{1}{cte\sqrt{1 + (y')^2}} = \sqrt{2gy}.$$

Simplificando la expresión anterior, se obtiene la EDO que describe la forma de la curva como sigue:

$$y(1 + (y')^2) \;\; = \;\; k^2,$$

donde $k = 1/(2g\,cte^2)$ es una constante positiva.

Utilizaremos el método de separación de variables para resolver la EDO de la braquistócrona. Se tiene

$$\begin{aligned} y' &= \left(\frac{k^2 - y}{y}\right)^{\frac{1}{2}} \\ \int \frac{\sqrt{y}}{\sqrt{k^2 - y}}\,dy &= \int dx + C. \end{aligned}$$

Haciendo $y = k^2\operatorname{sen}^2\theta \Rightarrow dy = 2k^2\operatorname{sen}\theta\cos\theta d\theta$ obtenemos

$$\begin{aligned} \int \frac{k\operatorname{sen}\theta 2k^2\operatorname{sen}\theta\cos\theta d\theta}{k\cos\theta} &= x + C \\ 2k^2\int \operatorname{sen}^2\theta d\theta &= x + C \\ 2k^2\int \frac{1 - \cos(2\theta)}{2} d\theta &= x + C \\ 2k^2\left(\frac{\theta}{2} - \frac{\operatorname{sen}2\theta}{4}\right) &= x + C \\ x &= 2k^2\left(\frac{\theta}{2} - \frac{\operatorname{sen}2\theta}{4}\right) - C. \end{aligned}$$

Por lo tanto, se tiene que $x = x(\theta)$ e $y = y(\theta)$ con

$$\begin{aligned} x &= \frac{k^2}{2}(2\theta - \operatorname{sen} 2\theta) - C \\ y &= \frac{k^2}{2}(1 - \cos 2\theta). \end{aligned}$$

Si ahora hacemos $\omega = 2\theta$, vemos que

$$\begin{aligned} x &= \frac{k^2}{2}(\omega - \operatorname{sen} \omega) - C \\ y &= \frac{k^2}{2}(1 - \cos \omega), \end{aligned}$$

con $\omega \in \mathbb{R}$. La solución es una familia de curvas llamadas *cicloides*[16] (ver Figura 5). Digamos, para terminar, que el trabajo de toda la vida de Jean Bernoulli quedó

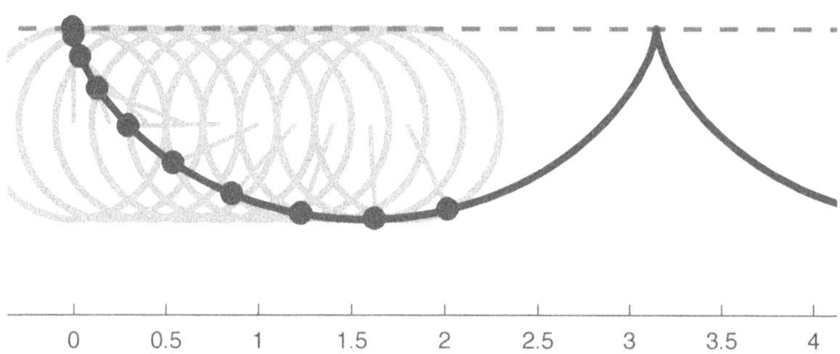

FIGURA 5. Curva braquistócrona (inicio de una cicloide) con $\omega \in [0, 3\pi]$, parámetro $k = 1$ y constante $C = 0$. La cicloide se genera al seguir un punto fijo que rueda con una circunferencia. (Ver figura en pliego color p. 211).

marcado por el estudio de la curva cicloide, lo que quedó plasmado en sus obras completas de 1742 donde aparece su retrato sosteniendo un dibujo de la curva.

EJEMPLO 1.10 (El problema de la gota de lluvia). Consideremos una gota de masa inicial m_0 y de densidad constante que cae del reposo y calculemos su masa en función del tiempo usando el siguiente principio:

GOTA DE LLUVIA

"Una gota de lluvia que cae por efecto de su peso va aumentando su volumen a medida que captura gotas más pequeñas en su superficie inferior. Esto es, a una tasa que es proporcional a su velocidad de caída y a su superficie inferior".

[16]Porque corresponde también a la curva que se obtiene cuando se sigue un punto fijo de una circunferencia que rueda.

Supondremos que i) la gota es esférica, ii) la gota alcanza una aceleración constante, iii) esta aceleración límite es menor que la de gravedad. Si el radio de la esfera es $r(t)$ entonces su volumen es proporcional a r^3 y su superficie media a r^2. Si la densidad es constante, entonces la masa $m(t)$ es proporcional a r^3 de donde despejando $r(t)$ resulta proporcional a $m^{1/3}$. Con esto, suponiendo que y es la distancia recorrida verticalmente hacia abajo por la gota, la EDO queda:

$$m'(t) = Km^{2/3}y', \quad K > 0 \text{ constante.}$$

Además, la segunda ley de Newton (atención que la masa es variable) es

$$(my')' = mg.$$

Al reemplazar en la primera EDO obtenemos

$$\begin{aligned} m'y' + my'' &= mg \\ Km^{2/3}(y')^2 + my'' &= mg \\ Km^{-1/3}(y')^2 + y'' &= g \\ m^{1/3} &= \frac{K(y')^2}{g - y''}. \end{aligned}$$

Derivando esta expresión vemos que

$$\frac{1}{3}m^{-2/3}m' = \left(\frac{K(y')^2}{g - y''}\right)',$$

de donde

$$\begin{aligned} y' &= 3\left(\frac{(y')^2}{g - y''}\right)' \\ y' &= 3\frac{2(g - y'')y'y'' + y'''(y')^2}{(g - y'')^2} \\ y'(g - y'')^2 &= 6(g - y'')y'y'' + 3y'''(y')^2 \\ 3y'''y' &= (g - y'')(g - y'' - 6y'') = (g - y'')(g - 7y''). \end{aligned}$$

Suponiendo que $y'' < g$ y que la aceleración es constante ($y''' = 0$) se obtiene que

$$y'' = \frac{g}{7}.$$

Ahora integrando entre 0 y t una vez (y suponiendo que la gota parte del reposo) se obtiene la velocidad

$$y' = \frac{gt}{7}.$$

Reemplazando este valor en la EDO original de la masa se obtiene

$$m' = \frac{gK}{7}t\,m^{2/3},$$

que es una EDO a variables separables, que podemos resolver:

$$\begin{aligned} \int m^{-2/3}dm &= \frac{gK}{7}\frac{t^2}{2} + C \\ 3m^{1/3} &= \frac{gK}{14}t^2 + C. \end{aligned}$$

Si la masa inicial era m_0, entonces $C = 3m_0^{1/3}$. Luego

$$m(t) = \left(\frac{gK}{42}t^2 + m_0^{1/3}\right)^3.$$

EJERCICIO PROPUESTO 1.5. ¿Es razonable pensar en el ejercicio anterior que la masa crece de manera no acotada con el tiempo? ¿Qué se podría considerar adicionalmente en el modelo para mejorarlo?

1.3.3. EDO *lineal de primer orden: caso homogéneo*

Se tiene la EDO:

$$a_1(x)y' + a_0(x)y = 0. \tag{11}$$

Normalizando los coeficientes, es decir, con $\overline{a}_0(x) = \dfrac{a_0(x)}{a_1(x)}, a_1(x) \neq 0$ se obtiene:

$$y' = -\overline{a}_0(x)y.$$

Presentaremos dos formas de resolución:

Variables separables: Claramente la función nula $y(x) \equiv 0$ define una solución para esta EDO. Para los valores donde $y \neq 0$, notamos que la EDO (1.3.3) es de la forma $y' = f(x)g(y)$ con $f(x) = \overline{a}_0(x)$ y $g(y) = y$. Así

$$\begin{aligned}
\ln(|y|) &= -\int \overline{a}_0(x)dx + C \\
|y| &= k\exp\left(-\int \overline{a}_0(x)dx\right), \quad k > 0 \\
y &= k\exp\left(-\int \overline{a}_0(x)dx\right)
\end{aligned}$$

con $k \in \mathbb{R}$, incluyendo la solución nula.

Factor integrante: Definimos el factor

$$\mu(x) = \exp\left(\int \overline{a}_0(x)dx\right)$$

y observamos que $\mu'(x) = \overline{a}_0(x)\mu(x)$. Si multiplicamos la ecuación por $\mu(x)$ obtenemos

$$\begin{aligned}
\mu(x)y'(x) + \overline{a}_0(x)\mu(x)y(x) &= 0 \\
\mu(x)y'(x) + \mu'(x)y(x) &= 0 \\
(\mu(x)y(x))' &= 0,
\end{aligned}$$

con lo cual el producto $\mu(x)y(x)$ es constante y así

$$y(x) = \frac{k}{\mu(x)} = k\exp\left(-\int \overline{a}_0(x)dx\right)$$

con $k \in \mathbb{R}$, como antes. Este enfoque es la clave para resolver las ecuaciones lineales no homogéneas.

EJEMPLO 1.11. Encontremos las soluciones de la ecuación $y'\cos x + \frac{1}{\cos x}y = 0$, $x \neq \frac{\pi}{2} + k\pi$ usando el método de separación de variables. Tenemos que

$$\begin{aligned} y' + \frac{1}{\cos^2 x}y &= 0 \\ y' &= -y\sec^2 x \\ \int \frac{dy}{y} &= -\int \sec^2 x dx + C \\ \ln(|y|) &= -\tan x + C \\ y &= k\exp(-\tan x), \quad \text{con} \quad k \in \mathbb{R}. \end{aligned}$$

EJEMPLO 1.12. Resolvamos ahora el problema de Cauchy

$$\begin{cases} y'(x) = \frac{1}{x}y(x) & \text{para } x > 0, \\ y(1) = 2, \end{cases}$$

usando el factor integrante. Escribiendo la EDO como $y' - \frac{1}{x}y = 0$ calculamos

$$\mu(x) = \exp\left(\int \frac{dx}{x}\right) = \exp(-\ln(x)) = \frac{1}{x}.$$

Tenemos entonces que

$$\begin{aligned} y' - \frac{1}{x}y &= 0 \\ \frac{1}{x}y' - \frac{1}{x^2}y &= 0 \\ \left(\frac{y}{x}\right)' &= 0 \\ \frac{y}{x} &= k, \quad \text{con} \quad k \in \mathbb{R}. \end{aligned}$$

Así, todas las soluciones son de la forma $y(x) = kx$ con $k \in \mathbb{R}$. De acuerdo con la condición inicial, nos interesa que $2 = y(1) = k \cdot 1$, de donde $k = 2$. Concluimos que la solución del problema de Cauchy es $y(x) = 2x$.

1.3.4. EDO *lineal de primer orden: caso no homogéneo*

Se tiene la ecuación:

$$a_1(x)y' + a_0(x)y = Q(x). \tag{12}$$

Si $a_1(x) \neq 0$ podemos normalizar $\overline{a}_0(x) = \frac{a_0(x)}{a_1(x)}$, $\overline{Q}(x) = \frac{Q(x)}{a_1(x)}$ y reescribir la ecuación como

$$y' + \overline{a}_0(x)y = \overline{Q}(x).$$

Si multiplicamos ambos lados de la ecuación por el factor integrante:

$$\mu(x) = \exp\left(\int \overline{a}_0(x)dx\right)$$

obtenemos

$$\begin{aligned} (\mu(x)y(x))' &= \mu(x)\overline{Q}(x) \\ \mu(x)y(x) &= \int \mu(x)\overline{Q}(x)dx + C \\ y(x) &= \frac{C}{\mu(x)} + \frac{1}{\mu(x)}\int \mu(x)\overline{Q}(x)dx. \qquad (13) \end{aligned}$$

DEFINICIÓN 1.7. El primer término del lado derecho de (13),

$$y_h(x) = \frac{C}{\mu(x)} = C \exp\left(-\int \overline{a}_0(x)dx\right)$$

se denomina *solución homogénea.* Aunque se habla de *la* solución homogénea, en realidad se trata de una familia de soluciones, indexadas por la constante C.

DEFINICIÓN 1.8. El segundo término en el lado derecho de (13),

$$\begin{aligned} y_p(x) &= \frac{1}{\mu(x)} \int \mu(x)\overline{Q}(x)dx \\ &= \exp\left(-\int \overline{a}_0(x)dx\right) \int \exp\left(\int \overline{a}_0(x)dx\right) \overline{Q}(x)dx \end{aligned}$$

se denomina *solución particular* (que se obtiene si $C = 0$). Se habla de *la* solución particular, pero depende de la primitiva que se escoja.

EJEMPLO 1.13 (Ley de osmosis). Retomamos el ejemplo de la introducción de la Sección 1.1.2 donde estudiamos básicamente el movimiento de agua desde una solución con baja concentración de soluto (solución A) a través de una membrana semipermeable hacia una solución con alta concentración de soluto (solución B). Si $C_A(t)$ es la concentración de soluto que hay en la solución A en función del tiempo, C_A^0 es la concentración inicial de soluto en A y si C_B^0 es la concentración inicial de soluto en B, una EDO que modela este fenómeno es:

$$C_A'(t) = \sigma\left(\frac{C_A^0 + C_B^0}{2} - C_A(t)\right), \quad \text{con} \quad \sigma > 0.$$

Introduciendo la concentración promedio $\frac{C_A^0 + C_B^0}{2} = M$, se tiene

$$\begin{aligned} C_A' + \sigma C_A &= \sigma M \\ C_A' \exp\left(\int \sigma dt\right) + \sigma C_A \exp\left(\int \sigma dt\right) &= \sigma M \exp\left(\int \sigma dt\right) \\ C_A' e^{\sigma t} + \sigma C_A e^{\sigma t} &= \sigma M e^{\sigma t} \\ (C_A e^{\sigma t})' &= \sigma M e^{\sigma t} \\ C_A e^{\sigma t} &= \int \sigma M e^{\sigma t} dt + C \\ C_A &= C e^{-\sigma t} + \sigma M e^{-\sigma t} \int e^{\sigma t} dt \end{aligned}$$

y como $\int e^{\sigma t} dt = \frac{1}{\sigma} e^{\sigma t}$, se tiene que

$$C_A(t) = C e^{-\sigma t} + M$$

con $C \in \mathbb{R}$. El resultado es una familia de curvas (indexadas por el parámetro C). Si evaluamos en el tiempo inicial $t = 0$, se puede encontrar el valor de la constante C, es decir, $C_A(0) = C + M$ y $C_A(0) = C_A^0$. Luego $C = C_A^0 - M = \frac{C_A^0 - C_B^0}{2}$. Por lo tanto, la solución es

$$C_A(t) = \left(\frac{C_A^0 - C_B^0}{2}\right) e^{-\sigma t} + \frac{C_A^0 + C_B^0}{2}.$$

EJEMPLO 1.14 (Ley de enfriamiento de Newton). Aquí resolveremos la EDO que ya presentamos en la Sección 1.1.1. Sean T y T_A las temperaturas del mar y del ambiente respectivamente, recordamos que la EDO que modela el fenómeno es entonces:

$$T'(t) = k(T_A(t) - T(t)),$$

donde $k > 0$ es una constante llamada *coeficiente de transferencia térmica*, y depende localmente de la superficie de contacto, calor específico y masas involucradas. Sea $T(0) = T_0$ es la temperatura inicial del mar.

Supongamos primero que T_A es constante. Tenemos entonces que

$$\begin{aligned} T' + kT &= kT_A \\ T'e^{kt} + kTe^{kt} &= kT_Ae^{kt} \\ (Te^{kt})' &= kT_Ae^{kt} \\ Te^{kt} &= k\int T_Ae^{kt}dt + C \\ T &= Ce^{-kt} + T_A \end{aligned}$$

de donde, evaluando en $t = 0$, se obtiene $C = T_0 - T_A$. Con esto,

$$T(t) = (T_0 - T_A)e^{-kt} + T_A.$$

La temperatura del mar tiende exponencialmente a la temperatura ambiente. Más rápidamente a mayores valores de k (ver Figura 6).

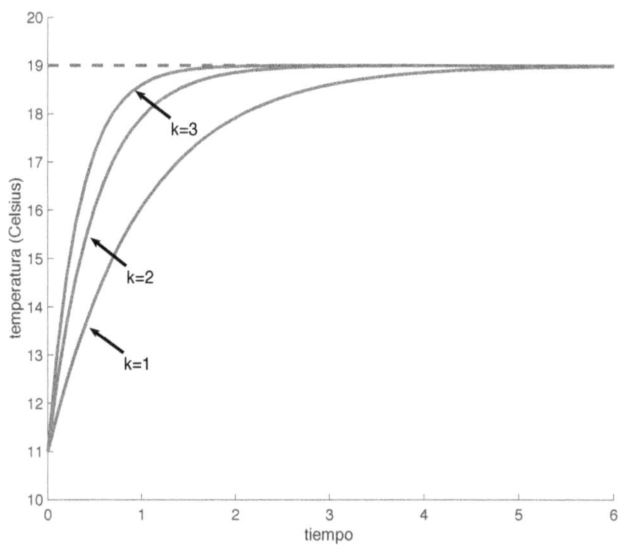

FIGURA 6. Comportamiento de la temperatura del mar $T(t) = (T_0 - T_A)e^{-kt} + T_A$ frente a una temperatura ambiente constante $T_A = 19$ desde una temperatura inicial $T(0) = 11$ para distintos valores de k.

Supongamos ahora que T_A varía en el tiempo de manera periódica. Más precisamente, supongamos que $T_A(t) = T_A^0 + A\,\text{sen}(\omega t)$, de manera que oscila con frecuencia ω. La solución es

$$T(t) = Ce^{-kt} + T_A^0 + ke^{-kt}\int A\,\mathrm{sen}(\omega t)e^{kt}dt \tag{14}$$

Desarrollando $\int \mathrm{sen}(\omega t)e^{kt}dt$ se obtiene

$$\begin{aligned}\int \mathrm{sen}(\omega t)e^{kt}dt &= \frac{-1}{k}\int \omega\cos(\omega t)e^{kt}dt + \frac{1}{k}\mathrm{sen}(\omega t)e^{kt}\\ &= \frac{-\omega^2}{k^2}\int \mathrm{sen}(\omega t)e^{kt}dt - \frac{\omega}{k^2}\cos(\omega t)e^{kt} + \frac{1}{k}\mathrm{sen}(\omega t)e^{kt}.\end{aligned}$$

Esto implica que

$$\left(1+\frac{\omega^2}{k^2}\right)\int \mathrm{sen}(\omega t)e^{kt}dt = \frac{e^{kt}}{k}\left(\mathrm{sen}(\omega t) - \frac{\omega}{k}\cos(\omega t)\right).$$

Luego, $\int A\,\mathrm{sen}(\omega t)e^{kt}dt = \frac{Ak}{k^2+\omega^2}e^{kt}\left(\mathrm{sen}(\omega t) - \frac{\omega}{k}\cos(\omega t)\right)$. Por lo tanto (14) queda de la forma

$$T(t) = Ce^{-kt} + T_A^0 + \frac{Ak^2}{k^2+\omega^2}\left(\mathrm{sen}(\omega t) - \frac{\omega}{k}\cos(\omega t)\right).$$

Si consideramos $\mathrm{sen}\,\phi = \frac{\omega}{\sqrt{k^2+\omega^2}}$ y $\cos\phi = \frac{k}{\sqrt{k^2+\omega^2}}$ podemos escribir

$$T(t) = Ce^{-kt} + T_A^0 + \frac{Ak}{\sqrt{k^2+\omega^2}}\underbrace{(\mathrm{sen}(\omega t)\cos(\phi) - \cos(\omega t)\,\mathrm{sen}(\phi))}_{\mathrm{sen}(\omega t-\phi)}.$$

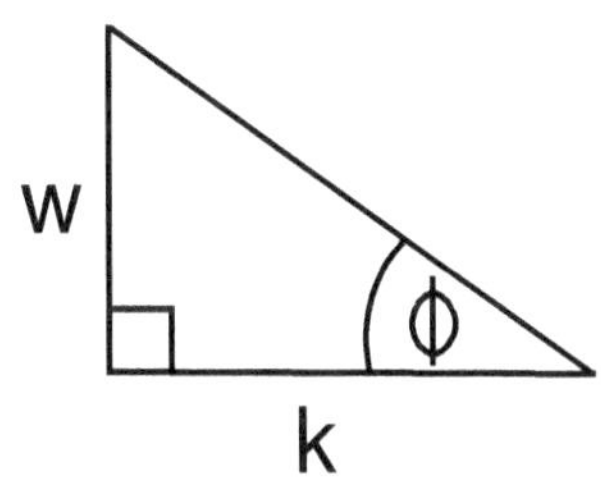

FIGURA 7. Relación entre ϕ, k y ω.

Finalmente, $T(t) = \underbrace{Ce^{-kt}}_{y_h} + \underbrace{T_A^0 + \frac{Ak}{\sqrt{k^2+\omega^2}}\mathrm{sen}(\omega t-\phi)}_{y_p}$. Las variaciones de la temperatura del mar se encuentran asintóticamente retrasadas o *con desfase positivo* con respecto a las del ambiente (ver Figura 1). Además, notar que la amplitud asintótica de la temperatura del cuerpo es menor que la amplitud de variación de la temperatura ambiente ya que $k/\sqrt{k^2+\omega^2} < 1$.

EJERCICIO PROPUESTO 1.6. Explique cómo se puede estimar el coeficiente k a partir del tiempo que separa dos máximos sucesivos de la temperatura ambiente y de la temperatura del mar.

1.4. Ecuaciones que se reducen a casos elementales

Veremos ahora algunas ecuaciones diferenciales que se pueden reducir a casos elementales mediante un cambio de variables.

1.4.1. *Ecuaciones homogéneas*

Sean $f : \mathbb{R}^2 \to \mathbb{R}$ una función de dos variables y $k \in \mathbb{N}$. Se dice que f es *homogénea de grado* k si $f(\lambda x, \lambda y) = \pm\lambda^k f(x,y)$ para cada $\lambda, x, y \in \mathbb{R}$. Observemos que si f y g son homogéneas de grado k entonces el cuociente $\frac{f(x,y)}{g(x,y)}$ puede escribirse como una función que depende únicamente del cuociente entre x e y. En efecto,

$$\frac{f(x,y)}{g(x,y)} = \frac{f(x\cdot 1, x\cdot \frac{y}{x})}{g(x\cdot 1, x\cdot \frac{y}{x})} = \frac{\pm x^k f(1,\frac{y}{x})}{\pm x^k g(1,\frac{y}{x})} = \pm\frac{f(1,\frac{y}{x})}{g(1,\frac{y}{x})} = h\left(\frac{y}{x}\right).$$

Una EDO es de tipo *homogénea*[17] si se puede escribir como

$$y' = h\left(\frac{y}{x}\right).$$

Para resolverlas hacemos el cambio de variable $z = \frac{y}{x}$, que reescribimos como $y = xz$ de manera que $y' = xz' + z$. Tenemos entonces que $xz' + z = h(z)$, de donde

$$z' = \frac{h(z) - z}{x},$$

que es una ecuación en variables separables.

EJEMPLO 1.15. Encontrar las soluciones de la ecuación

$$y' = \frac{x+y}{x-y}.$$

Es fácil verificar que se trata de una ecuación homogénea. Hacemos el cambio $z = y/x$, de donde $y = zx$ e $y' = z + xz'$. La ecuación se convierte en

$$z + xz' = \frac{x + zx}{x - zx} = \frac{1+z}{1-z}.$$

Despejando z' obtenemos

$$z' = \frac{1}{x}\left[\frac{1+z}{1-z} - z\right] = \frac{1}{x}\left[\frac{1+z^2}{1-z}\right].$$

Para resolver esta ecuación en variables separables hacemos

$$\begin{aligned}
\left[\frac{1-z}{1+z^2}\right] z' &= \frac{1}{x} \\
\int \frac{dz}{1+z^2} - \int \frac{z dz}{1+z^2} &= \int \frac{dx}{x} \\
\arctan(z) - \frac{1}{2}\ln(1+z^2) &= \ln|x| + C.
\end{aligned}$$

Si ahora deshacemos el cambio de variables obtenemos la solución expresada de manera implícita:

$$\arctan\left(\frac{y}{x}\right) - \ln\sqrt{1 + \frac{y^2}{x^2}} = \ln|x| + C.$$

[17]No confundir con una EDO lineal homogénea.

EJEMPLO 1.16 (Curva de persecución). Sobre un río, en la posición $P = (c, 0)$, un bote trata de alcanzar la orilla situada en la posición $O = (0, 0)$. Se quiere caracterizar la posición en el eje OY con respecto a la posición en el eje OX. La rapidez de la corriente del río es a en dirección $(0, -1)$. La rapidez del bote es b en dirección $(-\cos\theta, \operatorname{sen}\theta)$ donde $\theta = \theta(t)$ va variando en el tiempo de manera que este vector apunta siempre hacia O. Si las coordenadas del bote en un tiempo dado son $B = (x, -y)$, la rapidez en cada eje está dada por

$$\frac{dx}{dt} = -b\cos\theta, \qquad \frac{dy}{dt} = b\operatorname{sen}\theta - a.$$

Aplicando regla de la cadena tenemos que $\frac{dy}{dx}\frac{dx}{dt} = \frac{dy}{dt}$. Recordando que $\cos\theta = \frac{x}{\sqrt{y^2+x^2}}$ y $\operatorname{sen}\theta = \frac{-y}{\sqrt{y^2+x^2}}$ vemos que

$$\frac{dy}{dx} = \left(\frac{b\operatorname{sen}\theta - a}{-b\cos\theta}\right) = \frac{-a + b\left(\frac{-y}{\sqrt{y^2+x^2}}\right)}{-b\left(\frac{x}{\sqrt{y^2+x^2}}\right)} = \frac{-a\sqrt{x^2+y^2} - by}{-bx}.$$

Esta última ecuación es homogénea. Hacemos el cambio de variable $z = \frac{y}{x} \Rightarrow xz' + z = y'$. Recordando que x e y son positivas tenemos que

$$\begin{aligned} xz' + z &= \frac{a}{b}\sqrt{1+z^2} + z \\ \frac{z'}{\sqrt{1+z^2}} &= \frac{a}{bx} \\ \int \frac{dz}{\sqrt{1+z^2}} &= \frac{a}{b}\ln x + C. \end{aligned}$$

Reescribimos la constante C como $C = \frac{a}{b}\ln k$ con $k > 0$ y obtenemos

$$\begin{aligned} \ln(z + \sqrt{1+z^2}) &= \ln(kx)^{\frac{a}{b}} \\ z + \sqrt{1+z^2} &= (kx)^{\frac{a}{b}} \\ 1 + z^2 &= (kx)^{\frac{2a}{b}} - 2z(kx)^{\frac{a}{b}} + z^2. \end{aligned}$$

Despejando z y deshaciendo el cambio de variables obtenemos

$$\begin{aligned} z &= \frac{1}{2}\left[(kx)^{\frac{a}{b}} - (kx)^{-\frac{a}{b}}\right] \\ \frac{y}{x} &= \frac{1}{2}\left[(kx)^{\frac{a}{b}} - (kx)^{-\frac{a}{b}}\right] \\ y &= \frac{x}{2}\left[(kx)^{\frac{a}{b}} - (kx)^{-\frac{a}{b}}\right]. \end{aligned}$$

De la condición de borde $y(c) = 0$ vemos que $k = \frac{1}{c}$.

EJERCICIO PROPUESTO 1.7. Si las ruedas delanteras de un auto se mueven sobre una línea recta que no es paralela a su eje, encuentre la curva que describen las ruedas traseras, considerando que la distancia entre las ruedas delanteras y las traseras permanece constante. Indicación: averigüe sobre la curva *tractriz*. Por ejemplo, si el auto está inicialmente con su eje delantero en el origen y el eje trasero en el punto $(0, a)$ y se desplaza hacia arriba en la dirección de eje y, debiera obtener la curva

$$y = a \ln\left(\frac{a + \sqrt{a^2 - x^2}}{x}\right) - \sqrt{a^2 - x^2}.$$

Otra característica importante de esta curva es que su superficie de revolución en torno al eje y se conoce como la pseudoesfera y es el espacio de la geometría de Lobachevsky.

EJERCICIO PROPUESTO 1.8. Si el coyote parte del punto $(c, 0)$, $c > 0$ con velocidad ω siempre en la dirección del correcaminos que parte del origen a una velocidad v en la dirección positiva del eje y, encuentre la curva de persecución del coyote y demuestre que si $\omega < v$ el coyote nunca alcanza al correcaminos en cambio si $\omega > v$ lo alcanza en un tiempo $t = \frac{c}{v}\frac{a}{1-a^2}$ donde $a = v/\omega < 1$.

1.4.2. *Ecuación de Bernoulli*

La ecuación de Bernoulli es de la forma

$$y' + p(x)y = q(x)y^n \qquad \text{con } n \neq 0,\ n \neq 1.$$

Se realiza el cambio de variable $z = y^{1-n} \Rightarrow z' = (1-n)y^{-n}y'$. Multiplicando $(1-n)y^{-n}$ a ambos lados de la ecuación, queda

$$\begin{aligned}(1-n)y^{-n}y' + p(x)(1-n)y^{1-n} &= (1-n)q(x)\\ z' + p(x)(1-n)z &= (1-n)q(x),\end{aligned}$$

que resulta ser una ecuación lineal no homogénea de primer orden normalizada.

EJEMPLO 1.17 (Modelo logístico de población). El modelo logístico se basa en el siguiente principio:

> LEY LOGÍSTICA
>
> *"El aumento de una población es proporcional al producto entre la población misma y su diferencia respecto a un valor máximo que es función de los recursos disponibles limitados".*

Esto traducido a una EDO queda como

$$P' = \sigma P(M - P), \tag{15}$$

donde $\sigma > 0$ es constante (por ejemplo la diferencia entre tasas de natalidad y mortalidad) y $M > 0$ es la carga máxima alcanzable. Si $P > M$ entonces P' es negativo y la población decrece. En esta ecuación de Bernoulli hacemos el cambio de variables $z = \frac{1}{P} \Rightarrow z' = \frac{-P'}{P^2}$ y obtenemos

$$z' = -M\sigma z + \sigma,$$

de donde

$$\frac{1}{P} = \exp\left(-\int_0^t M\sigma(s)ds\right)\left(\frac{1}{P_0} + \int_0^t \exp\left(\int_0^s M\sigma(s)ds\right)\sigma(s)ds\right).$$

Reordenando se obtiene

$$P = \frac{P_0 M}{P_0 + (M - P_0)\exp(-M\sigma t)}. \tag{16}$$

Notemos que $P(0) = P_0$ y que $P \to M$ si $t \to \infty$.

1.4.3. *Ecuación de Riccati*

La ecuación de Riccati es de la forma

$$y' = p(x)y^2 + q(x)y + r(x). \tag{17}$$

Se realiza el cambio de variable $y = y_1 + \frac{1}{z}$, donde y_1 es alguna solución conocida (por ejemplo fácil de calcular) de (17). Derivando con respecto a x se tiene $y' = y_1' - \frac{z'}{z^2}$ y reemplazando en (17),

$$\begin{aligned} y_1' - \frac{z'}{z^2} &= p(x)\left(y_1 + \frac{1}{z}\right)^2 + q(x)\left(y_1 + \frac{1}{z}\right) + r(x) \\ y_1' - \frac{z'}{z^2} &= p(x)y_1^2 + 2p(x)\frac{y_1}{z} + \frac{p(x)}{z^2} + q(x)y_1 + \frac{q(x)}{z} + r(x) \\ y_1' - \frac{z'}{z^2} &= [p(x)y_1^2 + q(x)y_1 + r(x)] + 2p(x)\frac{y_1}{z} + \frac{p(x)}{z^2} + \frac{q(x)}{z} \\ z' &= -2p(x)y_1 z - p(x) - q(x)z, \end{aligned}$$

de donde

$$z' + (2p(x)y_1 + q(x))z = -p(x),$$

que resulta ser una EDO lineal de primer orden no homogénea en la variable z.

Ejemplo 1.18. Analicemos la ecuación diferencial

$$y' = -2 - y + y^2.$$

Como se trata de una ecuación de primer orden a coeficientes constantes, es posible encontrar una solución constante resolviendo la ecuación *algebraica*

$$\lambda^2 - \lambda - 2 = 0,$$

cuyas raíces son 2 y -1. Tomemos entonces $y_1 = 2$ como una solución particular de la ecuación. Siguiendo el procedimiento descrito arriba podemos encontrar la solución general haciendo el cambio

$$y = y_1 + \frac{1}{z} = 2 + \frac{1}{z}, \qquad y' = -\frac{z'}{z^2}.$$

Sustituyendo en la ecuación obtenemos

$$\begin{aligned} -\frac{z'}{z^2} &= -2 - \left(2 + \frac{1}{z}\right) + \left(2 + \frac{1}{z}\right)^2 \\ -\frac{z'}{z^2} &= -2 - 2 - \frac{1}{z} + 4 + \frac{4}{z} + \frac{1}{z^2} \\ -z' &= 3z + 1. \end{aligned}$$

Resolvemos la ecuación lineal de primer orden no homogénea multiplicando por el factor integrante $\mu(x) = \exp(\int 3dx) = e^{3x}$.

$$\begin{aligned} z'e^{3x} + 3ze^{3x} &= -e^{3x} \\ \left(ze^{3x}\right)' &= -e^{3x} \\ ze^{3x} &= -\frac{1}{3}e^{3x} + C, \end{aligned}$$

con $C \in \mathbb{R}$. Despejando encontramos $z(x) = -\frac{1}{3}+Ce^{-3x}$. Esto nos dice finalmente que la solución general de la ecuación es

$$y(x) = 2 + \frac{1}{Ce^{-3x} - \frac{1}{3}}, \qquad \text{con} \qquad C \in \mathbb{R}.$$

Notemos que tomando $C = 0$ recuperamos la otra solución constante $y(x) \equiv -1$. Es importante observar también que si $C > 0$ la solución tiene una asíntota vertical en $x = \frac{1}{3}\ln(3C)$, de modo que $|y(x)| \to \infty$ si $x \to \frac{1}{3}\ln(3C)$.

1.4.4. EDO *de segundo orden sin variable dependiente*

En la ecuación

$$G(x, y', y'') = 0$$

no aparece la variable y explícitamente. En estos casos se realiza el cambio de variable $p = y'$, con lo cual la ecuación se transforma en

$$G(x, p, p') = 0,$$

que es una EDO de primer orden.

EJEMPLO 1.19. Para resolver la ecuación

$$y' = \frac{x}{1+x}y'' - 1$$

hacemos el cambio $p = y'$, $p' = y''$. Luego,

$$\begin{aligned} p+1 &= \frac{x}{1+x}p' \\ 1 + \frac{1}{x} &= \frac{p'}{p+1} \\ \int \left(1 + \frac{1}{x}\right) dx &= \int \frac{dp}{p+1} \\ x + \ln|x| + C &= \ln|p+1| \end{aligned}$$

y de allí,

$$p = -1 + kxe^x \qquad \text{con} \qquad k \in \mathbb{R}.$$

En términos de y esto es una ecuación con integración directa

$$\begin{aligned} y' &= -1 + kxe^x \\ y &= -x + k(x-1)e^x + K \qquad \text{con} \qquad k, K \in \mathbb{R}. \end{aligned}$$

1.4.5. EDO *de segundo orden sin variable independiente*

En la ecuación

$$H(y, y', y'') = 0$$

la variable independiente x no aparece explícitamente. Se realiza el cambio de variable

$$p = y' = \frac{dy}{dx} \qquad \text{y} \qquad \frac{d^2y}{dx^2} = \frac{dp}{dx} = \frac{dp}{dy}\frac{dy}{dx} = \frac{dp}{dy}p,$$

con lo cual la ecuación se transforma en

$$H\left(y, p, p\frac{dp}{dy}\right) = 0$$

que es una EDO de primer orden en la variable p con variable independiente y.

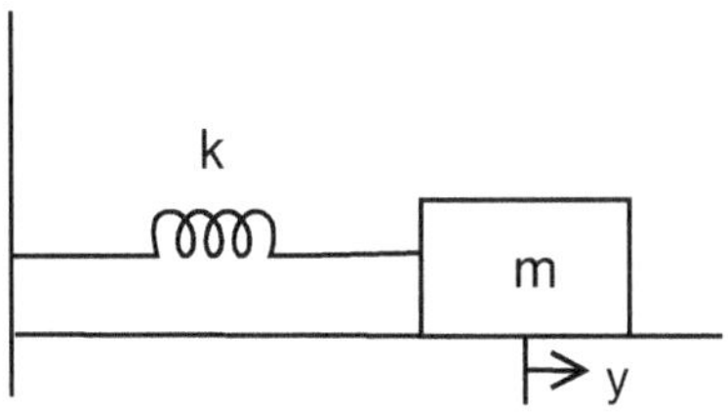

FIGURA 8. Sistema mecánico de un resorte y una masa.

EJEMPLO 1.20 (Ley de Hooke). Se tiene el sistema indicado en la Figura 8, siendo $k > 0$ constante de elasticidad del resorte y m la masa del cuerpo. La *ley de Hooke* establece que:

> LEY DE HOOKE
> *"Para pequeños desplazamientos en torno a la posición de equilibrio, la fuerza de restitución del resorte es proporcional al desplazamiento".*

Esto es $my'' = -ky$. Es decir, $y'' + w^2 y = 0$, con $w = \sqrt{\frac{k}{m}}$. Si $z = y'$ entonces $z' = \frac{dz}{dy}y'$ y la ecuación se reescribe como

$$\begin{aligned} \frac{dz}{dy}z + w^2 y &= 0 \\ \frac{dz}{dy}z &= -w^2 y. \end{aligned}$$

Integrando con respecto a la variable y vemos que

$$\begin{aligned} \int z dz &= -w^2 \int y dy + C \\ \frac{z^2}{2} &= -w^2 \frac{y^2}{2} + C \\ (y')^2 &= -w^2 y^2 + 2C \\ y' &= \sqrt{2C - w^2 y^2}. \end{aligned}$$

Finalmente usando separación de variables obtenemos

$$\begin{aligned} \int \frac{dy}{\sqrt{2C - w^2 y^2}} &= \int dt + \phi \\ \int \frac{dy}{\sqrt{1 - \frac{w^2}{2C} y^2}} &= \int \sqrt{2C} dt + \phi \\ \operatorname{arcsen}\left(\frac{wy}{\sqrt{2C}}\right) &= \sqrt{2C}t + \phi \\ \frac{wy}{\sqrt{2C}} &= \operatorname{sen}(\sqrt{2C}t + \phi) \\ y &= \frac{\sqrt{2C}}{w} \operatorname{sen}(\sqrt{2C}t + \phi) \quad \text{con} \quad C, \phi \in \mathbb{R}. \end{aligned}$$

EJEMPLO 1.21 (Cadena cayendo). Para el sistema de la Figura 9, el largo de la cadena es L y su densidad es ρ [masa / largo], por lo tanto la EDO que lo describe es

$$\begin{aligned} \rho L y'' &= \rho g y \\ y'' - \frac{g}{L} y &= 0. \end{aligned}$$

Definiendo $\sigma = \sqrt{\frac{g}{L}}$ se tiene la EDO $y'' - \sigma^2 y = 0$. El mismo cambio de variable nos da

$$\begin{aligned} z\frac{dz}{dy} - \sigma^2 y &= 0 \\ z\frac{dz}{dy} &= \sigma^2 y \\ \frac{z^2}{2} &= \sigma^2 \frac{y^2}{2} + C \\ z &= \sqrt{\sigma^2 y^2 + 2C} \\ y' &= \sigma\sqrt{y^2 + a^2} \qquad \text{con} \qquad a = \frac{2C}{\sigma^2}. \end{aligned}$$

Esto es

$$\int \frac{dy}{\sqrt{y^2 + a^2}} = \sigma \int dt = \sigma t + \phi.$$

Haciendo el cambio de variable $y = a \operatorname{senh} \theta$ en el lado izquierdo,

$$\begin{aligned} \int \frac{a\cosh\theta}{a\cosh\theta} d\theta &= \sigma t + \phi \\ \theta &= \sigma t + \phi. \end{aligned}$$

Por lo tanto, $y = a \operatorname{senh}(\sigma t + \phi)$, con $\phi \in \mathbb{R}$ constante.

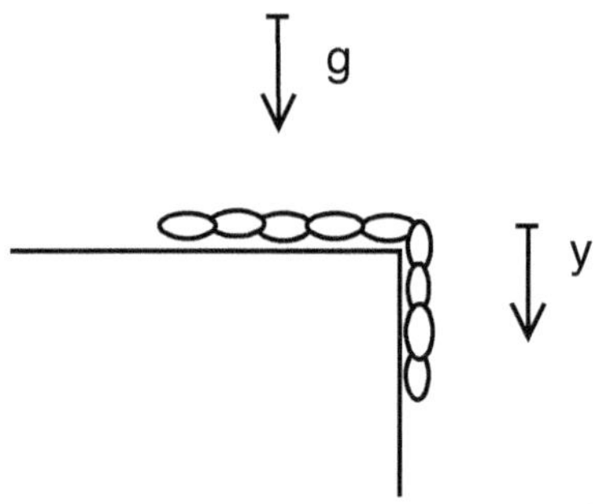

FIGURA 9. Sistema mecánico de una cadena bajo el efecto de la gravedad g con un extremo cayendo.

1.4.6. *Otros casos*

En ocasiones es posible reducir una ecuación complicada a otra más simple mediante un cambio de variables. No hay una regla general para determinar el cambio correcto, de modo que la experiencia es clave.

EJEMPLO 1.22. La ecuación

$$y' = (x+y)^2$$

es de Riccati. Sin embargo para aplicar el método descrito más arriba es necesario conocer una solución particular, lo que puede no ser evidente. Otra opción es usar el cambio $w = x + y$. Esto nos da $w' = 1 + y'$ y la ecuación se transforma en

$$w' = w^2 + 1,$$

que es una ecuación en variables separables. Para hallar la solución general hacemos

$$\int \frac{dw}{w^2+1} = \int dx,$$

de donde $\arctan(w) = x + C$. Esto es

$$y = -x + \tan(x+C), \qquad \text{con} \qquad C \in \mathbb{R}.$$

EJEMPLO 1.23. En la ecuación

$$y' = \frac{\cos(x+y+1)}{1-\cos(x+y+1)}$$

podemos hacer el cambio $z = x + y + 1$. Con esto, $z' = y' + 1$ y la ecuación se convierte en

$$\begin{aligned} z' &= \frac{1}{1-\cos(z)} \\ \int (1-\cos(z))dz &= \int dx \\ z - \operatorname{sen}(z) &= x + C \qquad \text{con} \qquad C \in \mathbb{R}. \end{aligned}$$

La solución queda definida implícitamente como

$$y - \operatorname{sen}(x+y+1) = C.$$

Otro procedimiento útil es integrar la variable independiente en términos de la variable dependiente y luego despejar. La justificación, a grandes rasgos y sin entrar en detalles, es la siguiente: en los intervalos donde y' existe y no se anula, la expresión $y = y(x)$ define implícitamente a x en función de y. Es decir, podemos escribir $x = x(y)$. Observando que $x(y(x)) = x$ y usando la regla de la cadena vemos que

$$\begin{aligned} x'(y(x))y'(x) &= 1 \\ x'(y) &= \frac{1}{y'(x)}. \end{aligned}$$

EJEMPLO 1.24. La ecuación

$$y'(e^y - x) = y$$

puede escribirse como

$$\frac{e^y - x}{y} = \frac{1}{y'} = x'.$$

Esta es una ecuación lineal de primer orden en x si se toma y como variable:

$$x' + \frac{1}{y}x = \frac{1}{y}e^y.$$

Multiplicando por el factor integrante $\mu(y) = y$ esto nos da

$$\begin{aligned} (xy)' &= e^y \\ xy &= e^y + C \end{aligned}$$

y la solución queda definida de manera implícita.

Otra manera de resolver la ecuación es

$$\begin{aligned} y'x + y &= e^y y' \\ (xy)' &= (e^y)' \\ xy &= e^y + C. \end{aligned}$$

EDO	**Forma general**	**Paso clave/Cambio de variable**
integración directa	$y' = f(x)$	$y = \int f(x)dx + C,\ C \in \mathbb{R}$
variables separables	$y' = f(x)g(y)$	Sols. ctes. y $\int \frac{dy}{g(y)} = \int f(x)dx + C$
lineal	$y' + \overline{a}(x)y = \overline{Q}(x),\ Q \neq 0$	Factor integrante: $\exp(\int \overline{a})$
homogénea	$y' = h(y/x)$	$z(x) = y(x)/x$
Bernoulli	$y' + a(x)y = q(x)y^n,\ n \neq 0, 1$	$z(x) = y(x)^{1-n}$
Riccati	$y' = p(x)y^2 + q(x)y + r(x)$	y_1 sol. $\rightarrow y(x) = y_1(x) + 1/z(x)$
sin var. dependiente	$F(x, y', y'') = 0$	$z(x) = y'(x)$
sin var. independiente	$F(y, y', y'') = 0$	$p = y' \Rightarrow y''(x) = \frac{dp}{dy}p$

CUADRO 2. Resumen de métodos de EDO elementales de este capítulo.

Capítulo 2

Existencia, unicidad y métodos numéricos

2.1. Definiciones preliminares

Para establecer los teoremas generales de existencia y unicidad de EDO, así como métodos prácticos de resolución por computador, requerimos primero precisar la noción de solución de una EDO.

DEFINICIÓN 2.1. Dado un intervalo real I (no reducido a un punto), denotaremos por $\mathcal{C}^n(I)$ el conjunto de las funciones $y : I \to \mathbb{R}$ cuyas derivadas hasta el orden n existen y son continuas en I y las llamaremos *funciones de clase* $\mathcal{C}^n$.

Es fácil ver que $\mathcal{C}^n(I)$ es un espacio vectorial con las operaciones usuales de suma y ponderación por escalar.

Consideremos ahora una función $F : I \times \mathbb{R}^{n+1} \to \mathbb{R}$. La noción[1] de solución que estudiaremos es la siguiente:

DEFINICIÓN 2.2. Diremos que una función $y : I \to \mathbb{R}$ *es solución* de la ecuación diferencial

$$F(x, y, y', y'', \dots, y^{(n)}) = 0$$

en el intervalo I si $y \in \mathcal{C}^n(I)$ y

$$F(x, y(x), y'(x), y''(x), \dots, y^{(n)}(x)) = 0$$

para todo $x \in I$. Por otra parte, la *solución general* de una ecuación diferencial es una expresión que agrupa, de manera compacta y explícita, la *familia* de todas las soluciones. Una solución cualquiera se denomina también a veces *solución particular*.

EJEMPLO 2.1. Consideremos la ecuación diferencial $y'(x) = 0$ en un intervalo I. Recordemos que la derivada de una función en un intervalo es cero si, y solo si, la función es constante. Por lo tanto, la solución general de la ecuación es

$$y(x) = C \quad \text{con} \quad C \in \mathbb{R}.$$

El anterior es un ejemplo demasiado sencillo, pero en general, al resolver una ecuación diferencial, encontramos una familia de soluciones que podemos graficar en $\mathbb{R}^2$, como vemos en los siguientes ejemplos:

EJEMPLO 2.2. Consideremos la ecuación diferencial del Ejemplo 1.8 del capítulo anterior. La EDO era:

$$y' = \cos^2(y), \quad x \in \mathbb{R}.$$

Las soluciones encontradas, usando el método de separación de variables, fueron

$$y = k\pi + \arctan(x + C), \quad C \in \mathbb{R},\ k \in \mathbb{Z}$$

[1]Más adelante, en el capítulo de Transformada de Laplace, veremos un caso más general de soluciones continuas y con derivada continua por pedazos.

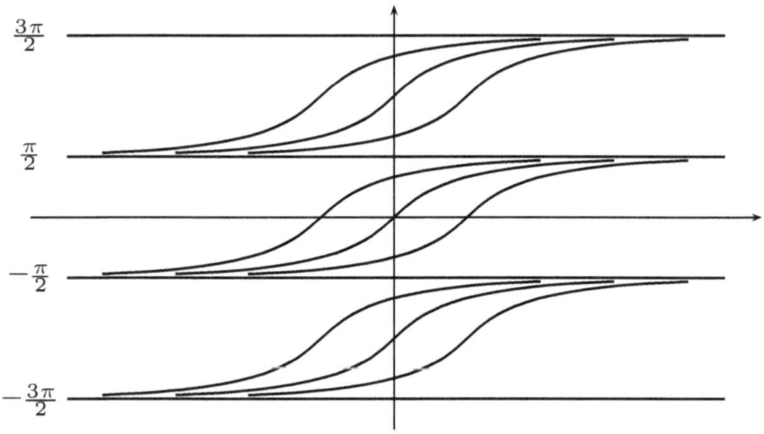

FIGURA 1. Curvas solución del Ejemplo 2.2.

aparte de las soluciones constantes: $y(x) \equiv \frac{\pi}{2} + k\pi$ con $k \in \mathbb{Z}$. En la Figura 10 se muestran estas soluciones. Observemos que cualquiera sea el punto x_0, y_0 de $\mathbb{R}^2$ que escojamos, esto es equivalente a escoger una condición inicial $y(x_0) = y_0$, por él pasará una única curva integral o solución. Veremos que en este caso es el Teorema de Existencia y Unicidad (abreviado TEU) el que asegura este hecho, incluso sin haber antes resuelto la ecuación, por el simple hecho que las derivada de la función $f(y) = \cos^2(y)$ es acotada (entre -2 y 2) para todo $y \in \mathbb{R}$.

EJERCICIO PROPUESTO 2.1. Para la EDO $y' = 1 - |y|$ en $\mathbb{R}$, dibuje en el plano $\mathbb{R}^2$ la familia de soluciones o curvas integrales como se hizo en el ejemplo anterior. Para ello puede resolver esta ecuación con las técnicas vistas en el capítulo precedente. Antes de resolverla observe que las funciones constantes $y(x) \equiv 1$ y $y(x) \equiv -1$ son soluciones y que si $y : \mathbb{R} \to \mathbb{R}$ es una solución particular entonces $y_c : \mathbb{R} \to \mathbb{R}$ definida por $y_c(x) = y(x + c)$ también define una solución para todo $c \in \mathbb{R}$.

2.2. El problema de Cauchy

En los ejemplos anteriores, si bien la ecuación diferencial tiene más de una solución, el gráfico sugiere que por cada punto (x_0, y_0) de $\mathbb{R}^2$ pasa una y solo una de estas curvas. Determinar una (o la) solución de una EDO que pasa por cierto punto dado es lo que se conoce como resolver *el problema de Cauchy.*

DEFINICIÓN 2.3. El problema de Cauchy asociado a una ecuación de primer orden consiste en encontrar $y \in \mathcal{C}^1(I)$ tal que

$$(PC) \left\{ \begin{array}{rcll} y'(x) & = & f(x, y(x)) & \text{para todo } x \in I, \\ y(x_0) & = & y_0, & \end{array} \right.$$

donde I es un intervalo real no reducido a un punto, $x_0 \in I$ e $y_0 \in \mathbb{R}$. La igualdad $y(x_0) = y_0$ se llama *condición inicial* o *de borde* según si la variable x se interprete como tiempo o espacio, respectivamente.

Las soluciones del problema de Cauchy se ajustan a las condiciones iniciales o de borde. Es importante no confundirlas con la familia de soluciones de la ecuación diferencial sin condiciones iniciales o de borde (solución general).

Dependiendo de f, x_0 e y_0, el problema de Cauchy puede o no tener solución y, en caso de tener, esta puede o no ser única. Los Teoremas 2.1 y 2.3 más adelante garantizarán *la existencia y unicidad de solución del problema de Cauchy* bajo ciertas condiciones.

Veamos bajo qué hipótesis es razonable esperar que el problema de Cauchy asociado a una EDO tenga una única solución.

En primer lugar, para que $y'(x)$ sea continua es necesario que $y(x)$ y $f(x, y)$ (como función de dos variables) lo sean. Sin más información sobre la función y es poco probable que la composición $f(x, y(x))$ sea continua si f no lo es[2]. Es de esperar que necesitemos imponer que la función f sea continua para garantizar que el problema tenga solución. Sin embargo esto no es suficiente para obtener la unicidad, como muestra el siguiente ejemplo:

EJEMPLO 2.3. Consideremos el problema de Cauchy:

$$\begin{cases} y'(x) & = & \sqrt{y(x)} \quad \text{para todo } x \in \mathbb{R}, \\ y(0) & = & 0. \end{cases}$$

La función constante $y(x) \equiv 0$ es solución, al igual que la función

$$y(x) = \begin{cases} 0 & \text{si} \quad x < 0, \\ \frac{x^2}{4} & \text{si} \quad x \geq 0. \end{cases}$$

Observemos que la derivada de la función $g(y) = \sqrt{y}$ diverge cerca del valor $y = 0$. Más precisamente,

$$\lim_{y \to 0} \frac{\sqrt{y}-\sqrt{0}}{y-0} = \infty.$$

Entonces, para probar la unicidad de solución para el problema de Cauchy necesitaremos una segunda condición. Esta será que el cuociente en el límite anterior se mantenga acotado cerca del punto, y a esto lo llamaremos una *condición de tipo Lipschitz.*

2.3. Los teoremas de existencia y unicidad

DEFINICIÓN 2.4. Sean $f : I \times \mathbb{R} \to \mathbb{R}$ una función y $L > 0$. Decimos que f es *globalmente Lipschitz* con respecto a la segunda variable, con constante de Lipschitz L, si para cada $y, z \in \mathbb{R}$ y para cada $x \in I$ se tiene

$$|f(x, y) - f(x, z)| \leq L|y - z|. \tag{18}$$

Esta definición se puede generalizar para espacios normados, por lo cual definiremos lo que es una norma.

DEFINICIÓN 2.5. Una norma es una aplicación $\| \cdot \| : \mathbb{R}^n \to \mathbb{R}$ que cumple las siguientes propiedades:

- $\|x\| \geq 0 \ \forall x \in \mathbb{R}^n$ (no negatividad).
- $\|x\| = 0 \Leftrightarrow x = 0$ (unicidad).
- $\|\alpha x\| = |\alpha| \|x\| \ \forall \alpha \in \mathbb{R}, \ \forall x \in \mathbb{R}^n$ (homogeneidad).
- $\|x + y\| \leq \|x\| + \|y\| \ \forall x, y \in \mathbb{R}^n$ (desigualdad triangular).

[2]A menudo se utiliza el abuso de notación de llamar f a la función $x \to f(x, y(x))$ y a la función $(x, y) \to f(x, y)$.

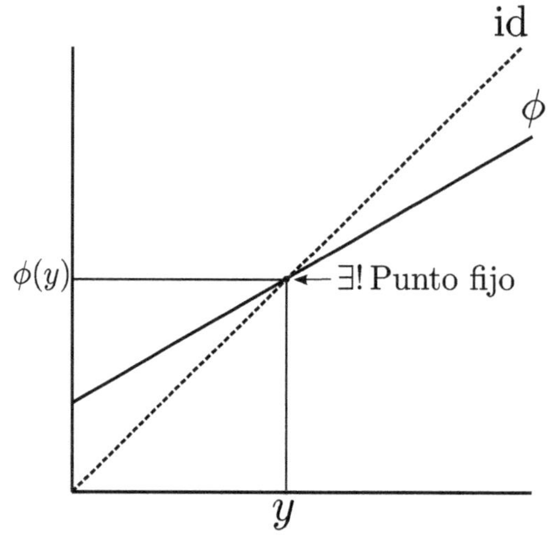

FIGURA 2. Punto fijo $y = \phi(y)$.

EJEMPLO 2.4. Sea $x \in \mathbb{R}^n$ con $x = (x_1, ..., x_n)^t$. Algunos ejemplos de normas son:

- $\|x\|_1 = \sum_{i=1}^{n} |x_i|$ (norma 1).
- $\|x\|_2 = \left(\sum_{i=1}^{n} |x_i|^2\right)^{\frac{1}{2}}$ (norma 2).
- $\|x\|_\infty = \sup_{i=1,...,n} |x_i|$ (norma infinito).

Enunciaremos y demostraremos ahora el Teorema de Existencia y Unicidad Global[3].

TEOREMA 2.1. *Sea I un intervalo real no reducido a un punto. Supongamos que $f : I \times \mathbb{R} \to \mathbb{R}$ es una función continua con respecto a su primera variable y globalmente Lipschitz con respecto a su segunda variable. Entonces para cada $x_0 \in I$ e $y_0 \in \mathbb{R}$ existe una única solución global $y \in \mathcal{C}^1(I)$ del problema de Cauchy (PC).*

Para la demostración será necesario demostrar el teorema de punto fijo de Banach:

TEOREMA 2.2. *Sea ϕ un operador $\phi : E \to E$ contractante (es decir con constante de Lipschitz estrictamente menor que 1), donde E es un espacio de Banach para una cierta norma $\|y\|$, $y \in E$, es decir un espacio en que todas las sucesiones de Cauchy son convergentes. Entonces ϕ tiene siempre un único punto fijo y^* en E tal que:*

$$y^* = \phi(y^*).$$

Un punto fijo puede ser visto gráficamente como en la Figura 2.

PRUEBA. El teorema de Banach se puede demostrar haciendo uso de las llamadas *iteraciones de Picard*. Tomemos un $y_0 \in E$ y definamos recursivamente

$$y_{k+1} = \phi(y_k) \quad k \geq 0$$

esto genera una sucesión y_0, y_1, y_2 ... de elementos de E. Si esta sucesión convergiera, tendría que ser justamente un punto fijo pues como ϕ es continua (por

[3]Cuya versión más general será el Teorema 5.2 para sistemas.

ser Lipschitz) entonces tomando límite en la ecuación que define las iteraciones de Picard se obtendría

$$z^* = \phi(z^*)$$

donde z^* es el límite. El hecho que ϕ sea Lipschitz con constante $L < 1$ es lo que hará por un lado que la sucesión sea de Cauchy, y por ello convergente en el espacio de Banach E, y por otro que este límite sea único.

Veamos la unicidad, si $z^* = \phi(z^*)$ y además $y^* = \phi(y^*)$ entonces restando ambas se obtiene que

$$|z^* - y^*| = |\phi(z^*) - \phi(y^*)| \leq |z^* - y^*|$$

de donde $z^* = y^*$.

Verifiquemos que la anterior es una sucesión de Cauchy. Esto se estudia tratando de que converjan a cero las diferencias $y_{n+1} - y_n$, $y_{n+2} - y_n$, $y_{n+3} - y_n$, etcétera, es decir que para todo k, las diferencias

$$\|y_{n+k} - y_n\|$$

tiendan a cero cuando n tiende a infinito. La idea es usar la condición de Lipschitz con $L < 1$. Por desigualdad triangular queda

$$\|y_{n+k} - y_n\| \leq \|y_{n+k} - y_{n+k-1}\| + \|y_{n+k-1} - y_{n+k-2}\| + \cdots + \|y_{n+1} - y_n\|$$

y usando que ϕ es Lipschitz

$$\|y_{n+k} - y_n\| \leq L\|y_{n+k-1} - y_{n+k-2}\| + L\|y_{n+k-2} - y_{n+k-3}\| + \cdots + L\|y_n - y_{n-1}\|$$

usando sucesivamente que ϕ es Lipschitz

$$\|y_{n+k} - y_n\| \leq L^{n+k-1}\|y_1 - y_0\| + L^{n+k-2}\|y_1 - y_0\| + \cdots + L^n\|y_1 - y_0\|$$

así, factorizando por $|y_1 - y_0|$ y L^n queda

$$\|y_{n+k} - y_n\| \leq L^n \sum_{i=0}^{k-1} L^i \|y_1 - y_0\|$$

y usando la fórmula de la suma geométrica obtenemos

$$\|y_{n+k} - y_n\| \leq L^n \frac{1 - L^{k+1}}{1 - L} \|y_1 - y_0\|$$

que, dado que $L < 1$ tiende a cero cuando n tiende a infinito, independiente del valor de k. □

El teorema del punto fijo de Banach no es tan difícil de demostrar sabiendo que el espacio E es completo. Para aplicarlo a las ecuaciones diferenciales, donde el espacio E será un espacio de funciones, es demostrar que los espacios de funciones continuas en intervalos cerrados y acotados con la norma del supremo o de la convergencia uniforme son completos. Esta demostración no la haremos en este texto. Así que lo asumiremos como se ve a continuación. El lector interesado o lectora interesada puede consultar bibliografía de análisis funcional más avanzada.

Ejemplo 2.5. Algunos espacios de Banach que usaremos son (para I intervalo real cerrado y acotado):

$$E = \mathcal{C}^0(I) \text{ con } \|\cdot\|_\infty$$

$$E = \{y \in \mathcal{C}^0(I) | \psi_1(x) \leq y \leq \psi_2(x)\} \ (\psi_1, \psi_2 \text{ continuas en } I).$$

Ahora procederemos a demostrar el teorema de existencia y unicidad global.

PRUEBA. Sea el siguiente problema de Cauchy: $y \in \mathcal{C}^1(I)$ tal que

$$(PC)\left\{\begin{array}{rcl} y'(x) & = & f(x, y(x)) \quad \text{para todo } x \in I, \\ y(x_0) & = & y_0 \end{array}\right.$$

Haremos la demostración solamente para I un intervalo cerrado y acotado y no reducido a un punto. Suponemos las hipótesis del teorema de existencia y unicidad, esto es que f es continua con respecto a x y Lipschitz global con respecto a y.
Para efecto de esta demostración encontraremos una solución integrando la ecuación del (PC):

$$\begin{array}{rcl} y' & = & f(x,y) \\ \Leftrightarrow \displaystyle\int_{x_0}^{x} y' & = & \displaystyle\int_{x_0}^{x} f(x,y)dx \\ \Leftrightarrow y(x) & = & y_0 + \displaystyle\int_{x_0}^{x} f(x,y)dx \quad (*) \end{array}$$

Podemos ver que $(*)$ soluciona el problema de Cauchy, en efecto:

$$(1) \quad y' = \left(y_0 + \int_{x_0}^{x} f(x,y)dx\right)' = f(x,y),$$

esto haciendo uso del teorema fundamental del cálculo pues f continua con respecto a x y Lipschitz con respecto a y, por lo tanto continua también con respecto esta variable. Y además:

$$(2) \quad y(x_0) = y_0 + \int_{x_0}^{x_0} f(x,y)dx = y_0.$$

Teniendo esto definimos el siguiente operador integral:

$$\begin{array}{rcl} \phi : \mathcal{C}^0(I) & \rightarrow & \mathcal{C}^0(I) \\ y & \mapsto & \phi(y) = y_0 + \displaystyle\int_{x_0}^{x} f(x,y)dx. \end{array}$$

Podemos ver que ϕ esta bien definida pues $\phi(y) \in \mathcal{C}^0(I)$ (por composición de funciones).
La solución de $(*)$ y equivalentemente del (PC) sería un punto fijo de ϕ tal que $y = \phi(y)$. Luego si demostramos que ϕ es contractante, usando el Teorema de punto fijo de Banach 2.2, mostraríamos la existencia y unicidad del punto fijo de ϕ y por consecuencia la existencia y unicidad de la solución del (PC).

Para mostrar que ϕ es contractante definiremos la siguiente norma en el espacio $\mathcal{C}^0(I)$:

$$\|f\|_{\infty,L} := \sup_{x \in I}[|f(x)|e^{-2L(x-x_0)}],$$

siendo L la constante de Lipschitz, esta norma nos sera útil para mostrar que ϕ es contractante:

$$\begin{aligned}
\|\phi(y)-\phi(z)\| &\leq \int_{x_0}^{x} |f(x,y)-f(x,z)|dx \\
&= \int_{x_0}^{x} |f(x,y)-f(x,z)|e^{-2L(x-x_0)}e^{2L(x-x_0)}dx \\
&\leq L\int_{x_0}^{x} |y-z|e^{-2L(x-x_0)}e^{2L(x-x_0)}dx \\
&\leq L\sup_{x\in I}[|y(x)-y(z)|e^{-2L(x-x_0}]\int_{x_0}^{x} e^{2L(x-x_0)}dx \\
&= L\|y-z\|_{\infty,L}\frac{1}{2L}e^{2L(x-x_0)}\Big|_{x_0}^{x} \\
&= \frac{1}{2}\|y-z\|_{\infty,L}e^{2L(x-x_0)} \\
\Leftrightarrow \|\phi(y)-\phi(z)\|e^{-2L(x-x_0)} &\leq \frac{1}{2}\|y-z\|_{\infty,L}.
\end{aligned}$$

Luego tomando supremo en el miembro de la izquierda sobre $x \in I$ concluimos que

$$\|\phi(y)-\phi(z)\|_{\infty,L} \leq \frac{1}{2}\|y-z\|_{\infty,L}$$

de este modo vemos que ϕ es contractante de constante $1/2$ y por ello tiene un único punto fijo solución del (PC). □

El teorema garantiza que la solución existe en todo el intervalo de definición (para la primera variable) de f. Por eso la solución es global. En particular, si $f : \mathbb{R}\times\mathbb{R} \to \mathbb{R}$ entonces la solución queda definida en todo $\mathbb{R}$.

Es posible extender la demostración del teorema de existencia y unicidad de intervalos $I = [a,b]$ cerrados y acotados a intervalos cualesquiera que no sean necesariamente cerrados o acotados. Esto se puede hacer por reducción al absurdo considerando para $I = [a,b)$ una sucesión de soluciones en $[a,b-1/n]$ o lo mismo para $I = [a,\infty)$ en $[a,a+n]$.

Notemos también que existe una demostración alternativa para probar que ϕ tiene un punto fijo solamente usando la norma uniforme pero sin pesos. Esta está basada en la siguiente propiedad que proponemos como ejercicio.

Ejercicio Propuesto 2.2. Pruebe que si para algún n el operador

$$\phi^n = \underbrace{\phi\circ\ldots\circ\phi}_{n \text{ veces}}$$

tiene un único punto fijo. Entonces, lo mismo es cierto para ϕ.

A partir de esto, estime al igual que en la demostracón anterior que

$$\|\phi^n(y)-\phi^n(z)\| \leq \frac{L^n}{n!}|x-x_0|^n$$

y concluya que para n suficientemente grande, ϕ^n es contractante y lo mismo vale para ϕ.

Ejemplo 2.6. En el Ejemplo 2.2 esbozamos las soluciones de la ecuación $y' = 1-|y|$. En este caso tenemos que la $f : \mathbb{R}\times\mathbb{R} \to \mathbb{R}$ está definida por $f(x,y) = 1-|y|$.

Claramente esta función es continua con respecto a su primera variable, pues no depende explícitamente de ella. Veamos que es globalmente Lipschitz con respecto a la segunda (verifique gráficamente considerando la pendiente de la recta secante a la función $f(y) = 1 - |y|$ entre dos puntos cualesquiera y y z):

$$|f(x,y) - f(x,z)| = \Big|1 - |y| - (1 - |z|)\Big| = \Big||y| - |z|\Big| \leq |y - z|.$$

El Teorema 2.1 nos dice que por cada punto (x, y) del plano pasa una única solución, como se aprecia en la figura del Ejemplo 2.2.

El que f verifique (18) para todo $x \in I$ y para todos $y, z \in \mathbb{R}$ es una hipótesis bastante restrictiva. Para garantizar existencia y unicidad locales, en realidad basta que la función f sea Lipschitz con respecto a su segunda variable *en un entorno de la condición inicial.* Presentamos a continuación un Teorema de Existencia y Unicidad Local[4].

TEOREMA 2.3. *Sea I un intervalo no reducido a un punto. Tomemos $x_0 \in I$ e $y_0 \in \mathbb{R}$. Supongamos que $f : I \times \mathbb{R} \to \mathbb{R}$ es una función continua (con respecto a su primera variable) en x_0. Supongamos también que existen $r, \delta, L > 0$ tales que $|f(x,y) - f(x,z)| \leq L|y - z|$ siempre que $y, z \in [y_0 - r, y_0 + r]$ y $x \in I \cap [x_0 - \delta, x_0 + \delta]$. Denotemos*

$$\begin{aligned} M &= \text{máx}\{|f(x,y)| \mid x \in I,\ |x - x_0| \leq \delta,\ |y - y_0| \leq r\}, \\ \delta_0 &= \text{mín}\left\{\delta, \frac{r}{M}\right\}, \qquad y \qquad J = I \cap (x_0 - \delta_0, x_0 + \delta_0). \end{aligned}$$

Entonces existe una única solución local $y \in \mathcal{C}^1(J)$ del problema de Cauchy (PC).

Notemos que la solución puede no quedar definida en todo I sino que en un subconjunto J. Por eso se le llama solución local. De hecho, la solución puede estar definida en un intervalo tanto más pequeño cuanto más grande sea M. Una función con la propiedad descrita en el teorema decimos que es *localmente Lipschitz* con respecto a su segunda variable *en un entorno de* (x_0, y_0).

PRUEBA. Se hace también la demostración en un intervalo I cerrado y acotado no reducido a un punto y luego se extiende a intervalos cualesquiera. Tomamos el mismo (PC) de la demostración de la existencia y unicidad global, pero ahora f es localmente Lipschitz con respecto a y. Luego se tiene que:

$$|f(x,y) - f(x,z)| < L|y - z|, \quad L > 0\ \forall x \in [x_0 - \delta, x_0 + \delta], \forall y, z \in [y_0 - r, y_0 + r]$$

Además sea $R := \{(x,y) \in \mathbb{R}^2 : x \in [x_0 - \delta, x_0 + \delta], y \in [y_0 - r, y_0 + r\}$.
Luego tomando $\delta_0 = \text{mín}(\delta, \frac{r}{M})$ con $M := \text{máx}_{(x,y) \in R} |f(x,y)|$ y ocupando esto definimos: $J_0 = [x_0 - \delta_0, x_0 - \delta_0]$

Este conjunto nos servirá para definir el siguiente espacio:

$$E := \{Y \in \mathcal{C}^0(J_0) | \,\text{mín}\,\{y_0 \pm M(x - x_0)\} \leq Y(x) \leq \text{máx}\,\{y_0 \pm M(x - x_0)\}\}.$$

Ahora ocupamos el mismo operador integral usado en la demostración de TEU global $\phi(y) = y_0 + \int_{x_0}^{x} f(x,y)dx$, podemos ver claramente que $\phi \in E$, pues:

$$\int_{x_0}^{x} f(x,y)dx \leq M(x - x_0).$$

[4]Cuya versión más general será el Teorema 5.3 que se verá más adelante también.

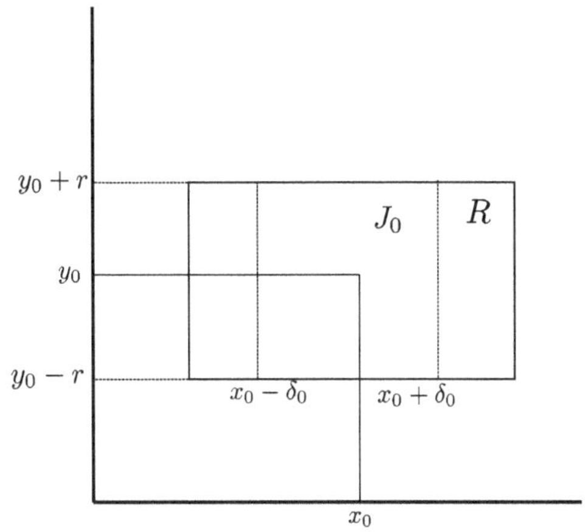

FIGURA 3. Región descrita en el TEU local.

Como vimos en el Ejemplo 2.5, el espacio de funciones continuas acotadas por funciones continuas en un intervalo cerrado y acotado es Banach, por lo que si ϕ es contractante en este espacio existe un único punto fijo para ϕ y por lo tanto una única solución para el (PC) en torno a x_0.

□

EJEMPLO 2.7. Consideremos la ecuación $y' = -y^2$, con condición inicial $y(0) = y_0 > 0$. Por el momento sabemos que existe una única solución que está definida cerca de $x_0 = 0$. Primero veamos que la función $f(x,y) = -y^2$ es localmente Lipschitz con respeto a su segunda variable en un entorno de y_0.

En efecto, para $\delta > 0$ cualesquiera y $0 < r \leq y_0$ se tiene que

$$|f(x,y) - f(x,z)| = |y^2 - z^2| = |y+z||y-z| \leq 2(y_0 + r)|y - z|$$

siempre que $y, z \in [y_0 - r, y_0 + r]$ (no hay restricción del tipo $|x - x_0| \leq \delta$) y una constante de Lipschitz es $L = 2(y_0 + r)$.

Calculemos los valores de M y δ_0 que da el Teorema 2.3 para saber dónde tenemos garantizada la existencia de una única solución.

$$M = \text{máx}\{y^2 \mid |y - y_0| \leq r\} = (y_0 + r)^2.$$

Por otra parte, $\delta_0 = r(y_0 + r)^{-2}$. Pero como todo lo anterior es válido para cualquier $r > 0$ podemos tomar

$$\delta_0 = \text{máx}_{r>0} \frac{r}{(y_0 + r)^2} = \frac{1}{4y_0}.$$

Todo lo anterior nos dice que existe una única solución y está definida, al menos, en el intervalo $(-\frac{1}{4y_0}, \frac{1}{4y_0})$.

Observemos que $y(x) = \frac{1}{x + \frac{1}{y_0}}$ es la solución de la ecuación (en el capítulo anterior vimos cómo deducir esto). En realidad ella está definida en el intervalo $(-\frac{1}{y_0}, \infty)$, que es más grande de lo que predice el Teorema 2.3. Observemos, sin embargo que el punto donde y deja de existir está más cerca de $x_0 = 0$ cuando más grande sea y_0.

EJEMPLO 2.8. Retomando el Ejemplo 2.3, notemos que la función $f(x,y) = \sqrt{y}$ *no* es localmente Lipschitz con respecto a y en un entorno de $y_0 = 0$, de

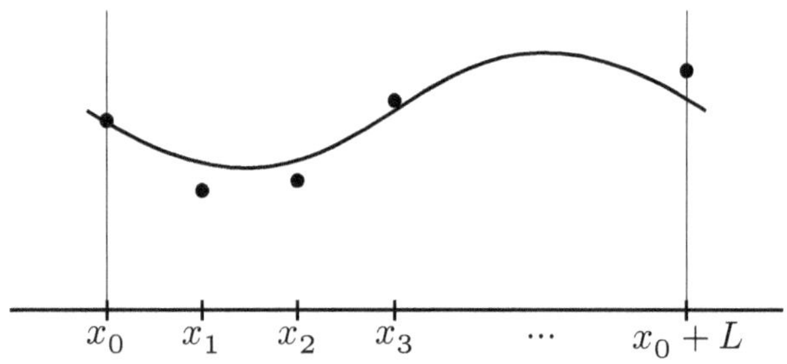

FIGURA 4. Solución exacta y su aproximación en el intervalo $[x_0, x_0+L]$.

modo que el Teorema 2.3 de existencia y unicidad local no puede aplicarse. Sin embargo se puede probar fácilmente que la función sí es localmente Lipschitz si tomamos $y_0 > 0$. Se deja al lector o lectora verificar esto y encontrar el intervalo de existencia y unicidad.

NOTA. La condición de Lipschitz no es siempre fácil de verificar directamente. Un criterio práctico que funciona a menudo es el siguiente. Supongamos que $f : I \times \mathbb{R} \to \mathbb{R}$ es continua con respecto a su primera variable y de clase $\mathcal{C}^1$ con respecto a su segunda variable, entonces será localmente Lipschitz donde L depende de su derivada parcial con respecto a y. En efecto, con la ayuda del Teorema del Valor Medio se puede demostrar que f satisface las condiciones del Teorema 2.3. En efecto si $R = [x_0 - \delta, x_0 + \delta] \times [y_0 - r, y_0 + r]$ entonces $|f(x,y) - f(x,z)| \leq L|y-z|$, donde[5]

$$L = \text{máx}_{(x,y)\in R} \left| \frac{\partial f}{\partial y}(x,y) \right|.$$

2.4. Métodos numéricos

En esta sección presentaremos algunos métodos numéricos básicos que se pueden utilizar para aproximar la solución $y(x)$ de un problema de Cauchy del tipo

$$\begin{cases} y'(x) &= f(x,y(x)) \quad \text{para todo } x \in [x_0, x_0+L], \\ y(x_0) &= y_0, \end{cases}$$

donde $L > 0$ es el largo total del intervalo.

En primer lugar dividimos $[x_0, x_0+L]$ en N pequeños subintervalos $I_n = [x_n, x_{n+1}]$, $n = 0, \ldots, N-1$ de la misma longitud: para ello, escribimos $h = \frac{L}{N}$ y para $n = 1, \ldots, N$ definimos $x_n = x_0 + nh$, de manera que $x_N = x_0 + L$ y

$$[x_0, x_0+L] = [x_0, x_1] \cup [x_1, x_2] \cup \cdots \cup [x_{N-1}, x_N].$$

La idea es encontrar puntos $\{y_1, \ldots, y_N\}$ tales que el error $e_n = y_n - y(x_n)$ sea pequeño para cada $n = 1, \ldots, N$, pero en particular en el punto final $x_N = x_0 + L$.

[5]No confundir $y' = \frac{dy}{dx}$ con $\frac{\partial f}{\partial y}$.

Integrando la ecuación diferencial en cada intervalo $I_n = [x_n, x_{n+1}]$ obtenemos

$$(19) \qquad y(x_{n+1}) - y(x_n) = \int_{x_n}^{x_{n+1}} f(s, y(s))ds.$$

La manera de aproximar la integral que aparece del lado derecho nos dará diversos métodos para encontrar los puntos $\{y_n\}_{n=1}^N$.

2.4.1. *Orden del algoritmo. Error local y global.*

En las siguientes secciones veremos varios algoritmos de discretización usando la identidad integral (19). Como ya mencionamos, al discretizar nos interesará que los *errores de discretización globales*

$$e_n = y_n - y(x_n)$$

sean pequeños, esto es, que la solución discretizada se mantenga cerca de la solución exacta. Sin embargo el error se va acumulando al pasar de un intervalo I_i al siguiente y eso quiere decir que los errores en $I_0, I_1, \dots, I_n$ van a incidir en el error e_n al final del intervalo en x_{n+1}. Por eso llamamos a e_n error global.

Para saber cuál es el error de discretización local en cada intervalo I_n, hay que considerar el problema de Cauchy local

$$\begin{aligned} z' &= f(x, z), \ t \in I_n \\ z(x_n) &= y_n \end{aligned}$$

es decir, considerar la solución exacta si esta coincidiera con la numérica en $x = x_n$. En general $z(x_{n+1})$ difiere de y_{n+1} lo que lleva a definir el *error de discretización local*:

$$d_n = y_{n+1} - z(x_{n+1}),$$

que también difiere del error global e_n.

Definición 2.6. El máximo p tal que

$$|d_n| \leq Ch^{p+1}$$

para una constante C independiente de h se define como el *orden* del método.

Que el orden sea p y no $p+1$ se explica pues el error de discretización global e_N luego de $N = h/L$ iteraciones será comparable con la suma de los N errores locales d_n, $n = 0, \dots, N-1$:

$$|e_N| \leq \sum_{n=0}^{N-1} d_n \leq CNh^{p+1} = \frac{C}{L}h^p$$

por lo que se pierde un orden al sumar y el error acumulado al final del cálculo medido en el último intervalo se comporta solamente como h^p.

No analizaremos el orden de cada uno de los métodos que veremos en detalle, aunque sí lo indicaremos. Es fácil convencerse de que el orden del método depende principalmente del error de la cuadratura que se escoge para aproximar el término integral de la derecha en (19). Entonces, cuadraturas por rectángulos, trapecios y el método de Simpson generarán métodos de cada vez mayor orden.

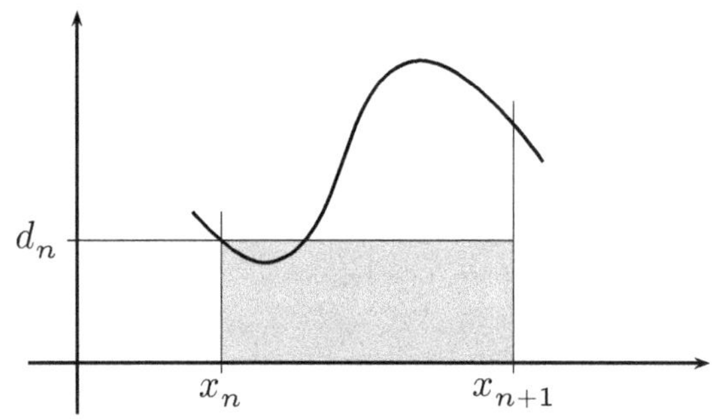

FIGURA 5. Método de Euler progresivo: $\int_{x_n}^{x_{n+1}} f(s, y(s))ds \sim d_n(x_{n+1} - x_n)$.

2.4.2. *Métodos de primer orden*

La manera más obvia de aproximar la integral en (19) es usar un rectángulo. Esto nos da los métodos de Euler de primer orden, de acuerdo con el extremo del intervalo que usemos para definir la altura del rectángulo.

Método de Euler progresivo. Empezamos haciendo $y(x_0) = y_0$. Aproximamos la integral

$$\int_{x_0}^{x_1} f(s, y(s))ds$$

por el área del rectángulo con base en el segmento $[x_0, x_1]$ y cuya altura está dada por el valor del integrando en el extremo izquierdo del intervalo $[x_0, x_1]$. Tenemos que

$$y(x_1) - y(x_0) = \int_{x_0}^{x_1} f(s, y(s))ds \sim (x_1 - x_0)f(x_0, y(x_0)),$$

de donde

$$y(x_1) \sim y(x_0) + hf(x_0, y(x_0)) = y_0 + hf(x_0, y(x_0)).$$

Esto sugiere definir

$$y_1 = y_0 + hf(x_0, y_0).$$

Inductivamente, para $n = 1, \dots, N - 1$ definimos

$$y_{n+1} = y_n + hf(x_n, y_n). \tag{20}$$

Observemos que esto es equivalente a

$$\frac{y_{n+1} - y_n}{h} = f(x_n, y_n) =: d_n.$$

El cuociente del lado izquierdo es una aproximación de la derivada de la función y. Se dice que este es un método *explícito* pues la expresión (20) nos da una fórmula para y_{n+1} en términos del valor conocido y_n.

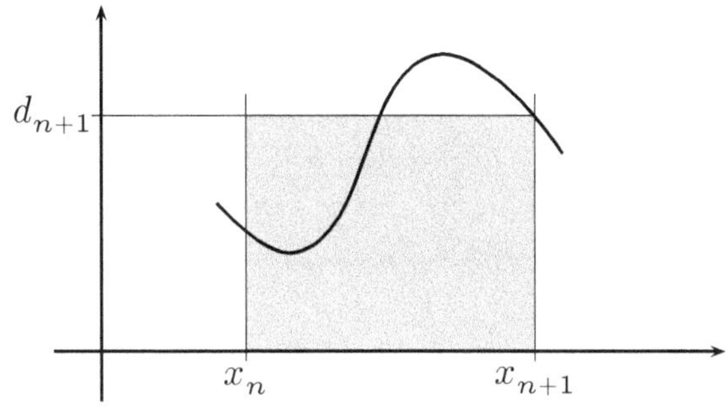

FIGURA 6. Método de Euler retrógrado: $\int_{x_n}^{x_{n+1}} f(s, y(s))ds \sim d_{n+1}(x_{n+1} - x_n)$.

Método de Euler retrógrado. Esta vez aproximamos la integral utilizando el valor del integrando en el extremo derecho de cada subintervalo.

Para $n = 0, \ldots, N-1$ definimos

$$y_{n+1} = y_n + hf(x_{n+1}, y_{n+1}), \tag{21}$$

lo que equivale a

$$\frac{y_{n+1} - y_n}{h} = f(x_{n+1}, y_{n+1}).$$

Se dice que este es un método *implícito* pues es necesario resolver la ecuación (21), que generalmente es no lineal, para determinar y_{n+1}. Este proceso puede ser difícil, lo cual representa una desventaja de este método. Sin embargo el método de Euler retrógrado (y los métodos implícitos en general) goza de mejores propiedades de estabilidad, concepto que presentaremos más adelante.

2.4.3. *Métodos de segundo orden*

Los métodos de segundo orden utilizan dos aproximaciones sucesivas para calcular la integral, basadas en el valor del integrando en dos puntos distintos del subintervalo. Los que presentamos a continuación son casos especiales de los llamados *esquemas de Runge-Kutta.*

Método de Euler modificado. También se basa en una aproximación de la integral por un rectángulo, pero esta vez se toma el valor del integrando en el punto medio del subintervalo $\hat{x}_{n+1} = x_n + \frac{h}{2}$. Dicho valor es $f(\hat{x}_{n+1}, y(\hat{x}_{n+1}))$. Es necesario estimar el valor de $y(\hat{x}_{n+1})$, para lo cual se utiliza el método de Euler progresivo (en lugar de resolver una ecuación no lineal). Así, cada iteración del algoritmo tiene dos etapas. Primero calculamos

$$\hat{y}_{n+1} = y_n + \frac{h}{2} f(x_n, y_n),$$

que aproxima el valor de $y(\hat{x}_{n+1})$. Luego hacemos

$$y_{n+1} = y_n + hf(\hat{x}_{n+1}, \hat{y}_{n+1}).$$

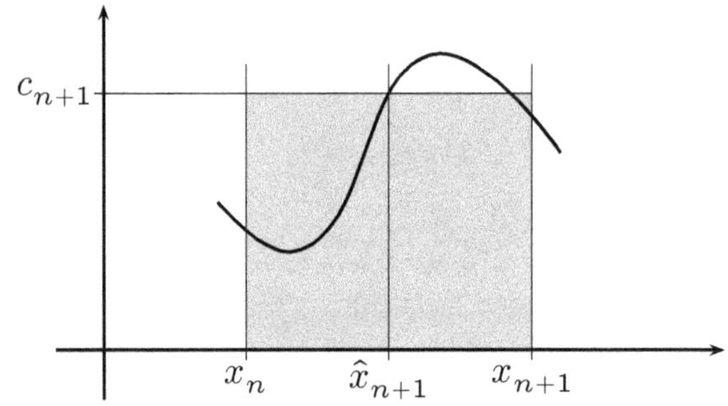

FIGURA 7. Método de Euler modificado: $\int_{x_n}^{x_{n+1}} f(s,y(s))ds \sim c_{n+1}(x_{n+1}-x_n)$.

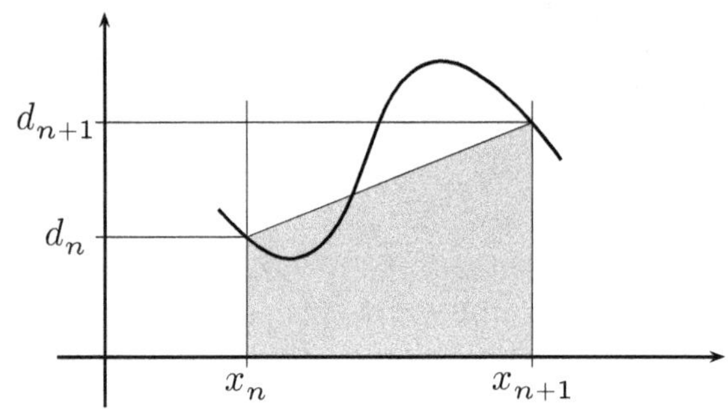

FIGURA 8. Método de Heun: $\int_{x_n}^{x_{n+1}} f(s,y(s))ds \sim \frac{1}{2}(d_{n+1} + d_n)(x_{n+1}-x_n)$.

Método de Heun. En esta ocasión utilizamos la regla de los trapecios para aproximar la integral:

$$\int_{x_n}^{x_{n+1}} f(s,y(s))ds \sim \frac{h}{2}\left[f(x_n,y_n) + f(x_{n+1},y(x_{n+1}))\right].$$

Al igual que en el método de Euler modificado, estimaremos el valor de $y(x_{n+1})$ usando el método de Euler progresivo. Así, definimos

$$\hat{y}_{n+1} = y_n + hf(x_n,y_n)$$

y luego calculamos

$$y_{n+1} = y_n + \frac{h}{2}\left[f(x_n,y_n) + f(x_{n+1},\hat{y}_{n+1})\right].$$

2.4.4. *Estabilidad*

A grandes rasgos, un método es estable en la medida en que los valores que entrega se mantienen cerca de la solución que se pretende aproximar. Es decir, si el error $e_n = y_n - y(x_n)$ se mantiene acotado o pequeño. Hay diferentes criterios

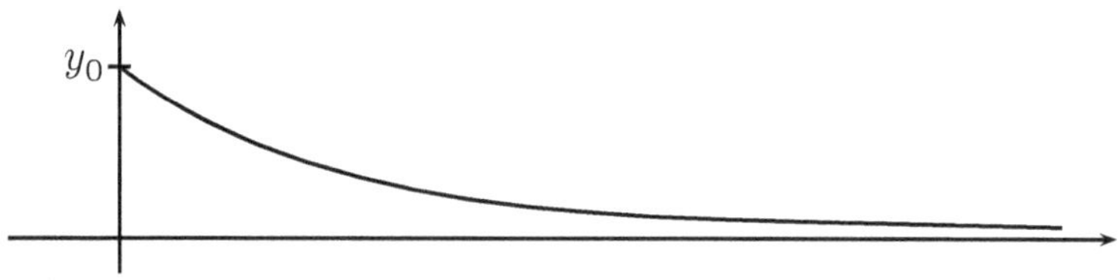

FIGURA 9. Solución de la ecuación diferencial.

de estabilidad, pero nosotros nos centraremos en la llamada *estabilidad asintótica*, que tiene que ver con el comportamiento a largo plazo.

Supongamos que se quiere aproximar la solución de un problema de Cauchy del tipo

$$\begin{cases} y'(x) &= f(x, y(x)) \quad \text{para todo } x \in [x_0, \infty), \\ y(x_0) &= y_0, \end{cases}$$

Tomamos $h > 0$ y definimos $x_n = x_0 + nh$, de manera que

$$[x_0, \infty) = [x_0, x_1] \cup [x_1, x_2] \cup \cdots$$

Calculamos los valores de y_n que nos entrega el algoritmo y los comparamos con los valores de la solución exacta del problema de Cauchy. Diremos que un método de aproximación es

(1) *Incondicionalmente estable* si $\lim_{n\to\infty} |y_n - y(x_n)| = 0$ para cualquier valor de $h > 0$.
(2) *Condicionalmente estable* si $\lim_{n\to\infty} |y_n - y(x_n)| = 0$ para algunos valores de $h > 0$.
(3) *Inestable* si $|y_n - y(x_n)|$ no converge a cero para algún valor de $h > 0$.

Para entender mejor este concepto analizaremos la estabilidad de los métodos de primer orden descritos arriba al momento de aproximar ciertas ecuaciones.

EJEMPLO 2.9. Estudiaremos el problema

$$\begin{cases} y'(x) &= -ay(x) \quad \text{para } x \in (0, \infty), \\ y(0) &= y_0, \end{cases}$$

con $a > 0$ e $y_0 > 0$. Se trata de una ecuación lineal de primer orden cuya solución es $y(x) = y_0 e^{-ax}$. Observemos que $\lim_{x\to\infty} y(x) = 0$ para todos los valores de a e y_0. Por lo tanto, $\lim_{n\to\infty} y(x_n) = 0$.

Al aplicar el método de Euler progresivo tenemos

$$y_{n+1} = y_n + hf(x_n, y_n) = y_n + h(-ay_n) = (1 - ah)y_n = (1 - ah)^{n+1} y_0.$$

Tenemos dos casos:

(1) Si $h < 2/a$, $\lim_{n\to\infty} y_n = 0$ y por ende $\lim_{n\to\infty} |y_n - y(x_n)| = 0$.
(2) Si $h \geq 2/a$, la sucesión diverge y no existe $\lim_{n\to\infty} |y_n - y(x_n)|$.

Por lo tanto el método es condicionalmente estable (e inestable si $h \geq 2/a$). Notemos que la inestabilidad se manifiesta por *oscilaciones no acotadas* de la solución numérica. Este hecho resulta ser mucho más general y se aplica incluso como definición de inestabilidad en métodos numéricos para ecuaciones diferenciales.

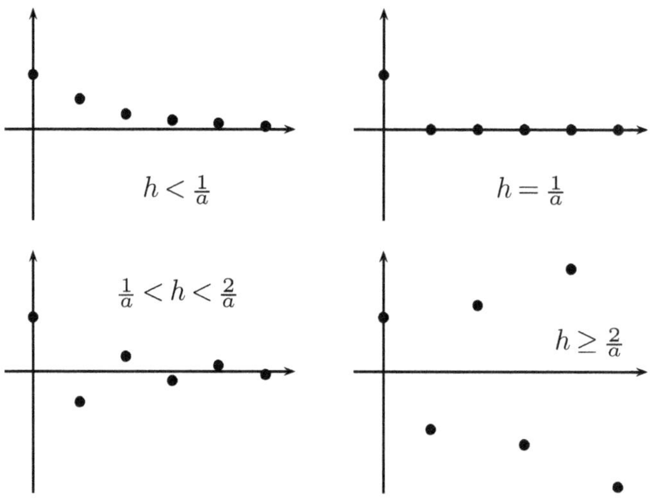

FIGURA 10. Método de Euler progresivo con distintos valores de h.

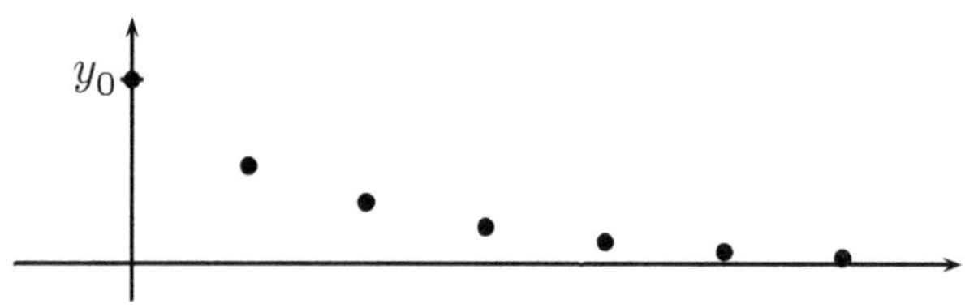

FIGURA 11. Método de Euler retrógrado.

EJEMPLO 2.10. Si aplicamos el método de Euler retrógrado para el problema de Ejemplo 2.9 obtenemos

$$y_{n+1} = y_n + hf(x_{n+1}, y_{n+1}) = y_n + h(-ay_{n+1}).$$

Despejando vemos que

$$y_{n+1} = \frac{1}{1+ah} y_n = \frac{1}{(1+ah)^{n+1}} y_0.$$

Como $1 + ah > 1$ para todo $h > 0$ tenemos que $\lim_{n\to\infty} y_n = 0$ y por lo tanto $\lim_{n\to\infty} |y_n - y(x_n)| = 0$ sin importar el valor de h. Esto nos dice que el método es incondicionalmente estable.

La estabilidad condicional es frecuente entre los métodos explícitos y la incondicional entre los implícitos. Como resumen del análisis precedente, digamos que el error de los métodos de Euler progresivo y retrógrado es similar cuando h es pequeño y ambos métodos son estables, pero si h crece, el método de Euler progresivo se vuelve inestable.

EJEMPLO 2.11. Estudiemos ahora la ecuación

$$\begin{cases} y'(x) &= ay(x) \quad \text{para } x \in (0, \infty), \\ y(0) &= y_0, \end{cases}$$

con $a > 0$ e $y_0 > 0$. Se trata de una ecuación lineal de primer orden cuya solución es $y(x) = y_0 e^{ax}$. Esta vez no es cierto que $\lim_{x\to\infty} y(x) = 0$ para ningún valor de a.

El método de Euler progresivo nos da $y_n = (1+h)^n y_0$, mientras que el método de Euler retrógrado nos da $y_n = (1-h)^{-n} y_0$. En ningún caso existe $\lim_{n\to\infty} |y_n - y(x_n)|$. Esto se ve fácilmente pues ambos límites son de la forma $\lim_{n\to\infty} |b^n - c^n|$ con $b \neq c$. Por lo tanto, ambos métodos son inestables.

2.4.5. *Métodos de Runge Kutta de orden 4*

Al hacer una cuadratura del tipo Simpson para la integral:

$$\int_{x_n}^{x_{n+1}} f(s, y(s))\, ds \approx \frac{h}{6}\left(f(y(x_n), x_n) + 2f(y(x_{n+\frac{1}{2}}), x_{n+\frac{1}{2}}) + f(y(x_{n+1}), x_{n+1})\right)$$

donde $x_{n+\frac{1}{2}} = x_n + h/2$ se inspira el siguiente algoritmo que hace parte de los métodos de Runge-Kutta de orden 4 explícitos. Este algoritmo es uno de los más utilizados para resolver ecuaciones diferenciales ordinarias:

$$\begin{aligned}
y_0 &= y(0)\\
g_1 &= f(x_n, y_n)\\
g_2 &= f\left(x_{n+\frac{1}{2}}, y_n + \frac{h}{2} g_1\right)\\
g_3 &= f(x_{n+\frac{1}{2}}, y_n + \frac{h}{2} g_2)\\
g_4 &= f\left(x_{n+1}, y_n + h g_3\right)\\
y_{n+1} &= y_n + \frac{h}{6}(g_1 + 2g_2 + 2g_3 + g_4).
\end{aligned}$$

No daremos aquí mayores detalles de la deducción del método, para lo cual puede consultar un libro especializado en métodos numéricos. Sin embrago, para acercarse a su comprensión haga el siguiente ejercicio.

Ejercicio Propuesto 2.3. Verifique que si f no depende de x se tiene que $g_2 = g_3$ y se recupera en este caso la idea de la cuadratura de Simpson.

2.5. Pérdida de estabilidad numérica: crecimiento logístico

Ya vimos en el Capítulo 1 un modelo de crecimiento de una población $y(t)$ que tiene en cuenta las restricciones de recursos, llamado modelo logístico:

$$y' = \sigma y(M - y), \quad y(0) = y_0$$

donde M es la población máxima alcanzable y $\sigma > 0$ es la tasa de crecimiento.

El método de Euler progresivo se escribe en este caso como:

$$y_{n+1} = y_n + \Delta t \sigma y_n (M - y_n)$$

donde Δt es el paso temporal.

Si calculamos los puntos de acumulación de y_n para una condición inicial cualquiera, con $\sigma \in [0.018, 0.03]$, $M = 100$ y $\Delta t = 1$ se obtiene un fenómeno de bifurcaciones conocido como el *árbol de Feigenbaum* de la Figura 12, y que tiene una estructura autosimilar o fractal.

A medida que σ crece, el algoritmo numérico presenta oscilaciones periódicas o caóticas (sin periodo) que se hacen que haya cada vez más puntos de acumulación de la sucesión.

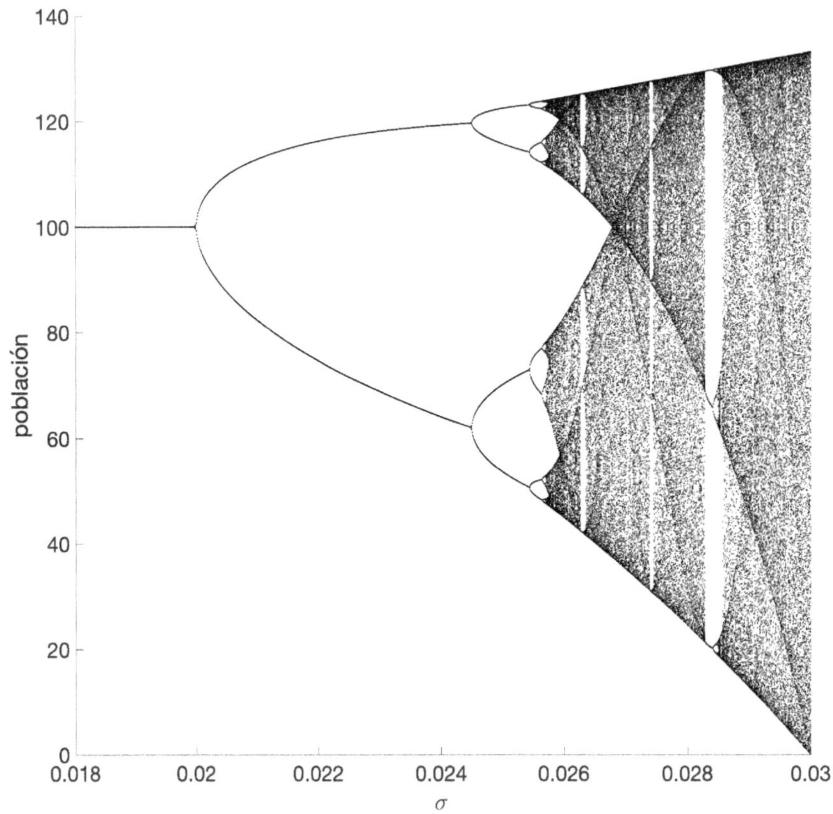

FIGURA 12. Árbol de Feigenbaum.

Este comportamiento no tiene mucho que ver con la solución de la ecuación logística original que vimos en el capítulo anterior:

$$y = \frac{y_0 M}{y_0 + (M - y_0)\exp(-M\sigma t)}.$$

Esto se debe a que al discretizar la ecuación cambia el comportamiento de la dinámica, y esta diferencia entre la ecuación en tiempo continuo y la ecuación en tiempo discreto se acentúa más para valores mayores de la tasa de crecimiento σ.

El código MATLAB[6] que permite obtener la Figura 12 del árbol de Feigenbaum se transcribe a continuación. Para obtenerlo, se realizan 1000 iteraciones del modelo discreto, pero se grafican los valores de las últimas 200 iteraciones, de modo de rescatar el comportamiento límite que refleja los puntos de acumulación. Si la solución es periódica, habrá un cierto número de puntos de acumulación bien diferenciados, en cambio, si es caótica, será un conjunto de puntos que cubren densamente un intervalo.

[6]MATLAB 2017a, The MathWorks, Inc., Natick, Massachusetts, United States.

Código MATLAB para generar el árbol de Feigenbaum:

```
% El árbol de Feigenbaum
% N: número de iteraciones, M: población máxima, y0: población ...
    (inicial)

function Feigenbaum()
% parámetros
N = 1000; M = 100; y0 = 1.01*M;
% otros parámetros
v = 200; % ancho de ventana
eps = 0.01; % rango de error
s_inicio=1.8/100; s_fin=3.0/100; % límites de sigma
s_paso=0.001/100; % paso de sigma

% Iteraciones
figure('Position',[616 11 1101 1085],'color','w')
h = axes('FontSize',24);
hold on
for sigma=s_inicio:s_paso:s_fin
 y=y0;
 for i=1:N-1
  y(i+1)=y(i)+sigma*y(i)*(M-y(i)); % iteraciones de Euler
 end
% Gráfico
 xsigma=zeros(size(N-v:N))'+sigma; % eje x
 plot(xsigma,y(N-v:N),'.','MarkerSize',3,'color','k');
% title('Puntos de acumulación');
 xlabel('\sigma');
 ylabel('población');
 axis([s_inicio s_fin 0 140]);
 pause(0.01)
end
hold off
end
```

Para más ejemplos y aplicaciones al modelamiento, el lector o lectora pueden consultar el Capítulo 7 de este libro. Algunos temas tratados allí son: la pesca en el Mar Adriático, las réplicas de un terremoto, la formación de estrellas, los latidos del corazón humano y algunos modelos de pandemias.

Capítulo 3

Ecuaciones lineales de orden superior

En este capítulo estudiaremos las ecuaciones diferenciales lineales de orden n, con $n \in \mathbb{N}$. Comenzaremos por dar las definiciones necesarias para formular el problema de Cauchy y enunciar el Teorema de Existencia y Unicidad, que será demostrado más adelante. Con el fin de presentar de una manera más clara la estrategia de resolución de estas ecuaciones comenzaremos por hacer un estudio detallado del caso de orden 2. Esto nos permitirá mostrar las técnicas en un contexto más abordable. Enseguida veremos cómo resolver la ecuación de orden arbitrario a coeficientes constantes y daremos ideas de lo que puede hacerse cuando los coeficientes son variables, caso mucho más complejo.

3.1. Operadores diferenciales lineales y polinomio característico

Primero daremos una breve introducción a los operadores diferenciales lineales, lo que nos ayudará a plantear y resolver en algunos casos las diferentes EDO lineales que nos interesa estudiar.

3.1.1. *Definiciones generales*

DEFINICIÓN 3.1. Una EDO lineal de orden n tiene la forma general:

$$y^{(n)} + \overline{a}_{n-1}(x)y^{(n-1)} + \cdots + \overline{a}_1(x)y' + \overline{a}_0(x)y = \overline{Q}$$

Donde $\overline{a}_k$ son los coeficientes (con $\overline{a}_n = 1$) y $\overline{Q}$ el lado derecho o forzante[1].

Así como una función transforma números en números: $f(x) = y$, un operador transforma funciones en funciones: $P(f) = g$. Por ejemplo, la derivada o la integral son operadores que transforman una función en su derivada o primitiva, respectivamente.

Los operadores que involucran solamente derivadas de una función se denominan operadores diferenciales (en oposición a los operadores integrales, que involucran primitivas).

Aplicaremos los operadores a funciones de clase $\mathcal{C}^n$, recordemos que $\mathcal{C}^n$ denota el subespacio de funciones $f : I \to \mathbb{R}$ tales que $f, f', f'', \ldots, f^{(n)}$ existen y son continuas en el intervalo I.

DEFINICIÓN 3.2. Denotaremos por

$$D^k = \underbrace{D \circ \ldots \circ D}_{\text{k veces}} = \frac{d^k}{dx^k}$$

el operador *derivada de orden* k, entendiendo que la *derivada de orden* 0 es el operador identidad I (que a menudo se omite).

---

[1]Asumimos la ecuación normalizada, eso explica por qué ponemos barras sobre los coeficientes y el lado derecho.

DEFINICIÓN 3.3. Un *operador diferencial lineal de orden n a coeficientes variables* tiene la forma general:

$$\begin{aligned} P(x,D) &= \sum_{k=0}^{n} a_k(x)D^k \\ &= a_n(x)D^n + a_{n-1}(x)D^{n-1} + \dots + a_1(x)D + a_0(x), \end{aligned}$$

donde $a_k(x)$ son funciones definidas en I. Si $a_n = 1$ el operador se dice *normalizado.*

Más precisamente, si $f \in \mathcal{C}^n(I)$, entonces $P(x,D)f$ es la *función* (continua si los a_k lo son) cuyo valor en el punto $x \in I$ es

$$P(x,D)f(x) = a_n(x)f^{(n)}(x) + \dots + a_1(x)f'(x) + a_0(x)f(x).$$

Si los coeficientes a_k son todos constantes se dice que el operador diferencial lineal es *a coeficientes constantes*

DEFINICIÓN 3.4. Un *operador diferencial lineal de orden n a coeficientes constantes* tiene la forma:

$$P(D) = \sum_{k=0}^{n} a_k D^k = a_n D^n + a_{n-1} D^{n-1} + \dots + a_1 D + a_0.$$

El operador diferencial nos servirá para definir las EDOs lineales de orden n de mejor forma.

DEFINICIÓN 3.5. Una EDO *lineal de orden n a coeficientes variables* es una identidad de la forma general

$$P(x,D)y = \overline{Q}(x),$$

donde $P(x,D) = \sum_{k=0}^{n} \overline{a}_k(x)D^k$ es un operador diferencial de orden n

DEFINICIÓN 3.6. Una EDO *lineal de orden n a coeficientes constantes* es una identidad de la forma

$$P(D)y = \overline{Q}(x),$$

donde $P(D) = \sum_{k=0}^{n} \overline{a}_k D^k$, $\overline{a}_k \in \mathbb{R}$, $\overline{a}_n = 1$

DEFINICIÓN 3.7. Una EDO lineal a coeficientes variables o constantes se dice *homogénea* si $\overline{Q} \equiv 0$.

Usando la notación anterior, podemos organizar el estudio de las EDO lineales separando en cuatro grupos como resume la tabla siguiente. En ella se indican además en itálica algunos conceptos y temas que se tratarán en este capítulo, por lo que la tabla sirve de guía de estudio.

3.1.2. *Polinomio característico*

DEFINICIÓN 3.8. El *polinomio característico* asociado a la EDO de la Definición 3.6 es

$$p(\lambda) = \sum_{k=0}^{n} \overline{a}_k \lambda^k$$

(con $\overline{a}_n = 1$) y sus raíces se llaman *valores característicos* de la EDO.

EDO **lineal** **orden** n	**homogénea** *subespacio* $\mathcal{H}$ de *soluciones homogéneas*	**no homogénea** *hiperplano* $\mathcal{S}$ *de soluciones particulares*
coeficientes constantes	$P(D)y = 0$ *polinomio característico* *valores característicos*	$P(D)y = \overline{Q}$ *coeficientes indeterminados* *variación de parámetros*
coeficientes variables	$P(x, D)y = 0$ *fórmula de Abel* *fórmula de Liouville*	$P(x, D)y = \overline{Q}$ *representación de Green* *variación de parámetros*

FIGURA 1. Tabla resumen del estudio de EDOs lineales de este capítulo.

Esto lo usaremos más adelante, primero para ecuaciones de orden 2 y luego de orden arbitrario, y necesitaremos la relación entre este polinomio y los operadores diferenciales de orden n que definen la EDO para poder usarlo.

Para esto nos resultara útil mostrar algunas propiedades de este operador.

La suma y ponderación por escalar de operadores se define de la misma manera que para funciones. Con estas operaciones los operadores forman un espacio vectorial:

$$(P_1 + P_2)(f) = P_1(f) + P_2(f), \quad (\alpha P_1)(f) = \alpha P_1(f).$$

El producto de operadores diferenciales corresponde a su composición:

$$P_1 P_2 = P_1 \circ P_2.$$

Con este producto y suma los operadores lineales forman de hecho una estructura algebraica de *anillo* donde la unidad es el operador identidad I. En particular, se tiene la distributividad por la derecha y por la izquierda, que es una propiedad heredada de la composición de funciones:

$$(P_1 + P_2)Q = P_1 Q + P_2 Q, \qquad Q(P_1 + P_2) = Q P_1 + Q P_2.$$

Aunque el producto (o composición) de operadores no es en general conmutativo, en el caso de operadores lineales a *coeficientes constantes* sí lo es:

$$P_1(D)P_2(D) = P_2(D)P_1(D) \qquad \text{si } P_1, P_2 \text{ son operadores lineales,}$$

por lo que el anillo resulta conmutativo.

Además los operadores diferenciales tienen la propiedad de factorización:

PROPIEDADES 3.1. *(Factorización) Sea* $P(D) = \sum_{k=0}^{n} \overline{a}_k D^k$ *operador diferencial de orden* n*, luego puede ser escrito como:*

$$P(D)y = \prod_{j=1}^{l} (D - \lambda_j)^{m_j} y,$$

donde λ_j *son los valores característicos,* m_j *es su multiplicidad algebraica y* l *el número de valores característicos distintos.*

PRUEBA. La propiedad es evidente para $n = 1$. Veámosla para $n = 2$. Sea $P(D) = D^2 + a_1 D + a_0 \quad a_1, a_0 \in \mathbb{R}$, luego $P(D)y = y' + a_1 y + a_0$. Tomamos el polinomio característico asociado a la EDO $p(\lambda) = \lambda^2 + a_1\lambda + a_0, \quad \lambda \in \mathcal{C}$ si λ_1 y λ_2 son raices del polinomio luego deben cumplir:

$$\begin{aligned} \lambda_{1,2} &= \frac{-a_1 \pm \sqrt{a_1^2 - 4a_0}}{2} \\ \lambda_1 + \lambda_2 &= -a_1 \\ \lambda_1\lambda_2 &= a_0. \end{aligned}$$

Luego:

$$\begin{aligned} (D-\lambda_1)(D-\lambda_2)y &= (D-\lambda_1)(y' - \lambda_2 y) \\ &= y'' - \lambda_2 y' - \lambda_1 y' + \lambda_1\lambda_2 y \\ &= y'' - y'(\lambda_1 + \lambda_2) + \lambda_1\lambda_2 y \\ &= y'' + a_1 y + a_0 y = P(D)y. \end{aligned}$$

La generalización para $n \geq 3$ se puede verificar fácilmente por inducción. □

En la demostración anterior podemos evidenciar la relación entre el polinomio característico y $P(D)$, en efecto vimos que los operadores diferenciales lineales a coeficientes *constantes* forman un anillo conmutativo, por lo que resulta natural hacer un paralelo[2] entre los operadores diferenciales lineales de orden n a coeficientes constantes y los polinomios de grado n que también tienen propiedades de anillo conmutativo.

EJERCICIO PROPUESTO 3.1. La verificación de las propiedades distributiva y conmutativa en el caso de operadores lineales se deja como ejercicio al lector o lectora.

EJERCICIO PROPUESTO 3.2. Verifique que si P_1 es de orden n_1 y P_2 es de orden n_2 entonces P_1P_2 es de orden $n_1 + n_2$.

3.2. Ecuaciones lineales de segundo orden

Aunque se puede comenzar el estudio de las ecuaciones lineales de orden n inmediatamente, por razones pedagógicas es preferible comenzar con el estudio de las ecuaciones de orden 2. Además nos permitirá introducir otros temas importantes en las aplicaciones como son la resonancia, el amortiguamiento, los problemas con condiciones de borde, los problemas espectrales, etc[3].

Consideremos una EDO lineal de segundo orden normalizada a coeficientes constantes

$$y'' + \overline{a}_1 y' + \overline{a}_0 y = \overline{Q} \tag{22}$$

con $\overline{a}_0$, $\overline{a}_1$ en $\mathbb{R}$. En notación de operadores esto es

$$P(D)y = D^2 y + \overline{a}_1 Dy + \overline{a}_0 y = (D-\lambda_1)(D-\lambda_2)y = \overline{Q},$$

donde λ_1 y λ_2 son las raíces del polinomio característico

$$p(\lambda) = \lambda^2 + \overline{a}_1\lambda + \overline{a}_0.$$

[2]Matemáticamente hablando, se trata de un homeomorfismo.

[3]Agreguemos que los problemas de segundo orden aparecen de manera natural debido a las aplicaciones en todos los ámbitos de la segunda ley de Newton.

Introduciendo la variable auxiliar $z = (D - \lambda_2)y$ se obtiene el siguiente sistema de dos EDO lineales de primer orden que sabemos resolver:

$$\begin{cases} (D - \lambda_1)z &= \overline{Q} \\ (D - \lambda_2)y &= z. \end{cases}$$

De la primera ecuación encontramos z, que sustituimos en la segunda ecuación para obtener y. Más precisamente, los resultados de la Sección 1.3 nos dan

$$\begin{aligned} z &= C_1 e^{\lambda_1 x} + e^{\lambda_1 x} \int e^{-\lambda_1 x} \overline{Q}(x) dx \\ y &= C_2 e^{\lambda_2 x} + e^{\lambda_2 x} \int e^{-\lambda_2 x} z(x) dx, \end{aligned}$$

de donde

$$\begin{aligned} y(x) &= \underbrace{C_2 e^{\lambda_2 x} + C_1 e^{\lambda_2 x} \int e^{(\lambda_1 - \lambda_2)x} dx}_{\text{Solución Homogénea } y_h(x)} \\ &\quad \underbrace{+ e^{\lambda_2 x} \int e^{(\lambda_1 - \lambda_2)x} \left(\int e^{-\lambda_1 t} \overline{Q}(t) dt \right) dx}_{\text{Solución Particular } y_p(x)}. \end{aligned}$$

3.2.1. *Solución homogénea*

Se tienen tres casos para los valores característicos:

1. Si λ_1 y λ_2 son reales y distintos vemos inmediatamente que la solución queda de la forma $y_h(x) = Ae^{\lambda_1 x} + Be^{\lambda_2 x}$.

2. Si $\lambda_1 = \lambda_2 = \lambda \in \mathbb{R}$ entonces $y_h(x) = Ae^{\lambda x} + Bxe^{\lambda x}$.

3. Finalmente, si λ_1 y λ_2 son complejos conjugados de la forma $\sigma \pm i\omega$ con $\omega \neq 0$ tendremos que $y_h(x) = e^{\sigma x}\left(Ae^{i\omega x} + Be^{-i\omega x}\right)$. Estas soluciones son funciones complejas, incluyendo las constantes $A = a + bi$ y $B = c + di$ lo cual puede ser un inconveniente si buscamos soluciones reales. Para resolver este problema recordemos que $e^{i\omega x} = \cos(\omega x) + i \operatorname{sen}(\omega x)$, de donde podemos ver que

$$y_h = e^{\sigma x}\left((a + bi)(\cos(\omega x) + i \operatorname{sen}(\omega x)) + (c + di)(\cos(\omega x) - i \operatorname{sen}(\omega x)\right).$$

Y tomando parte real (o bien parte imaginaria, da lo mismo para efectos de cómo es la estructura de la solución) obtenemos que $y_h(x) = \widetilde{A}e^{\sigma x} \cos(\omega x) + \widetilde{B}e^{\sigma x} \operatorname{sen}(\omega x)$, con $\widetilde{A} = a + c$ y $\widetilde{B} = d - b$ constantes reales es la solución real que buscamos.

Resumimos lo anterior en el siguiente resultado:

TEOREMA 3.1. *La solución homogénea y_h de la* EDO (22) *a coeficientes constantes con valores característicos λ_1, λ_2 está dada por:*

(1) $y_h = C_1 e^{\lambda_1 x} + C_2 e^{\lambda_2 x}$ *si* $\lambda_1, \lambda_2 \in \mathbb{R}$, $\lambda_1 \neq \lambda_2$.
(2) $y_h = C_1 e^{\lambda x} + C_2 x e^{\lambda x}$ *si* $\lambda_1 = \lambda_2 = \lambda \in \mathbb{R}$.
(3) $y_h = C_1 e^{\sigma x} \operatorname{sen} wx + C_2 e^{\sigma x} \cos wx$ *si* $\lambda_{1,2} = \sigma \pm iw$, *con* $w \neq 0$.

EJEMPLO 3.1 (Analogía electromecánica). En la Figura 2 observamos a la izquierda un sistema mecánico en el cual m es la masa del objeto, k es la constante de elasticidad del resorte y b es la constante de amortiguamiento. La fuerza total del sistema, en función del tiempo se representa por $F(t)$. El sistema de la derecha representa un circuito eléctrico RCL, donde L es la inductancia de la bobina, C es la capacidad del condensador y R es la resistencia. $E(t)$ representa el voltaje aplicado en función del tiempo. La corriente que circula se representa por $\frac{dq}{dt}$.

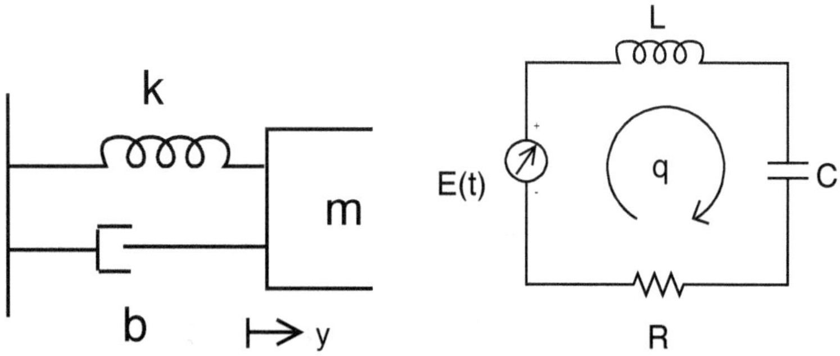

FIGURA 2. Analogía electromecánica $m \sim L$, $b \sim R$ y $k \sim \frac{1}{C}$.

Las ecuaciones que describen estos sistemas son

$$y'' + \frac{b}{m}y' + \frac{k}{m}y = \frac{F(t)}{m} \quad \text{y} \quad q'' + \frac{R}{L}q' + \frac{1}{CL}q = \frac{E(t)}{L},$$

respectivamente. En ambos casos se trata de una EDO lineal de orden 2 a coeficientes constantes. Si identificamos $m \sim L$, $b \sim R$ y $k \sim \frac{1}{C}$ (todas constantes positivas), entonces son análogos. El polinomio característico es $\lambda^2 + \frac{b}{m}\lambda + \frac{k}{m}$ y sus raíces son $\lambda = \dfrac{-b}{2m} \pm \sqrt{\Delta}$, donde $\Delta = \frac{b^2}{4m^2} - \frac{k}{m}$. Escribamos por comodidad $B = b/2m$ y supongamos que al sistema no se le aplica fuerza o voltaje; es decir, $F(t) = 0$ o $E(t) = 0$, según el caso. Hay entonces tres situaciones posibles:

1. Si $\Delta > 0$ entonces $b > 2\sqrt{km}$ (la constante de amortiguamiento b es grande), por lo que decimos que el sistema está en *régimen sobreamortiguado*. Las raíces son reales, negativas y distintas. La solución es

$$y_h = C_1 e^{-\left(B-\sqrt{\Delta}\right)t} + C_2 e^{-\left(B+\sqrt{\Delta}\right)t}.$$

2. Si $\Delta = 0$ las raíces son reales e iguales. Decimos que el sistema está *críticamente amortiguado* ($b = 2\sqrt{km}$. En este caso la solución es

$$y_h = C_1 e^{-Bt} + C_2 t e^{-Bt}.$$

3. Finalmente, si $\Delta < 0$ las raíces son complejos conjugados. Decimos que el sistema está *subamortiguado* ($b < 2\sqrt{km}$) y la solución es

$$y_h = C_1 e^{-Bt} \operatorname{sen}\left(\sqrt{-\Delta}\, t\right) + C_2 e^{-Bt} \cos\left(\sqrt{-\Delta}\, t\right).$$

De manera equivalente podemos escribir $y_h = C_3 e^{-Bt} \operatorname{sen}\left(\sqrt{-\Delta}\, t + C_4\right)$, pues $\operatorname{sen}(a+b) = \operatorname{sen} a \cos b + \operatorname{sen} b \cos a$.

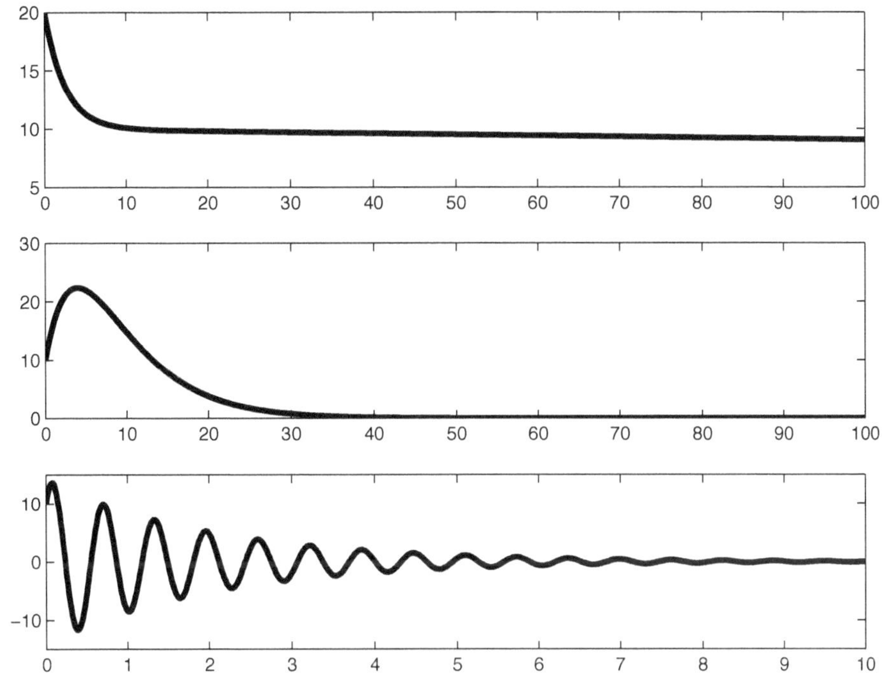

FIGURA 3. Regímenes sobreamortiguado (arriba), críticamente amotiguado (centro) y subamortiguado (abajo).

3.2.2. *Condiciones de borde*

Hemos visto que una ecuación lineal de segundo orden tiene una única solución si especificamos el valor de la función y su derivada en un punto. Otro problema interesante es determinar si existe alguna solución que parta de un punto y llegue a otro predefinido. Este tipo de problema aparece con frecuencia en física, ingeniería y economía. Consideremos, por ejemplo, un problema del tipo

$$\begin{cases} y'' + \lambda y &= 0 \\ y(0) &= 0 \\ y(1) &= 0. \end{cases}$$

Deseamos saber para cuáles valores de λ este problema tiene soluciones y cuántas. De acuerdo con el signo de λ podemos distinguir 3 casos:

1. $\lambda = 0$. Si $y'' = 0$ entonces $y(x) = Ax + B$. Reemplazando en $x = 0$ vemos que $B = 0$ y reemplazando en $x = 1$ vemos que $A = 0$. La función nula es la única solución del problema.

2. $\lambda = -\omega^2 < 0$. Las soluciones son de la forma

$$y(x) = Ae^{\omega x} + Be^{-\omega x}.$$

Las condiciones en 0 y 1 nos dan el sistema

$$\begin{cases} A + B &= 0 \\ Ae^{\omega} + Be^{-\omega} &= 0 \end{cases}$$

para A y B. Como $\omega \neq 0$, la única solución es $A = B = 0$. De nuevo, solo obtenemos la solución nula.

3. $\lambda = \omega^2 > 0$. En este caso las soluciones están dadas por

$$y(x) = A\operatorname{sen}(\omega x) + B\cos(\omega x).$$

Esta vez las condiciones en 0 y 1 nos dan el sistema

$$\begin{cases} B &= 0 \\ A\operatorname{sen}(\omega) &= 0 \end{cases}$$

para A y B. Si

$$\omega = k\pi \qquad \text{con} \qquad k \in \mathbb{Z}$$

entonces toda función de la forma $y(x) = A\operatorname{sen}(\omega x)$ es solución del problema. Este tipo de problema se encuentra en la naturaleza a través de la ecuación de ondas:

$$\frac{\partial^2 u}{\partial t^2} - \frac{\partial^2 u}{\partial x^2} = 0$$

Buscamos soluciones de la forma $u(x,t) = y(x)e^{i\omega t}$, luego reemplazando en la ecuación llegamos a una ecuación para y de la siguiente forma:

$$\omega^2 y + y'' = 0$$

Tomando $\omega^2 = \lambda$ llegamos a la ecuación presentada al inicio.

3.2.3. *El fenómeno de resonancia*

Todos hemos experimentado el siguiente hecho: una copa de cristal puede hacerse sonar si se frota suavemente con el dedo en un movimiento giratorio sobre el borde de la copa. O cuando tomamos impulso sobre un columpio o cuando un auto se pone a oscilar de arriba a abajo porque va sobre un terreno sinuoso. Se trata de fenómenos oscilatorios en que la amplitud de la oscilación puede alcanzar valores muy altos ante una cierta solicitación externa específica, generalmente periódica.

Esto se presenta también al hacer sonar un instrumento llamado *diapasón* o cuando un cantante de ópera hace vibrar su cuerpo y su cabeza para proyectar el sonido de su voz en una sala de conciertos. También, y en relación al Ejemplo 3.1 de la analogía electromecánica, un circuito de radio puede ser sintonizado, es decir, pueden ser elegidos adecuadamente los valores de L, C y R para que amplifique una frecuencia de onda electromagnética determinada que capta desde la atmósfera.

Recordemos que la ecuación lineal de segundo orden es

$$y'' + \frac{b}{m}y' + \frac{k}{m}y = \frac{F(t)}{m}.$$

Resolveremos para el caso en que $F(t) = A\cos(\omega_0 t)$. Notemos que la resonancia solo depende del forzamiento en la parte no homogénea, por lo que podremos encontrarla en la expresión de la solución particular. Como vimos en la sección donde estudiamos la ecuación de orden dos, la solución particular está dada por:

$$y_p = e^{\lambda_2 x} \int e^{(\lambda_1 - \lambda_2)x} \left(\int e^{-\lambda_1 t}\overline{Q}(t)dt \right) dx.$$

Para simplificar el cálculo de estas integrales trabajaremos la EDO original:

$$\begin{aligned} y'' + \frac{b}{m}y' + \frac{k}{m}y &= \frac{A\cos(\omega_0 t)}{m} \\ y'' + \overline{b}y' + \overline{k}y &= \overline{A}\cos(\omega_0 t) = Re(e^{i\omega_0 t}) \end{aligned}$$

y si tomamos $y = \overline{A}\,Re(z)$ tendremos una EDO para una solución z compleja:

$$z'' + \overline{b}z' + \overline{k}z = e^{i\omega_0 t},$$

cuyos valores característicos son:

$$\lambda_{1,2} = \frac{-\overline{b} \pm \sqrt{\overline{b}^2 - 4\overline{k}}}{2} = \sigma \pm i\omega \quad \text{con} \quad \overline{b}^2 < 4\overline{k}.$$

Así la solución particular de esta EDO compleja será:

$$\begin{aligned} z_p &= e^{(\sigma - i\omega)x}\int e^{2i\omega x}\left(\int e^{-(\sigma+i\omega)t}e^{i\omega_0 t}dt\right)dx \\ &= e^{(\sigma - i\omega)x}\int \frac{e^{-(\sigma - i(\omega+\omega_0))x}}{-(\sigma + i(\omega - \omega_0))}dx \\ &= \frac{e^{i\omega_0 x}}{(\sigma + i(\omega - \omega_0))(\sigma - i(\omega + \omega_0))} \\ &= \frac{e^{i\omega_0 x}}{((\sigma^2 + \omega^2 - \omega_0^2) - 2i\omega_0\sigma)}. \end{aligned}$$

Finalmente, lo que nos interesa es el módulo de z_p y su relación con la amplitud de y_p:

$$\begin{aligned} |z_p| &= \frac{|e^{i\omega_0 x}|}{|(\sigma^2 + \omega^2 - \omega_0^2) - 2i\omega_0\sigma|} \\ &= \frac{1}{\sqrt{(\sigma^2 + \omega^2 + \omega_0^2)^2 + 4\omega_0^2\sigma^2}}, \quad \text{como} \quad \sigma = \frac{-\overline{b}}{2} \quad \omega = \sqrt{\overline{k} - \frac{\overline{b}^2}{4}} \\ &= \frac{1}{\sqrt{(\overline{k} - \omega_0^2)^2 + (\omega_0\overline{b})^2}}. \end{aligned}$$

Luego como $y_p = \overline{A}\,Re(z_p)$ y $z_p = |z_p|e^{i\omega_0 x}$ se tiene que

$$y_p(x) = \overline{A}|z_p|\cos(\omega_0 x) = \overline{A}\cos(\omega_0 x)\frac{1}{\sqrt{(\overline{k} - \omega_0^2)^2 + (\omega_0\overline{b})^2}}.$$

Teniendo esto presente podemos concluir que:

$$\text{máx}_x\,|y_p| = \frac{\overline{A}}{\sqrt{(\overline{k} - \omega_0^2)^2 + (\omega_0\overline{b})^2}}.$$

Vemos que el fenómeno de la resonancia se presentará cuando el denominador se aproxime a cero, es decir, para un ω_0 tal que $(\overline{k} - \omega_0^2)^2 + (\omega_0\overline{b})^2$ sea muy pequeño. Si consideramos a $\overline{b}$ suficientemente pequeño (es decir un oscilador con bajo coeficiente de roce). Si ω_0^2 es próximo a $\overline{k}$ se entra en un estado de resonancia, además si $\overline{b} = 0$ en este caso la amplitud de oscilación se va a infinito. Ver Figura 4.

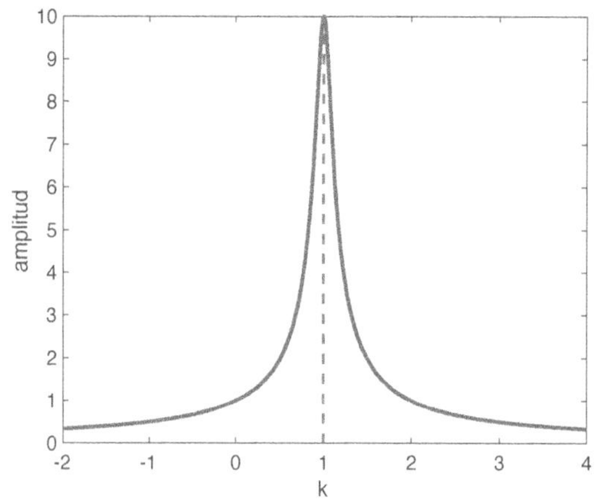

FIGURA 4. Efecto de resonancia. Amplitud de la solución en función de $\overline{k}$ para $\overline{A} = 1$, $\overline{b} = 0.1$ y $\omega_0 = 1$.

3.2.4. *Método de variación de parámetros*

Hay otra forma de obtener la solución particular, y es suponiendo que tiene la forma:

$$y_p(x) = C_1(x)y_1(x) + C_2(x)y_2(x)$$

donde y_1, y_2 son una base de soluciones homogéneas y $C_1(x)$ y $C_2(x)$ son ahora parámetros variables a determinar. Es decir, ya no se trata de una simple combinación lineal de la base de soluciones homogéneas sino una no lineal.

Reemplazando esta expresión en la EDO de segundo orden

$$y'' + \overline{a}_1 y' + \overline{a}_0 = \overline{Q}(x)$$

se obtiene lo siguiente:

$$((C_1(x)y_1 + C_2(x)y_2)')' + \overline{a}_1(C_1(x)y_1 + C_2(x)y_2)' + \overline{a}_0(C_1(x)y_1 + C_2(x)y_2) = \overline{Q}.$$

Notemos que

$$(C_1(x)y_1 + C_2(x)y_2)' = C_1'(x)y_1 + C_2'(x)y_2 + C_1(x)y_1' + C_2(x)y_2'.$$

Ahora vamos a imponer que[4]

$$C_1'(x)y_1 + C_2'(x)y_2 = 0. \tag{23}$$

Esto puede parecer arbitrario, pero como tenemos dos incógnitas C_1' y C_2' podemos imponer esta restricción para obtener dos ecuaciones para determinarlas, y esta sería la primera de ellas.

Admitiendo esta condición, lo anterior se simplifica a

$$(C_1(x)y_1' + C_2(x)y_2')' + \overline{a}_1(C_1(x)y_1' + C_2(x)y_2') + \overline{a}_0(C_1(x)y_1 + C_2(x)y_2) = \overline{Q}$$

reordenando

$$C_1'(x)y_1' + C_2'(x)y_2' + C_1(x)(y_1'' + \overline{a}_1 y_1' + \overline{a}_0 y_1) + C_2(x)(y_2'' + \overline{a}_1 y_2' + \overline{a}_0 y_2) = \overline{Q}$$

y usando que y_1 e y_2 son soluciones de la EDO homogénea, se obtiene la segunda ecuación buscada:

$$C_1'(x)y_1' + C_2'(x)y_2' = \overline{Q}. \tag{24}$$

---

[4]Esta ingeniosa idea es debida a Joseph-Louis Lagrange (1736-1813).

De las ecuaciones (23) y (24) se obtiene que $C_1' = -\int \frac{y_2\overline{Q}}{W}$, $C_2' = \int \frac{y_1\overline{Q}}{W}$ donde $W = y_1y_2' - y_1'y_2$ es el Wronskiano. Resumiendo lo anterior obtenemos el siguiente resultado.

TEOREMA 3.2 (Fórmula de variación de parámetros). *Sean y_1 e y_2 dos soluciones linealmente independientes (base) de la* EDO *lineal de orden* 2

$$y'' + \overline{a}_1y' + \overline{a}_0 = \overline{Q}(x)$$

entonces, una solución particular de la EDO *viene dada por*

$$y_p = -y_1(x)\int \frac{y_2\overline{Q}}{W} + y_2(x)\int \frac{y_1\overline{Q}}{W}$$

donde $W = y_1y_2' - y_1'y_2$ es el Wronskiano.

EJERCICIO PROPUESTO 3.3. Vuelva a obtener la amplitud de resonancia del Ejemplo 3.2.3 usando la fórmula de variación de parámetros del Teorema 3.2.

3.3. Teoremas de existencia y unicidad

Necesitaremos extender los resultados de existencia y unicidad de ecuaciones diferenciales de primer orden a ecuaciones diferenciales de orden superior para poder desarrollar la teoría y los métodos de resolución más adelante. Para establecerlo introduzcamos primero la noción precisa de solución de una EDO lineal de orden n:

DEFINICIÓN 3.9. Se dice que y *es solución* de la EDO lineal de orden n para el operador $P(x,D) = \sum_{k=0}^{n} \overline{a}_k(s)D^k$, con $\overline{a}_n = 1$, si

$$P(x,D)y = \overline{Q}$$

en el intervalo I si $y \in \mathcal{C}^n(I)$ y $P(x,D)y(x) = \overline{Q}(x)$ para todo $x \in I$.

Ahora bien, dado $x_0 \in I$, nos daremos para la EDO anterior n *condiciones iniciales* en x_0. Más precisamente, los valores de las primeras $n-1$ derivadas en x_0. Esto escrito en forma de n-tuplas corresponde a:

$$\Big(y(x_0), y'(x_0), \dots, y^{(n-1)}(x_0)\Big) = \left(y_0^{(0)}, y_0^{(1)}, \dots, y_0^{(n-1)}\right)$$

donde el lado derecho es un vector dado en $\mathbb{R}^n$.

Con todo esto, podemos introducir el problema de Cauchy correspondiente:

DEFINICIÓN 3.10. El *problema de Cauchy* para EDO lineales de orden n consiste en encontrar $y \in \mathcal{C}^n(I)$ tal que

$$(25) \qquad \begin{cases} P(x,D)y(x) = \overline{Q}(x) \quad \forall x \in I \\ \left(y(x_0), y'(x_0), \dots, y^{(n-1)}(x_0)\right) = \left(y_0^{(0)}, y_0^{(1)}, \dots, y_0^{(n-1)}\right). \end{cases}$$

TEOREMA 3.3 (Existencia y unicidad). *Supongamos que las funciones $\overline{a}_k(x)$, $k = 0, \dots, n-1$ y $\overline{Q}(x)$ son continuas en el intervalo I. Entonces para cada $x_0 \in I$ y para cada vector de condiciones iniciales, el problema de Cauchy* (25) *tiene una única solución.*

COROLARIO 3.1. *Notemos que, bajo las hipótesis del teorema anterior, si la* EDO *lineal es homogénea y con condiciones iniciales nulas, la única solución es la solución nula. Esto es si $\overline{Q} \equiv 0$ y $y_0^{(k)} = 0$ para cada $k = 0, \dots, n-1$, entonces $y \equiv 0$.*

Aplicaremos numerosas veces el Teorema de Existencia y Unicidad en este capítulo. Más adelante veremos que el Teorema 3.3 es un caso particular del Teorema de Existencia y Unicidad para sistemas lineales en el Capítulo 5 y, a su vez, este se extiende del caso de una ecuación diferencial escalar visto en el Capítulo 2.

3.4. Ecuaciones lineales de orden n

Comencemos por extender las nociones de dependencia e independencia lineal:

DEFINICIÓN 3.11. Las funciones $y_1, \dots, y_k$ en $\mathcal{C}^n(I)$ son *linealmente independientes* (l.i.) si la afirmación

$$C_1 y_1(x) + \cdots + C_k y_k(x) \equiv 0 \text{ para todo } x \in I \tag{26}$$

implica necesariamente que todos los coeficientes $C_1, \dots, C_k$ son cero. Si por el contrario existen $C_1, \dots, C_k$ tales que al menos uno es distinto de cero y se tiene (26), decimos que las funciones $y_1, \dots, y_k$ son *linealmente dependientes* (l.d.).

EJEMPLO 3.2. Dos funciones y_1 e y_2 son linealmente dependientes si, y solo si, una es múltiplo de la otra. Más adelante veremos cómo el Wronskiano puede ayudarnos a comprobar si k funciones ($k \geq 2$) son linealmente independientes.

3.4.1. *La estructura geométrica de la solución*

Vamos a estudiar la estructura de la solución general de una ecuación diferencial lineal de orden n. En primer lugar, denotemos por $\mathcal{H}$ el conjunto de todas las soluciones de la ecuación homogénea:

$$\mathcal{H} = \left\{ y \in \mathcal{C}^n(I) \mid y^{(n)}(x) + \cdots + \overline{a}_1(x) y'(x) + \overline{a}_0(x) y(x) = 0 \ \forall x \in I \right\}.$$

TEOREMA 3.4. *$\mathcal{H}$ es subespacio vectorial de $\mathcal{C}^n(I)$ de dimensión n, es decir $\exists$ una base de soluciones de dimensión n.*

PRUEBA. Definimos el siguiente operador:

$$\begin{aligned} T_{x_0} : \mathcal{H} &\to \mathbb{R}^n \\ y &\mapsto \begin{pmatrix} y(x) \\ y'(x) \\ \vdots \\ y^{(n-1)}(x) \end{pmatrix} \end{aligned}$$

Podemos ver que T_{x_0} es una función biyectiva gracias al Teorema de existencia y unicidad (La existencia nos da la sobreyectividad y la unicidad la inyectividad), como $\mathcal{H}$ y $\mathbb{R}^n$ son ambos espacios vectoriales de dimensión finita y existe una biyección entre ellos $\Rightarrow \dim \mathcal{H} = \dim \mathbb{R}^n = n$. Para encontrar la base de $\mathcal{H}$ definimos la base canónica de $\mathcal{H}$ (inducida por la base canónica de $\mathbb{R}^n$) como:

$$\begin{aligned} P(x, D) y_i &= 0 \\ T_{x_0}(y_i) &= e_i \quad \text{(base canónica de)} \mathbb{R}^n. \end{aligned}$$

□

Denotamos por $\mathcal{S}$ el conjunto de todas las soluciones de la ecuación diferencial lineal de orden n no homogénea

$$\mathcal{S} = \left\{ y \in \mathcal{C}^n(I) \mid y^{(n)} + \cdots + \overline{a}_1(x) y' + \overline{a}_0(x) y = \overline{Q} \text{ en } I \right\}.$$

Sean X un espacio vectorial, A un subespacio de X y $x \in X$. Un *hiperplano* o *subespacio afín* es un conjunto de la forma

$$x + A = \{ \ z \in X \mid z = x + a \text{ para algún } a \in A \ \}.$$

TEOREMA 3.5. *Si* $y_p \in \mathcal{S}$ *es cualquier solución de la ecuación no homogénea, entonces* $\mathcal{S} = y_p + \mathcal{H}$.

Geométricamente, esto quiere decir que $\mathcal{S}$ es un hiperplano que se obtiene al desplazar por y_p el subespacio $\mathcal{H}$.

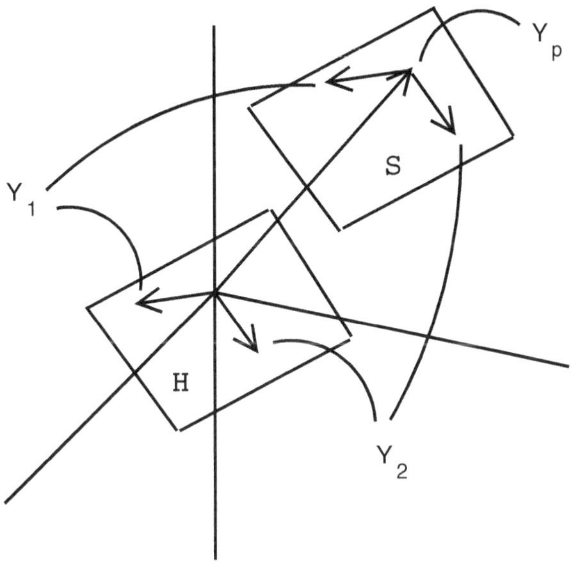

FIGURA 5. Representación de los espacios $\mathcal{H}$ y $\mathcal{S}$ en 2 dimensiones sobre $\mathcal{C}^2(I)$.

PRUEBA. Basta ver que la resta de dos funciones en $\mathcal{S}$ está en $\mathcal{H}$; es decir, es solución de la ecuación homogénea. Pero esto es inmediato de la linealidad de la ecuación. □

COROLARIO 3.2. *Todo elemento de* $\mathcal{S}$ *se escribe de la forma*

$$y \quad = \quad C_1 y_1 + C_2 y_2 + \cdots + C_n y_n + y_p,$$

donde $y_1, \ldots, y_n$ *son soluciones linealmente independientes de la ecuación homogénea,* y_p *es cualquier solución particular de la ecuación no homogénea y las* $C_i \in \mathbb{R}$ *son constantes arbitrarias que dependen del vector de condiciones iniciales*[5].

3.4.2. *Wronskiano y fórmula de Abel*

DEFINICIÓN 3.12. El *Wronskiano* asociado a n funciones $y_1, \ldots, y_n \in \mathcal{C}^n(I)$ es

$$W(x) = W(y_1, \ldots, y_n) = \begin{vmatrix} y_1(x) & \ldots & y_n(x) \\ y_1'(x) & \ldots & y_n'(x) \\ \vdots & \ddots & \vdots \\ y_1^{(n-1)}(x) & \ldots & y_n^{(n-1)}(x) \end{vmatrix}.$$

[5]Las C_i no son los β_i calculados en la demostración del Teorema 3.4.

Notar que W es una *función* de clase $\mathcal{C}^1$ en I. Usamos también la notación $W(y_1, \dots, y_n)$ para enfatizar la dependencia de las funciones $y_1, \dots, y_n$.

Enunciaremos ahora dos resultados técnicos sobre determinantes que necesitaremos en las demostraciones que siguen:

LEMA 3.1. *El determinante es multilineal por filas y columnas.*

Por ejemplo, si $\det(A) = \det(F_1, F_2, \dots, F_n)$, donde F_i es la i-ésima fila de A, se tendrá que

$$\begin{aligned}\det(F_1, \dots a + \lambda b \dots, F_n) &= \det(F_1, \dots a \dots, F_n) \\ &\quad + \lambda \det(F_1, \dots b \dots, F_n).\end{aligned}$$

LEMA 3.2. *Sea $A(x)$ una matriz con entradas variables (dependientes de x). Como antes, escribimos* $\det(A) = \det(F_1, F_2, \dots, F_n) = \det(C_1, C_2, \dots, C_n)$*, donde las F_i y las C_j son las filas y columnas de A, respectivamente. Tenemos que*

$$\begin{aligned}\frac{d}{dx}|A(x)| &= \sum_{i=1}^{n} \det(F_1, \dots, F_i', \dots, F_n) \\ &= \sum_{j=1}^{n} \det(C_1, \dots, C_j', \dots, C_n).\end{aligned}$$

Con esto, la técnica para derivar el determinante de una matriz es la siguiente:

(1) Se deriva la primera fila (o columna) y se calcula el determinante de la matriz así obtenida.
(2) Se hace lo mismo con cada una de las filas (o columnas) de la matriz.
(3) Se suman los resultados parciales.

La demostración del Lema 3.2 puede hacerse fácilmente utilizando la definición de derivada y el Lema 3.1.

Recordemos que si dos filas en una matriz son iguales, su determinante es cero.

Cuando calculamos la derivada del Wronskiano usando el método descrito arriba (por filas) nos encontramos con que la mayoría de los sumandos, salvo el último, tienen una fila repetida y por lo tanto son cero.

Así obtenemos

$$W'(y_1, \dots, y_n) = \begin{vmatrix} y_1(x) & \dots & y_n(x) \\ y_1'(x) & \dots & y_n'(x) \\ \vdots & \ddots & \vdots \\ y_1^{(n-2)}(x) & \dots & y_n^{(n-2)}(x) \\ y_1^{(n)}(x) & \dots & y_n^{(n)}(x) \end{vmatrix}.$$

Como las funciones $y_1, \dots y_n$ son soluciones de la ecuación homogénea, la última fila se reescribe para obtener

$$W'(y_1, \dots, y_n) = \begin{vmatrix} y_1(x) & \dots & y_n(x) \\ y_1'(x) & \dots & y_n'(x) \\ \vdots & \ddots & \vdots \\ y_1^{(n-2)}(x) & \dots & y_n^{(n-2)}(x) \\ -\sum_{i=0}^{n-1} \overline{a}_i(x) y_1^{(i)} & \dots & -\sum_{i=0}^{n-1} \overline{a}_i(x) y_n^{(i)} \end{vmatrix}.$$

Gracias al Lema 3.1, podemos expandir la última fila. Todos los sumandos, salvo el último, tienen una fila repetida, por lo que la derivada del Wronskiano queda de la forma

$$W'(x) = -\overline{a}_{n-1}(x)W(x). \tag{27}$$

Al integrar la ecuación (27) obtenemos la Fórmula de Abel:

TEOREMA 3.6 (Fórmula de Abel). *Sean* $y_1, \dots, y_n \in \mathcal{H}$. *Entonces el Wronskiano* W *satisface*

$$W(x) = C \exp\left(-\int \overline{a}_{n-1}(x)dx\right)$$

con $C \in \mathbb{R}$. *En particular, si se anula en un punto, se anula siempre.*

Resumiremos algunas propiedades del Wronskiano que tienen que ver con independencia lineal de funciones en el siguiente resultado:

TEOREMA 3.7. *Sean* $y_1, \dots, y_n \in \mathcal{C}^n(I)$.

(1) *Si* $W(x_0) \neq 0$ *para algún* $x_0 \in I$ *entonces* $y_1, \dots, y_n$ *son linealmente independientes.*
(2) *En general, el que* $W(x) = 0$ *para todo* $x \in I$ *no basta para garantizar que* $y_1, \dots, y_n$ *sean linealmente dependientes.*
(3) *Si* $y_1 \dots, y_n$ *son funciones en* $\mathcal{H}$, *las siguientes proposiciones son equivalentes:*
   (a) $W(x_0) \neq 0$ *para algún* $x_0 \in I$;
   (b) $W(x) \neq 0$ *para todo* $x \in I$; *y*
   (c) $y_1, \dots, y_n$ *son linealmente independientes.*

PRUEBA. La parte 1 se deja como ejercicio al lector o lectora. Un contraejemplo para la parte 2 es $y_1 = x^3$ e $y_2 = |x^3|$, para $n = 2$.

En cuanto a la parte 3, la equivalencia entre a) y b) es evidente gracias a la fórmula de Abel y la implicancia b) $\Rightarrow$ c) es clara gracias a la parte 1. Para la otra implicancia, probemos que si $W(x_0) = 0$ para algún $x_0 \in I$, entonces $y_1, \dots, y_n$ son linealmente dependientes. En efecto, si $W(x_0) = 0$ para algún $x_0 \in I$, se tiene que existen $\alpha_1 \dots, \alpha_n \in \mathbb{R}$ no todos nulos tales que

$$\begin{pmatrix} y_1(x_0) & \cdots & y_n(x_0) \\ y_1'(x_0) & \cdots & y_n'(x_0) \\ \vdots & \ddots & \vdots \\ y_1^{(n-1)}(x_0) & \cdots & y_n^{(n-1)}(x_0) \end{pmatrix} \begin{pmatrix} \alpha_1 \\ \alpha_2 \\ \vdots \\ \alpha_n \end{pmatrix} = \begin{pmatrix} 0 \\ 0 \\ \vdots \\ 0 \end{pmatrix},$$

pues la matriz del lado izquierdo no es invertible. Definiendo $z(x) = \alpha_1 y_1(x) + \cdots + \alpha_n y_n(x)$, se tiene que

$$\begin{array}{rcccl} z(x_0) & = & \alpha_1 y_1(x_0) + \cdots + \alpha_n y_n(x_0) & = & 0 \\ z'(x_0) & = & \alpha_1 y_1'(x_0) + \cdots + \alpha_n y_n'(x_0) & = & 0 \\ & & \vdots & & \\ z^{(n-1)}(x_0) & = & \alpha_1 y_1^{(n-1)}(x_0) + \cdots + \alpha_n y_n^{(n-1)}(x_0) & = & 0. \end{array}$$

Como $z \in \mathcal{H}$, por el Teorema de Existencia y Unicidad, se tiene que $z(x) = 0$ para todo $x \in I$. Luego existen $\alpha_1 \dots, \alpha_n \in \mathbb{R}$ no todos nulos tales que $\alpha_1 y_1(x) + \cdots + \alpha_n y_n(x) = 0$ para todo $x \in I$. □

Nota: si $y_1, \dots, y_n$ son una base de $\mathcal{H}$; es decir, si son n soluciones linealmente independientes de la ecuación homogénea, la matriz siguiente es invertible

$$\Phi = \begin{pmatrix} y_1 & \dots & y_n \\ y_1' & \dots & y_n' \\ \vdots & \ddots & \vdots \\ y_1^{(n-1)} & \dots & y_n^{(n-1)} \end{pmatrix} \tag{28}$$

y se denomina *matriz fundamental de soluciones* asociada a la base $y_1, \dots, y_n$. No se debe confundir la matriz fundamental con el Wronskiano, que es $W = \det \Phi$. Esta matriz reaparecerá en el Capítulo 5 sobre sistemas lineales.

3.5. Métodos para ecuaciones de orden n a coeficientes constantes

En esta sección estudiaremos varios métodos para resolver la ecuación diferencial lineal de orden n a coeficientes constantes. Para la ecuación homogénea describiremos un método que sigue la misma línea de lo que se hizo para la ecuación de orden 2, usando los valores característicos. Finalmente nos enfocaremos en la búsqueda de soluciones particulares.

3.5.1. *Polinomio característico y base.*

La EDO $y^{(n)} + \overline{a}_{n-1}y^{(n-1)} + \dots + \overline{a}_0 y = 0$ se escribirá de la forma $P(D)y = 0$, donde $P(D)$ es el operador diferencial

$$P(D) = D^n + \overline{a}_{n-1}D^{n-1} + \dots + \overline{a}_1 D + \overline{a}_0 = \sum_{i=1}^{n} \overline{a}_i D^i$$

con $\overline{a}_n = 1$. El operador $P(D)$ está asociado al *polinomio característico*

$$p(\lambda) = \lambda^n + \overline{a}_{n-1}\lambda^{n-1} + \dots + \overline{a}_1 \lambda + \overline{a}_0.$$

Como se trata de un polinomio de grado n, tendrá n raíces reales o complejas llamadas *valores característicos* (quizá repetidos). Supondremos que $\lambda_1, \dots \lambda_l$ son las l raíces distintas y tienen multiplicidades $m_1, \dots, m_l$, respectivamente. Recordemos que como los coeficientes del polinomio son reales, las raíces que sean complejas vendrán en pares conjugados. El polinomio se puede descomponer de la forma

$$p(\lambda) = (\lambda - \lambda_1)^{m_1}(\lambda - \lambda_2)^{m_2} \dots (\lambda - \lambda_l)^{m_l} = \prod_{i=1}^{l} (\lambda - \lambda_i)^{m_i},$$

donde $n = \sum_{i=1}^{l} m_i$. La factorización de $p(\lambda)$ induce una análoga en $P(D)$, donde el producto corresponde a una composición:

$$P(D) = \underbrace{(D - \lambda_1) \circ \dots \circ (D - \lambda_1)}_{m_1 \text{ veces}} \circ \dots \circ \underbrace{(D - \lambda_l) \circ \dots \circ (D - \lambda_l)}_{m_l \text{ veces}}.$$

Note que esta factorización permite de hecho resolver la EDO de orden n como una serie de EDO de orden 1. En efecto, es claro que

$$P(D)y = 0 \iff (D - \lambda_1)^{m_1} \circ \dots (D - \lambda_l)^{m_l} y = 0,$$

entonces si definimos nuevas variables z_i de la forma:

$$\underbrace{(D-\lambda_1)\circ(D-\lambda_1)\circ\ldots\circ\underbrace{(D-\lambda_l)\circ\underbrace{(D-\lambda_l)y}_{z_{n-1}}}_{z_{n-2}}}_{z_1} = 0$$

esto genera un sistema en cascada de n EDO's lineales de orden 1:

$$\begin{aligned}(D-\lambda_1)z_1 &= 0\\ (D-\lambda_1)z_2 &= z_1\\ &\vdots\\ (D-\lambda_1)z_{m_1} &= z_{m_1-1}\\ &\vdots\\ (D-\lambda_l)y &= z_{n-1}.\end{aligned}$$

En principio, este es un método válido para resolver la EDO (incluso la ecuación no homogénea) pero veremos a continuación que la solución homogénea se puede obtener de una forma mucho más explícita.

PROPIEDADES 3.2. *(Traslación)*

(1) $P(D+\lambda)1 = p(\lambda)$.
(2) $P(D)e^{\lambda x} = e^{\lambda x}P(D+\lambda)1 = e^{\lambda x}p(\lambda)$.
(3) $P(D)(f(x)e^{\lambda x}) = e^{\lambda x}P(D+\lambda)f(x)$.

La demostración queda propuesta para el lector o lectora.

Con ayuda de la propiedad (2) anterior se pueden encontrar l soluciones de la ecuación homogénea. Si λ_i es una raíz del polinomio $p(\lambda)$, se tiene que:

$$P(D)e^{\lambda_i x} = e^{\lambda_i x}\underbrace{p(\lambda_i)}_{=0} = 0.$$

Lo que quiere decir que $e^{\lambda_1 x}, e^{\lambda_2 x}, \ldots, e^{\lambda_l x}$ son soluciones de (H). Veamos que son l.i.:

$$\begin{aligned} W(x, e^{\lambda_1 x}, \ldots, e^{\lambda_l x}) &= \begin{vmatrix} e^{\lambda_1 x} & \ldots & e^{\lambda_l x}\\ \lambda_1 e^{\lambda_1 x} & \ldots & \lambda_l e^{\lambda_l x}\\ \vdots & \vdots & \vdots\\ \lambda_1^{l-1}e^{\lambda_1 x} & \ldots & \lambda_l^{l-1}e^{\lambda_l x}\end{vmatrix}\\ &= \exp\left(\sum_{i=1}^{l}\lambda_i x\right)\begin{vmatrix} 1 & \ldots & 1\\ \lambda_1 & \ldots & \lambda_l\\ \vdots & \vdots & \vdots\\ \lambda_1^{l-1} & \ldots & \lambda_l^{l-1}\end{vmatrix}\\ &= \exp\left(\sum_{i=1}^{l}\lambda_i x\right) C\prod_{i\neq j}(\lambda_i-\lambda_j).\end{aligned}$$

Como $\lambda_i \neq \lambda_j$ si $i \neq j$, el Wronskiano es distinto de cero y las funciones son l.i.

Para formar la base necesitamos n funciones l.i., por lo tanto hay que encontrar $n-l$ más. De la propiedad (3), se tiene que (λ_i es una raíz del polinomio $p(\lambda)$):

$$\begin{aligned} P(D)(x^k e^{\lambda_i x}) &= e^{\lambda_i x} P(D+\lambda_i)x^k \\ &= (D-\lambda_1+\lambda_i)^{m_1} \dots (D-\lambda_i-\lambda_i)^{m_i} \dots (D-\lambda_l-\lambda_i)^{m_l} x^k \\ &= (D-\lambda_1+\lambda_i)^{m_1} \dots (D-\lambda_{i-1}-\lambda_i)^{m_{i-1}} (D-\lambda_{i+1}-\lambda_i)^{m_{i+1}} \\ &\quad \dots (D-\lambda_l-\lambda_i)^{m_l} D^{m_i} x^k. \end{aligned}$$

Como $D^{m_i}x^k = 0 \Leftrightarrow 1 \le k \le m_i - 1$, se encuentran $m_i - 1$ soluciones de (H):

$$xe^{\lambda_i x}, x^2 e^{\lambda_i x}, \dots, x^{m_i-1} e^{\lambda_i x}.$$

Repitiendo este procedimiento para cada m_i, se encuentran $n-l$ soluciones, ya que $\sum_{i=1}^{l}(m_i - 1) = \sum_{i=1}^{l} m_i - l = n - l$.

EJEMPLO 3.3.

$$(D-1)^2(D+3)^5 D^3 y = 0$$

En este caso $n = 10$. Veamos todas las soluciones que se encuentran con este método:

$$\begin{aligned} \lambda_1 = 1, m_1 = 2 &\Rightarrow \{e^x, xe^x\}, \\ \lambda_2 = -3, m_2 = 5 &\Rightarrow \{e^{-3x}, xe^{-3x}, x^2e^{-3x}, x^3e^{-3x}, x^4e^{-3x}\}, \\ \lambda_3 = 0, m_3 = 3 &\Rightarrow \{1, x, x^2\}. \end{aligned}$$

Veamos si son l.i. Para todo $x \in I$ se debe cumplir:

$$\begin{aligned} \alpha_{1,1}e^x + \alpha_{1,2}xe^x + \\ \alpha_{2,1}e^{-3x} + \alpha_{2,2}xe^{-3x} + \alpha_{3,1}x^2e^{-3x} + \alpha_{4,1}x^3e^{-3x} + \alpha_{5,1}x^4e^{-3x} + \\ \alpha_{3,1} + \alpha_{3,2}x + \alpha_{3,3}x^2 &= 0. \end{aligned}$$

Aplicando $(D-1)^3(D+3)^5D^2$ a esta expresión, se transforma en

$$2\alpha_{3,3} = 0.$$

Aplicando ahora $(D-1)^3(D+3)^5D$, se obtiene

$$\alpha_{3,2} = 0.$$

Y así sucesivamente, se obtiene que $\alpha_{i,j_i} = 0$ para todo $i \in \{1,2,3\}, j \in \{1,2,3,4,5\}$, por lo tanto, son l.i.

En general, las n soluciones encontradas son l.i., pues dada la ecuación

$$\begin{aligned} \alpha_{1,1}e^{\lambda_1 x} + \dots + \alpha_{1,m_1}x^{m_1-1}e^{\lambda_1 x} + \\ \alpha_{2,1}e^{\lambda_2 x} + \dots + \alpha_{2,m_2}x^{m_2-1}e^{\lambda_2 x} + \\ \vdots \\ \alpha_{l,1}e^{\lambda_l x} + \dots + \alpha_{l,m_l}x^{m_l-1}e^{\lambda_l x} &= 0, \end{aligned}$$

al aplicar el operador $(D-\lambda_1)^{m_1}\ldots(D-\lambda_i)^{m_i-1}\ldots(D-\lambda_l)^{m_l}$, se obtiene:

$$\begin{aligned}
\alpha_{i,m_i-1}(D-\lambda_1)^{m_1}\ldots(D-\lambda_l)^{m_l}(D-\lambda_i)^{m_i-1}(x^{m_i-1}e^{\lambda_i x}) &= 0\\
e^{\lambda_i x}\alpha_{i,m_i-1}\underbrace{(D-\lambda_1+\lambda_i)^{m_1}\ldots(D-\lambda_l+\lambda_i)^{m_l}}_{\tilde{p}(\lambda_i)}\underbrace{D^{m_i-1}x^{m_i-1}}_{(m_i-1)!} &= 0\\
e^{\lambda_i x}\alpha_{i,m_i-1}(m_i-1)!\,\tilde{p}(\lambda_i) &= 0,
\end{aligned}$$

es decir, se verifica que $\tilde{p}(\lambda_i)\neq 0$ y $(m_i-1)!\neq 0$, por lo tanto $\alpha_{i,m_i-1}=0$. Repitiendo esto progresivamente, se verifica que todos los α_{i,m_i-1} son iguales a cero, con lo cual las n funciones son l.i..

Antes de pasar a los ejemplos resumiremos la discusión anterior en el siguiente resultado:

TEOREMA 3.8. *Supongamos que $\lambda_1,\ldots,\lambda_l$ son los valores característicos, con multiplicidades $m_1,\ldots,m_l$, de la ecuación homogénea*

$$(D-\lambda_1)^{m_1}\ldots(D-\lambda_l)^{m_l}y=0.$$

Una base para $\mathcal{H}$ es la generada por las siguientes funciones linealmente independientes:

- *Para cada valor característico λ real*

$$e^{\lambda x},\quad xe^{\lambda x},\quad \ldots,\quad x^{m-1}e^{\lambda x}.$$

- *Para cada par de valores característicos complejos $\alpha\pm i\beta$,*

$$\begin{array}{llll}
e^{\alpha x}\cos(\beta x), & xe^{\alpha x}\cos(\beta x), & \ldots & x^{m-1}e^{\alpha x}\cos(\beta x),\\
e^{\alpha x}\,\mathrm{sen}(\beta x), & xe^{\alpha x}\,\mathrm{sen}(\beta x), & \ldots & x^{m-1}e^{\alpha x}\,\mathrm{sen}(\beta x).
\end{array}$$

EJEMPLO 3.4.

$$(D-1)^2(D+3)^5D^3y=0.$$

En este caso $n=10$. Veamos todas las soluciones que se encuentran con este método:

$$\begin{aligned}
\lambda_1=1,\ m_1=2 &\Rightarrow \{e^x, xe^x\},\\
\lambda_2=-3,\ m_2=5 &\Rightarrow \{e^{-3x}, xe^{-3x}, x^2e^{-3x}, x^3e^{-3x}, x^4e^{-3x}\},\\
\lambda_3=0,\ m_3=3 &\Rightarrow \{1, x, x^2\}.
\end{aligned}$$

EJEMPLO 3.5. Resolvamos la ecuación diferencial

$$y^{(5)}-y^{(4)}+2y'''-2y''+y'-y=0.$$

El polinomio característico es

$$\begin{aligned}
p(\lambda) &= \lambda^5-\lambda^4+2\lambda^3-2\lambda^2+\lambda-1\\
&= (\lambda-1)(\lambda-i)^2(\lambda+i)^2.
\end{aligned}$$

Obtenemos entonces las soluciones

$$\begin{aligned}
\lambda_1=1,\ m_1=1 &\Rightarrow \{e^x\},\\
\lambda_2,\overline{\lambda_2}=\pm i,\ m_2=2 &\Rightarrow \{\cos(x), \mathrm{sen}(x), x\cos(x), x\,\mathrm{sen}(x)\}.
\end{aligned}$$

Finalmente, toda solución homogénea se escribe como combinación lineal de estas funciones, por lo que la solución homogénea es:

$$y_h(x)=C_1e^x+C_2\cos(x)+C_3\,\mathrm{sen}(x)+C_4\,x\cos(x)+C_5\,x\,\mathrm{sen}(x).$$

3.5.2. *Método de coeficientes indeterminados*

El método de *coeficientes indeterminados*, que puede usarse cuando el lado derecho involucra únicamente polinomios, senos, cosenos y exponenciales. Consiste en postular que la solución es de cierto tipo (similar al lado derecho), pero con coeficientes que son determinados *a posteriori*. Tiene la ventaja de que los cálculos son extremadamente sencillos ya que involucran únicamente derivación de polinomios, exponenciales y funciones trigonométricas.

Este método puede aplicarse para encontrar una solución particular de la ecuación

$$P(D)y = q_{k_0}(x)e^{\lambda_0 x}$$

con $\lambda_0 \in \mathbb{C}$ y $q_{k_0}e^{\lambda_0 x}$ una funcion que puede ser un polinomio por una exponencial, un polinomio por seno o coseno por una exponencial o cualquier combinación lineal de estos, donde $gr(q_{k_0}) \leq k_0$ en caso de ser un polinomio.

Este método tiene la desventaja aparente de ser muy restrictivo en cuanto al tipo de lado derecho para el cual es útil. Sin embargo estas funciones son sumamente frecuentes en la aplicaciones.

El operador diferencial que anula el lado derecho es $(D-\lambda_0)^{k_0+1}$, pues

$$\begin{aligned}(D-\lambda_0)^{k_0+1}P(D)y &= (D-\lambda_0)^{k_0+1}q_{k_0}(x)e^{\lambda_0 x}\\ &= e^{\lambda_0 x}D^{k_0+1}q_{k_0}(x)\\ &= 0\end{aligned}$$

Si $\lambda_0 \in \mathbb{R}$, la ecuación se transforma en una homogénea de orden $n+k_0+1$ que sabemos resolver.
Si $\lambda_0 \in \mathbb{C}$, se aplica además el operador $(D-\overline{\lambda}_0)^{k_0+1}$ a ambos lados de la ecuación, con lo que se obtiene $(D-\overline{\lambda}_0)^{k_0+1}(D-\lambda_0)^{k_0+1}P(D)y = 0$, que es una homogénea de orden $n+2(k_0+1)$. Hay dos casos que se estudiarán:

A. Caso no resonante: $\lambda_0 \neq \lambda_j$ para todo $j \in \{1,\dots,l\}$

A.1 Caso real: $\lambda_0 \in \mathbb{R}$:

$$\begin{aligned}P(D)y = q_{k_0}(x)e^{\lambda_0 x} &\Rightarrow y = y_h + y_p\\ (D-\lambda_0)^{k_0+1}P(D)\tilde{y} = 0 &\Rightarrow \tilde{y} = \tilde{y}_h\end{aligned}$$

La idea es obtener y_p comparando $\tilde{y}_h$ e y_h, más precisamente, como combinación lineal de aquellas funciones que aparezcan en $\tilde{y}_h$ y que sean l.i. con las que aparezcan en y_h.
Se sabe que y_h es combinación lineal de funciones pertenecientes a

$$\begin{aligned}M = &\bigcup_{\lambda_i\in\mathbb{R}}\{e^{\lambda_i x}, xe^{\lambda_i x},\dots,x^{m_i-1}e^{\lambda_i x}\}\cup\\ &\bigcup_{\lambda_j=\sigma_j\pm iw_j}\{e^{\sigma_j x}\cos w_j x,\dots,x^{m_j-1}e^{\sigma_j x}\cos w_j x\}\cup\\ &\{e^{\sigma_j x}\operatorname{sen} w_j x,\dots,x^{m_j-1}e^{\sigma_j x}\operatorname{sen} w_j x\},\end{aligned}$$

y por otro lado $\tilde{y}_h$ es combinacion lineal de elementos pertenecientes a

$$\tilde{M} = M\cup\{e^{\lambda_0 x}, xe^{\lambda_0 x},\dots,x^{k_0}e^{\lambda_0 x}\},$$

luego $y_p = (A_0 + A_1 x + \cdots + A_{k_0}x^{k_0})e^{\lambda_0 x}$, con A_i constantes en $\mathbb{R}$ a determinar.

Reemplazando y_p en $P(D)y$:

$$\begin{aligned} P(D)(A_0 + A_1x + \cdots + A_{k_0}x^{k_0})e^{\lambda_0 x} &= q_{k_0}(x)e^{\lambda_0 x} \\ e^{\lambda_0 x}P(D+\lambda_0)(A_0 + A_1x + \cdots + A_{k_0}x^{k_0}) &= q_{k_0}(x)e^{\lambda_0 x} \\ r_{k_0}(x) &= q_{k_0}(x), \end{aligned}$$

donde $r_{k_0}(x)$ es un polinomio cuyos coeficientes dependen de A_i para $i \in \{0, \dots, k_0\}$. Igualando coeficientes se obtiene un sistema lineal de $(k_0+1) \times (k_0+1)$, de donde se calculan los coeficientes.

Ejemplo 3.6. Encontraremos una solución particular de la ecuación

$$(D-1)(D-2)y = xe^{3x}.$$

Tenemos que $\alpha = 3$, que no es un valor característico de la ecuación. Como el polinomio que acompaña a la exponencial en el lado derecho tiene grado 1, proponemos como solución

$$y_p(x) = (A_0 + A_1x)e^{3x}.$$

Aplicamos a y_p el operador diferencial $P(D) = (D-1)(D-2) = D^2 - 3D + 2$ y obtenemos

$$\begin{aligned} P(D)y_p(x) &= (6A_1 + 9A_0 + 9A_1x)e^{3x} \\ &\quad -3(A_1 + 3A_0 + 3A_1x)e^{3x} \\ &\quad +2(A_0 + A_1x)e^{3x} \\ &= (3A_1 + 2A_0 + 2A_1x)e^{3x}. \end{aligned}$$

Comparando con el lado derecho de la ecuación tenemos el sistema

$$\begin{cases} 0 = 3A_1 + 2A_0 \\ 1 = 2A_1, \end{cases}$$

cuya solución es $A_0 = -3/4$, $A_1 = 1/2$. De aquí, una solución particular de la ecuación es

$$y_p(x) = \left(\tfrac{1}{2}x - \tfrac{3}{4}\right)e^{3x}.$$

A.2 Caso complejo: $\lambda_0 \in \mathbb{C}$:

$$\begin{aligned} P(D)y = q_{k_0}(x)e^{\lambda_0 x} &\Rightarrow y = y_h + y_p \\ (D-\overline{\lambda}_0)^{k_0+1}(D-\lambda_0)^{k_0+1}P(D)\tilde{y} = 0 &\Rightarrow \tilde{y} = \tilde{y}_h \end{aligned}$$

Comparando y_h con $\tilde{y}_h$, se tiene que

$$\begin{aligned} y_p &= (A_0 + A_1x + \cdots + A_{k_0}x^{k_0})e^{\sigma x}\cos w_0x + \\ &\quad (B_0 + B_1x + \cdots + B_{k_0}x^{k_0})e^{\sigma x}\operatorname{sen} w_0x \end{aligned}$$

Al reemplazar y_p en la EDO se obtienen $2k_0 + 2$ ecuaciones.

Ejemplo 3.7.

$$(D-1)(D-2)y = xe^{3x}\cos x$$

En este caso $\lambda_0 = 3 \pm i$, y la solución homogénea es $y_h = C_1 e^x + C_2 e^{2x}$, luego

$$\begin{aligned}
y_p &= (A_0 + A_1 x)e^{3x}\cos x + (B_0 + B_1 x)e^{3x}\operatorname{sen} x \\
y_p' &= (\tilde{A}_0 + \tilde{A}_1 x)e^{3x}\cos x + (\tilde{B}_0 + \tilde{B}_1 x)e^{3x}\operatorname{sen} x \\
y_p'' &= (\tilde{\tilde{A}}_0 + \tilde{\tilde{A}}_1 x)e^{3x}\cos x + (\tilde{\tilde{B}}_0 + \tilde{\tilde{B}}_1 x)e^{3x}\operatorname{sen} x,
\end{aligned}$$

donde $\tilde{A}_0, \tilde{B}_0, \tilde{A}_1, \tilde{B}_1, \tilde{\tilde{A}}_0, \tilde{\tilde{B}}_0, \tilde{\tilde{A}}_1, \tilde{\tilde{B}}_1$ están en función de A_0, B_0, A_1, B_1. Reemplazando y_p en la EDO, se tiene que

$$(\tilde{\tilde{A}}_0 + \tilde{\tilde{A}}_1 x)e^{3x}\cos x + (\tilde{\tilde{B}}_0 + \tilde{\tilde{B}}_1 x)e^{3x}\operatorname{sen} x = xe^{3x}\cos x,$$

de donde se deduce que $\tilde{\tilde{A}}_0 = 0, \tilde{\tilde{A}}_1 = 1, \tilde{\tilde{B}}_0 = 0$ y $\tilde{\tilde{B}}_1 = 0$, lo que permite encontrar A_0, B_0, A_1 y B_1.

B. Caso resonante: $\lambda_0 = \lambda_j$ para algún $j \in \{1, \dots, l\}$

B.1 Caso real: $\lambda_0 \in \mathbb{R}$:

$$\begin{aligned}
P(D)y = q_{k_0}(x)e^{\lambda_0 x} \quad &\Rightarrow \quad y = y_h + y_p \\
(D - \lambda_0)^{k_0+1}P(D)\tilde{y} = 0 \quad &\Rightarrow \quad \tilde{y} = \tilde{y}_h.
\end{aligned}$$

La segunda ecuación se puede escribir de la forma

$$(D - \lambda_1)^{m_1} \dots (D - \lambda_0)^{m_0+k_0+1} \dots (D - \lambda_l)^{m_l}\tilde{y} = 0,$$

es decir que λ_0 aumentó su multiplicidad, luego, comparando $\tilde{y}_h$ e y_h, se tiene que y_p es combinación lineal de elementos de

$$\{x^{m_0}e^{\lambda_0 x}, x^{m_0+1}e^{\lambda_0 x}, \dots, x^{m_0+k_0}e^{\lambda_0 x}\}$$

es decir,

$$y_p = x^{m_0}(A_0 + A_1 x + \dots + A_{k_0}x^{k_0})e^{\lambda_0 x}.$$

Al factor x^{m_0} se le llama *factor de resonancia.*

B.2 Caso complejo: $\lambda_0 \in \mathbb{C}$ Repitiendo el proceso, se observa que y_p es de la forma

$$\begin{aligned}
y_p &= x^{m_0}(A_0 + A_1 x + \dots + A_{k_0}x^{k_0})e^{\sigma_0 x}\cos w_0 x \\
&\quad + x^{m_0}(B_0 + B_1 x + \dots + B_{k_0}x^{k_0})e^{\sigma_0 x}\operatorname{sen} w_0 x.
\end{aligned}$$

EJEMPLO 3.8. Queremos encontrar una solución particular de la ecuación

$$(D-1)^2(D+1)y = (4x+3)e^x.$$

Vemos que el coeficiente $\alpha = 1$ en la exponencial del lado derecho es valor característico de multiplicidad 2. En vista de lo discutido anteriormente proponemos una solución de la forma

$$y_p(x) = x^2(A_0 + A_1 x)e^x = (A_0 x^2 + A_1 x^3)e^x.$$

El operador diferencial es $P(D) = (D-1)^2(D+1) = D^3 - D^2 - D + 1$. Tenemos

$$\begin{aligned}
y_p'(x) &= (A_1 x^3 + (A_0 + 3A_1)x^2 + 2A_0 x)e^x \\
y_p''(x) &= (A_1 x^3 + (A_0 + 6A_1)x^2 + (4A_0 + 6A_1)x + 2A_0)e^x \\
y_p'''(x) &= (A_1 x^3 + (A_0 + 9A_1)x^2 + 6(A_0 + 3A_1)x + 6(A_0 + A_1))e^x,
\end{aligned}$$

de modo que

$$P(D)y_p = (4A_0 + 6A_1 + 12A_1 x)e^x.$$

Al igualar al lado derecho obtenemos el sistema

$$\begin{cases} 3 &= 4A_0 + 6A_1 \\ 4 &= 12A_1, \end{cases}$$

cuya solución es $A_0 = 1/4$, $A_1 = 1/3$. Con esto encontramos la solución particular

$$y_p(x) = \left(\frac{1}{4}x^2 + \frac{1}{3}x^3\right) e^x.$$

3.5.3. *Método de variación de parámetros*

El método de *variación de parámetros* se basa en la representación de la ecuación de orden n como un sistema lineal de primer orden. De hecho, también es un método valioso para encontrar soluciones particulares de estos sistemas. Consiste en representar la solución particular como una combinación *variable* de las soluciones homogéneas. Tiene dos ventajas notables en cuanto a su rango de aplicaciones: en primer lugar sirve para cualquier tipo de lado derecho; en segundo lugar el método también es útil, al menos teóricamente, para el estudio de ecuaciones a coeficientes variables. También tiene dos puntos en contra: es necesario conocer una base del espacio de soluciones homogéneas y además involucra operaciones con matrices y cálculo de integrales.

Veremos en la Sección 5.2.1 del próximo capítulo que la ecuación de orden n

$$y^{(n)} + \overline{a}_{n-1}y^{(n-1)} + \cdots + \overline{a}_0 y = \overline{Q}(x)$$

puede escribirse como un sistema de la forma

$$Z'(x) = A_c(x)Z(x) + b_c(x) \tag{29}$$

donde $Z = (y, y', y'', \dots, y^{(n-1)})^t$ y

$$A_c = \begin{pmatrix} 0 & 1 & 0 & \cdots & 0 \\ 0 & 0 & 1 & \cdots & 0 \\ \vdots & \vdots & \vdots & \ddots & \vdots \\ 0 & 0 & 0 & \cdots & 1 \\ -\overline{a}_0 & -\overline{a}_1 & -\overline{a}_2 & \cdots & -\overline{a}_{n-1} \end{pmatrix} \quad \text{y} \quad b_c = \begin{pmatrix} 0 \\ 0 \\ \vdots \\ \overline{Q} \end{pmatrix}.$$

Supongamos que tenemos una base $y_1, \dots, y_n$ de soluciones de la ecuación homogénea. Recordemos de (28) que

$$\Phi = \begin{pmatrix} y_1 & \cdots & y_n \\ y_1' & \cdots & y_n' \\ \vdots & \ddots & \vdots \\ y_1^{(n-1)} & \cdots & y_n^{(n-1)} \end{pmatrix}$$

es la matriz fundamental de soluciones: Notemos que

$$A_c\Phi = \begin{pmatrix} y_1' & \cdots & y_n' \\ y_1'' & \cdots & y_n'' \\ \vdots & \ddots & \vdots \\ y_1^{(n)} & \cdots & y_n^{(n)} \end{pmatrix} = \Phi'.$$

Buscaremos una solución de la forma

$$y_p(x) = C_1(x)y_1(x) + \cdots + C_n(x)y_n(x) = Y \cdot C, \quad Y = (y_1, y_2, \dots, y_n).$$

Observemos que esta expresión es justamente la primera componente del vector ΦC y las otras componentes son sus derivadas. La idea es encontrar el vector C de manera que ΦC sea solución del sistema de primer orden:

$$(\Phi(x)C(x))' = A_c(x)\Phi(x)C(x) + b_c(x).$$

La regla para la derivación de un producto es válida para matrices (ver más adelante el Lema 5.1). Luego

$$\begin{aligned}(\Phi(x)C(x))' &= \Phi'(x)C(x) + \Phi(x)C'(x) \\ &= A_c(x)\Phi(x)C(x) + \Phi(x)C'(x),\end{aligned}$$

de manera que si encontramos C tal que $\Phi(x)C'(x) = b_c(x)$, entonces la primera componente del vector $\Phi(x)C(x)$ será una solución particular de la ecuación de orden n original. Ahora bien, veremos en el póximo capítulo que la matriz Φ resulta siempre invertible. De este modo podemos tomar

$$C(x) = \int \Phi(x)^{-1} b_c(x)\, dx,$$

de donde

$$y_p(x) = Y \cdot \int \Phi(x)^{-1} b_c(x)\, dx.$$

Esta fórmula no es muy fácil de usar, pero más adelante veremos que se puede usar la regla de Cramer en lugar de calcular la inversa de Φ para obtener una expresión más explícita, lo que dará origen a la fórmula de representación de Green del Teorema 3.9, y que generaliza de mejor forma la fórmula de variación de parámetros del caso $n = 2$.

EJEMPLO 3.9. Encontremos una solución particular de la ecuación

$$y''(x) - y(x) = \frac{1}{1+e^{-x}}.$$

Los valores característicos de la ecuación son 1 y -1, por lo que dos soluciones linealmente independientes de la ecuación homogénea son e^x y e^{-x}. Construimos

$$\Phi(x) = \begin{pmatrix} e^x & e^{-x} \\ e^x & -e^{-x} \end{pmatrix} \quad \text{y} \quad \Phi(x)^{-1} = \frac{1}{2}\begin{pmatrix} e^{-x} & e^{-x} \\ e^x & -e^x \end{pmatrix}.$$

Luego

$$\Phi(x)^{-1} b_c(x) = \frac{1}{2}\begin{pmatrix} e^{-x} & e^{-x} \\ e^x & -e^x \end{pmatrix}\begin{pmatrix} 0 \\ \frac{1}{1+e^{-x}} \end{pmatrix} = \frac{1}{2(1+e^{-x})}\begin{pmatrix} e^{-x} \\ -e^x \end{pmatrix}.$$

Tenemos entonces que

$$C_1(x) = \frac{1}{2}\int \frac{e^{-x}\, dx}{1+e^{-x}} = -\ln\sqrt{1+e^{-x}}$$

y

$$C_2(x) = -\frac{1}{2}\int \frac{e^x\, dx}{1+e^{-x}} = -\frac{e^x}{2} + \ln\sqrt{1+e^x}.$$

Finalmente obtenemos la solución particular

$$\begin{aligned}y_p(x) &= C_1(x)e^x + C_2(x)e^{-x} \\ &= -e^x \ln\sqrt{1+e^{-x}} - \frac{1}{2} + e^{-x}\ln\sqrt{1+e^x}.\end{aligned}$$

3.6. Métodos para ecuaciones de orden n a coeficientes variables

3.6.1. *Fórmulas de Abel y Liouville*

En el caso de la ecuación homogénea con coeficientes variables, el método de los valores característicos no se puede aplicar y no existe una metodología general para encontrar las soluciones. No obstante, podemos fácilmente encontrar una solución linealmente independiente a partir de otra conocida en el caso de orden dos, utilizando la fórmula de Abel, dada en el Teorema 3.6. Esta dice que si y_1 e y_2 son soluciones de la ecuación lineal homogénea de orden dos entonces el Wronskiano W satisface

$$W(x) = C\exp\left(-\int \overline{a}_1(x)dx\right).$$

Más precisamente, la Fórmula de Abel nos dice que

$$y_2'y_1 - y_1'y_2 = C\exp\left(-\int \overline{a}_1(x)dx\right).$$

En los intervalos donde $y_1 \neq 0$ obtenemos

$$y_2' - \frac{y_1'}{y_1}y_2 = \frac{C}{y_1}\exp\left(-\int \overline{a}_1(x)dx\right),$$

que es una ecuación lineal de primer orden que sabemos resolver. Multiplicamos la ecuación por el factor integrante

$$\mu(x) = \exp\left(-\int \frac{y_1'}{y_1}dx\right) = \frac{1}{y_1}$$

y obtenemos

$$\left(\frac{y_2}{y_1}\right)' = \frac{C}{y_1^2}\exp\left(-\int \overline{a}_1(x)dx\right).$$

Integrando obtenemos

$$y_2 = Dy_1 + y_1 C\int \frac{1}{y_1^2}\exp\left(-\int \overline{a}_1(x)dx\right)du.$$

Si tomamos $D = 0$ obtenemos la *Fórmula de Liouville* siguiente:

$$y_2 \;=\; Cy_1\int \frac{1}{y_1^2}\exp\left(-\int \overline{a}_1(x)dx\right)du.$$

EJEMPLO 3.10. Se tiene la EDO $x^2y'' + xy' - y = 0$ y una solución $y_1 = x$. Se pide encontrar otra solución linealmente independiente y_2. Para ello escribimos la ecuación normalizada:

$$y'' + \frac{1}{x}y' - \frac{1}{x^2}y = 0.$$

La fórmula de Abel nos da

$$xy_2' - y_2 = C\exp\left(\int -\frac{dx}{x}\right),$$

de donde

$$\begin{aligned} \frac{1}{x}y_2' - \frac{1}{x^2}y_2 &= \frac{C}{x^3} \\ \left(\frac{y_2}{x}\right)' &= \frac{C}{x^3} \\ \frac{y_2}{x} &= \frac{C}{-2x^2} + D. \end{aligned}$$

Tomamos $C = -2$, $D = 0$ y obtenemos $y_2 = \frac{1}{x}$.

Este método puede aplicarse a la ecuación de orden $n > 2$, teniendo en cuenta que la fórmula de Abel nos entregará una EDO de orden $n-1$ a coeficientes variables. Si bien no se obtiene de manera tan sencilla la solución faltante, esto constituye una *reducción de orden* con lo que la búsqueda de la n-ésima solución linealmente independiente puede ser más tratable.

3.6.2. *La ecuación de Euler*

La ecuación de Euler (notar que es una EDO a coeficientes variables) es de la forma

$$a_n x^n y^{(n)} + \cdots + a_1 x y' + a_0 y = 0,$$

donde $a_0, a_1, \ldots a_n$ son constantes y $a_n \neq 0$. Se hace el cambio de variable $x = e^u$, $z(u) = y(e^u)$, siempre y cuando $x \neq 0$. Con esto

$$z'(u) = e^u y'(e^u) = xy'(x).$$

Luego

$$z''(u) = e^u y'(e^u) + e^{2u} y''(e^u) = xy'(x) + x^2 y''(x),$$

con lo cual

$$x^2 y''(x) = z''(u) - z'(u)$$

y así sucesivamente. Al final queda una ecuación lineal de orden n *a coeficientes constantes.*

EJEMPLO 3.11. Estudiaremos la ecuación:

$$x^2 y''(x) + xy'(x) = 0.$$

Los cambios de variable descritos arriba nos conducen a $z''(u) - z'(u) + z'(u) = 0$. Es decir, $z''(u) = 0$. Las soluciones de esta ecuación son de la forma $z(u) = Au + B$, con $A, B \in \mathbb{R}$. Así,

$$y(x) = z(\ln(x)) = A\ln(x) + B, \quad x \neq 0.$$

EJEMPLO 3.12. Para la ecuación

$$x^3 y'''(x) + x^2 y''(x) - 4xy'(x) = 0$$

vemos que

$$\begin{aligned} xy'(x) &= z'(u) \\ x^2 y''(x) &= z''(u) - z'(u) \\ x^3 y'''(x) &= z'''(u) - 3z''(u) + 2z'(u). \end{aligned}$$

La ecuación se transforma en

$$z'''(u) - 2z''(u) - 3z'(u) = 0.$$

El polinomio característico es

$$p(\lambda) = \lambda(\lambda - 3)(\lambda + 1),$$

de donde los valores característicos son $\lambda_1 = 0$, $\lambda_2 = 3$ y $\lambda_3 = -1$. Así, las soluciones son de la forma

$$z(u) = A + Be^{3u} + Ce^{-u},$$

de donde

$$y(x) = A + Bx^3 + Cx^{-1}.$$

3.6.3. *Fórmula de Green*

La *fórmula de Green* que es una consecuencia del método de variación de parámetros que vimos en la Sección 3.5.3, por lo que se necesita conocer *a priori* una base para el espacio $\mathcal{H}$ de soluciones homogéneas.

El lector puede verificar que el método de variación de parámetros visto para coeficientes constantes se aplica también en el caso de coeficientes variables, basta solamente reemplazar $\overline{a}_k$ por $\overline{a}_k(x)$ y los argumentos del método resultan los mismos. Para aplicar el método de variación de parámetros, se deben conocer primero n soluciones linealmente independientes de la ecuación homogénea.

Recordemos que en ese contexto se busca

$$y_p(x) = \sum_{i=1}^{n} C_i(x) y_i(x),$$

donde el vector C satisface $\Phi C' = b_c$, donde Φ es la matriz fundamental definida en (28) y b_c fue definido en (29).

Para encontrar las coordenadas del vector C' utilizaremos esta vez la regla de Cramer. Para ello, denotemos por W_i el determinante de la matriz Φ_i que se obtiene al cambiar la i-ésima columna de la matriz Φ por el vector b_c. El Wronskiano es $W = \det \Phi$.

La regla de Cramer nos dice que

$$C_i' = \frac{W_i}{W},$$

pero notemos que la i-ésima columna de W_i tiene ceros en todas las componentes salvo la última. En virtud de la fórmula de cofactores para el cálculo del determinante podemos escribir $W_i = (-1)^{n+i}\overline{Q}\widetilde{W}_i$, donde $\widetilde{W}_i$ es el determinante de la matriz de tamaño $(n-1) \times (n-1)$, que se obtiene al eliminar de Φ la i-ésima columna y la n-ésima fila.

Con esto queda

$$\begin{aligned}
y_p &= \sum_{i=1}^{n} C_i(x) y_i(x) \\
&= \sum_{i=1}^{n} y_i(x) \int \frac{W_i(s)}{W(s)} ds \\
&= \int \frac{1}{W(s)} \sum_{i=1}^{n} y_i(x) W_i(s) ds \\
&= \int \frac{\overline{Q}(s)}{W(s)} \sum_{i=1}^{n} y_i(x)(-1)^{n+i} \widetilde{W}_i(s) ds.
\end{aligned}$$

Nótese que hemos escrito s para la variable antes de integrar y x para la variable integrada.

Si usamos de nuevo la fórmula de los cofactores para escribir la suma como el determinante de una matriz de tamaño $n \times n$ obtenemos

$$(30) \qquad y_p = \int \frac{\overline{Q}(s)}{W(s)} \underbrace{\begin{vmatrix} y_1(s) & \dots & y_n(s) \\ y_1'(s) & \dots & y_n'(s) \\ \vdots & \vdots & \vdots \\ y_1^{(n-2)}(s) & \dots & y_n^{(n-2)}(s) \\ y_1(x) & \dots & y_n(x) \end{vmatrix}}_{=R(x,s)} ds.$$

Hemos demostrado así el siguiente resultado.

TEOREMA 3.9 (Fórmula de representación de Green). *Dadas n soluciones linealmente independientes (base) $y_1, y_2, \dots, y_n$ de la* EDO *lineal de orden n*

$$y^{(n)} + \overline{a}_{n-1}(x)y^{(n-1)} + \dots + \overline{a}_0(x)y = \overline{Q}$$

entonces, una solución particular de la ecuación no homogénea viene dada por la fórmula

$$y_p = \int G(x,s)\overline{Q}(s)ds, \quad donde \quad G(x,s) = \frac{R(x,s)}{W(s)}$$

dende G es la llamada función de Green, W es el Wronskiano y $R(x,s)$ es el determinante que aparece en la expresión (30).

Esta fórmula generaliza la fórmula de variación de parámetros del Teorema 3.2 vista antes para ecuaciones de orden dos. Note también que la fórmula de Green puede ser utilizada tanto en el caso de coeficientes constante como variables.

3.7. Resolución de problemas con condiciones de borde

En el caso de EDO lineales de segundo orden, ya vimos algunos problemas con condiciones de borde, como era el caso del problema espectral de la Sección 3.2.2. En el caso de EDO lineales de orden n, se pueden plantear también problemas con condiciones de borde, y al menos estudiar bajo qué condiciones la solución puede existir y ser única.

Notemos que en estos problemas no se aplica directamente el Teorema de Existencia y Unicidad por no estar el problema planteado directamente como un problema de Cauchy (con todas las condiciones de borde en solo un punto). Esto se ilustra a través de los siguientes ejemplos.

EJEMPLO 3.13. Dada la ecuación $y^{(4)} + p(x)y = g(x)$ con p y g continuas en $x \in (0,1)$ y condiciones de borde $y(0) = y''(0) = y(1) = y''(1) = 0$. Suponiendo que para $g = 0$ la única solución es la nula, demostremos que existe una única solución si $g \neq 0$.

Dado que p (coeficiente) y g (lado derecho) son funciones continuas, sabemos que la solución general y tiene la forma:

$$y = \underbrace{Ay_1 + By_2 + Cy_3 + Dy_4}_{y_h} + y_p,$$

donde A, B, C, D son constantes, y_1, y_2, y_3, y_4 son soluciones (l.i.) de clase $C^4([0,1])$ de la ecuación homogénea $y^{(4)} + p(x)y = 0$ e y_p es cualquier solución particular de $y^{(4)} + p(x)y = g(x)$.

Imponiendo las cuatro condiciones de borde se obtiene:

$$\begin{aligned} y(0) = 0 &= Ay_1(0) + By_2(0) + Cy_3(0) + Dy_4(0) + y_p(0) \\ y(1) = 0 &= Ay_1(1) + By_2(1) + Cy_3(1) + Dy_4(1) + y_p(1) \\ y''(0) = 0 &= Ay_1''(0) + By_2''(0) + Cy_3''(0) + Dy_4''(0) + y_p''(0) \\ y''(1) = 0 &= Ay_1''(1) + By_2''(1) + Cy_3''(1) + Dy_4''(1) + y_p''(1). \end{aligned}$$

Esto escrito como un sistema lineal queda así

$$(*) \underbrace{\begin{pmatrix} y_1(0) & y_2(0) & y_3(0) & y_4(0) \\ y_1(1) & y_2(1) & y_3(1) & y_4(1) \\ y_1''(0) & y_2''(0) & y_3''(0) & y_4''(0) \\ y_1''(1) & y_2''(1) & y_3''(1) & y_4''(1) \end{pmatrix}}_{M} \begin{pmatrix} A \\ B \\ C \\ D \end{pmatrix} = \begin{pmatrix} -y_p(0) \\ -y_p(1) \\ -y_p''(0) \\ -y_p''(1) \end{pmatrix}.$$

Si $g = 0$ una solución particular es $y_p = 0$. En este caso sabemos del enunciado que la única solución es la solución nula, entonces

$$M \begin{pmatrix} A \\ B \\ C \\ D \end{pmatrix} = \begin{pmatrix} 0 \\ 0 \\ 0 \\ 0 \end{pmatrix} \quad \Rightarrow \quad A = B = C = D = 0$$

de donde M es invertible, por lo que el sistema (*) también tiene solución única cualquiera sea el y_p escogido. Por ello siempre hay una solución (para cada y_p elegido hay un set de constantes A, B, C, D asociadas soluciones del sistema (*)).

Para convencerse de que es única, basta tomar dos soluciones y, z, y la resta de ambas $u = y - z$ satisface la ecuación homogénea con las mismas condiciones de borde, que sabemos por enunciado debe ser nula. Por esto $u = 0$ es decir $y = z$.

Ejemplo 3.14. Dada la ecuación $y'' + \alpha y = \cos(\beta x)$ en $(0,1)$, $\alpha > 0$, $\beta \neq 0$ con condiciones de borde $y'(0) = y'(1) = 0$, analicemos la solución en términos de las constantes α y β.

Igual que en el ejemplo anterior, la solución tiene la forma:

$$y = Ay_1 + By_2 + y_p,$$

donde A y B son constantes, y_1 e y_2 son dos soluciones l.i. de la ecuación homogénea e y_p es una solución particular cualquiera. En este caso, por ser la EDO a coeficientes constantes, podemos obtener explícitamente y_1 e y_2 a partir de los valores característicos:

$$\lambda^2 + \alpha = 0 \qquad \Rightarrow \qquad \lambda = \pm i\omega, \quad \omega = \sqrt{\alpha},$$

de donde $y_1 = \cos(\omega x)$ e $y_2 = \sin(\omega x)$. Con esto:

$$y = A\cos(\omega x) + B\sin(\omega x) + y_p.$$

Imponiendo las condiciones de borde se obtiene:

$$\begin{aligned} y'(0) &= 0 = -A\omega\sin(\omega \cdot 0) + B\omega\cos(\omega \cdot 0) + y_p'(0) = B\omega + y_p'(0) \\ y'(1) &= 0 = -A\omega\sin(\omega) + B\omega\cos(\omega) + y_p'(1). \end{aligned}$$

El sistema que se obtiene es el siguiente:

$$\underbrace{\begin{pmatrix} 0 & \omega \\ -\omega\sin(\omega) & \omega\cos(\omega) \end{pmatrix}}_{M} \begin{pmatrix} A \\ B \end{pmatrix} = \begin{pmatrix} -y_p'(0) \\ -y_p'(1) \end{pmatrix}.$$

La matriz M es invertible si, y solo si, $\sin(\omega) \neq 0$, es decir, si $\omega \neq k\pi$ para todo k entero. Si es así, la solución es única tal y como ocurrió en el ejemplo anterior. Si por el contrario $\omega = k_0\pi$ para algún k_0 entero, entonces la solución existe si $\begin{pmatrix} -y_p'(0) \\ -y_p'(1) \end{pmatrix}$ pertenece al rango de M, esto es, si:

$$(**) \quad y_p'(0) = (-1)^{k_0} y_p'(1).$$

Si por el contrario $y_p'(0) \neq (-1)^{k_0} y_p'(1)$ no hay solución que sea compatible con las condiciones de borde.

Por otro lado y_p tiene la forma

$$\text{(i)} \quad y_p = C\cos(\beta x) + D\sin(\beta x) \qquad \text{si } \beta \neq \pm\omega \text{ (caso no resonante)}$$

o bien

$$\text{(ii)} \quad y_p = Cx\cos(\beta x) + Dx\sin(\beta x) \qquad \text{si } \beta = \pm\omega \text{ (caso resonante)},$$

de donde la condición $(**)$ queda en el caso (i) (en este caso reemplazando en la EDO se obtiene $C = 1/(\alpha - \beta^2)$ y $D = 0$ por lo que $y_p = \cos(\beta x)/(\alpha - \beta^2)$) simplemente $\sin\beta = 0$ y la solución es única dado alguno de estos valores admisibles de $\beta = \ell\pi$, $\ell \in \mathbb{Z}$, $\ell \neq \pm k_0$. En el caso (ii) (en este caso $C = 0$, $D = 1/(2\beta)$ por lo que $y_p = x\sin(\beta x)/(2\beta)$) se puede llegar también a una condición para β que es $\cos\beta = 0$ de donde la solución es única para cada $\beta = \pi/2 + \ell\pi$, $\ell \in \mathbb{Z}$.

Capítulo 4

Transformada de Laplace

4.1. Definiciones y ejemplos

DEFINICIÓN 4.1. Dada $f : [0, +\infty) \to \mathbb{R}$ se llama *transformada de Laplace* de f a la función

$$\mathcal{L}[f](s) = \int_0^{+\infty} e^{-st} f(t)dt$$

que asocia a $s \in \mathbb{R}$ el valor $\mathcal{L}[f](s)$ cuando la integral converge. Si la transformada de Laplace de una función existe para $s > c$, a la mínima cota "c" se le llama *asíntota* de la transformada.

Veamos algunos ejemplos para funciones conocidas:

EJEMPLO 4.1. Primero $f(t) = 1$. Claramente, si $s \leq 0$ la integral $\int_0^\infty e^{-st}dt$ no converge. Si $s > 0$ entonces

$$\mathcal{L}[1](s) = \int_0^\infty e^{-st}dt = \frac{-1}{s}e^{-st}\Big|_0^\infty = \frac{1}{s}.$$

Luego $\mathcal{L}[1](s) = \dfrac{1}{s}$ para $s > 0$ (la asíntota es $c = 0$).

EJEMPLO 4.2. Analicemos ahora $f(t) = e^{at}$ con $a \in \mathbb{C}$. Al igual que antes, es evidente que si $s \leq \Re(a)$ entonces la integral $\int_0^\infty e^{-st}e^{at}dt = \int_0^\infty e^{-(s-a)t}dt$ no converge. Si $s > \Re(a)$,

$$\begin{aligned} \mathcal{L}[e^{at}](s) &= \int_0^{+\infty} e^{-(s-a)t}dt \\ &= \frac{-1}{s-a}e^{-(s-a)t}\Big|_0^{+\infty} \\ &= \frac{1}{s-a}. \end{aligned}$$

De allí, $\mathcal{L}[e^{at}](s) = \dfrac{1}{s-a}$ para $s > \Re(a)$ (la asíntota es $c = \Re(a)$).

EJEMPLO 4.3. Recordemos ahora que $\cos\omega t + i \operatorname{sen}\omega t = e^{i\omega t}$, de manera que $\Re(e^{i\omega t}) = \cos\omega t$ e $\Im(e^{i\omega t}) = \operatorname{sen}\omega t$ son la parte real e imaginaria de $e^{i\omega t}$, respectivamente. De ejemplo anterior tenemos que

$$\mathcal{L}[e^{i\omega t}](s) = \frac{1}{s-i\omega} = \frac{s+i\omega}{s^2+\omega^2} \qquad \text{para} \quad s > 0.$$

En virtud de la definición de la transformada de Laplace,

$$\mathcal{L}[\Re(f)] = \Re\mathcal{L}[f] \qquad \text{e} \qquad \mathcal{L}[\Im(f)] = \Im\mathcal{L}[f],$$

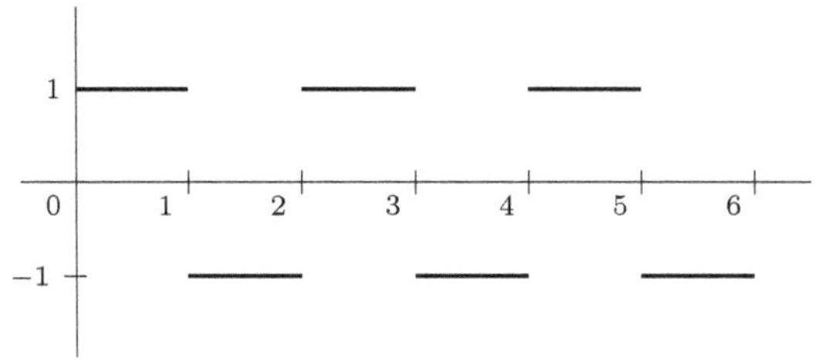

FIGURA 1. Gráfico de la onda cuadrada.

con lo cual

$$\mathcal{L}[\cos \omega t](s) = \frac{s}{s^2+\omega^2} \quad \text{y} \quad \mathcal{L}[\operatorname{sen} \omega t](s) = \frac{\omega}{s^2+\omega^2} \quad \text{para} \quad s > 0.$$

De la linealidad de la integral tenemos la siguiente propiedad:

PROPIEDAD 4.1. *La transformada de Laplace es un operador lineal. Es decir, si $\lambda \in \mathbb{R}$ y si f y g son funciones de $[0, +\infty)$ en $\mathbb{R}$ tales que $\mathcal{L}[f](s)$ y $\mathcal{L}[g](s)$ existen, entonces*

$$\mathcal{L}[f + \lambda g](s) = \mathcal{L}[f](s) + \lambda \mathcal{L}[g](s).$$

EJEMPLO 4.4. Recordemos que $\cosh(t) = \dfrac{e^t + e^{-t}}{2}$ y $\operatorname{senh}(t) = \dfrac{e^t - e^{-t}}{2}$. Para $s > 1$ tenemos que

$$\begin{aligned}
\mathcal{L}[\cosh(t)](s) &= \frac{1}{2}\Big(\mathcal{L}[e^t](s) + \mathcal{L}[e^{-t}](s)\Big) \\
&= \frac{1}{2}\left(\frac{1}{s-1} + \frac{1}{s+1}\right) \\
&= \frac{s}{s^2-1},
\end{aligned}$$

$$\begin{aligned}
\text{y} \quad \mathcal{L}[\operatorname{senh}(t)](s) &= \frac{1}{2}\Big(\mathcal{L}[e^t](s) - \mathcal{L}[e^{-t}](s)\Big) \\
&= \frac{1}{2}\left(\frac{1}{s-1} - \frac{1}{s+1}\right) \\
&= \frac{1}{s^2-1}.
\end{aligned}$$

Una función f tiene una *discontinuidad de salto* en $a \in \text{Dom}(f)$ si los límites laterales $\lim_{x\to a^+} f(x)$ y $\lim_{x\to a^-} f(x)$ existen, son finitos y distintos.

Una función $f : [0, +\infty) \to \mathbb{R}$ se dice *continua por pedazos* si tiene un número finito o numerable de discontinuidades de salto en $[0, +\infty)$, pero sobre cada subintervalo acotado de $[0, +\infty)$ tiene a lo más un número finito de estas.

Veamos algunos ejemplos:

EJEMPLO 4.5. La función

$$f(t) = (-1)^{[t]} = \begin{cases} 1 & 0 \le t < 1 \\ -1 & 1 \le t < 2 \end{cases}$$

extendida periódicamente a $[0, \infty)$ con periodo 2, se llama *onda cuadrada* y es continua por pedazos.

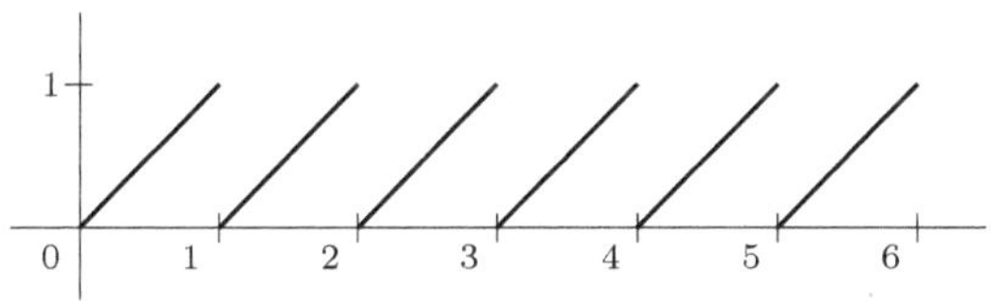

FIGURA 2. Gráfico de la onda de dientes de sierra.

EJEMPLO 4.6. La función $f(t) = t - [t]$ o bien $f(t) = t, 0 \leq t < 1$ extendida periódicamente a $[0, \infty)$ con periodo 1, llamada *onda de dientes de sierra*, es continua por pedazos.

EJEMPLO 4.7. La función $f(t) = \tan(t)$ no es continua por pedazos pues

$$\lim_{t \to \frac{\pi}{2}^+} \tan(t) = -\infty \qquad \text{y} \qquad \lim_{t \to \frac{\pi}{2}^-} \tan(t) = +\infty.$$

EJEMPLO 4.8. La función

$$f(t) = \begin{cases} \frac{1}{t} & t \neq 0 \\ 0 & t = 0 \end{cases}$$

tampoco es continua por pedazos.

DEFINICIÓN 4.2. Una función $f : [0, +\infty) \to \mathbb{R}$ es *de orden exponencial* si existen $\alpha \in \mathbb{R}$ y $M > 0$ tales que $|f(t)| \leq M\, e^{\alpha t}$ para todo $t \geq 0$. Al menor de tales α se le llama *orden exponencial* de f. Gráficamente, el hecho de tener orden exponencial significa que la función está encerrada entre $M\, e^{\alpha t}$ y $-M\, e^{\alpha t}$.

DEFINICIÓN 4.3. El espacio $\mathcal{C}_\alpha$ es el conjunto de las funciones $f : [0, +\infty) \to \mathbb{R}$ que son continuas por pedazos y de orden exponencial α. Es un subespacio vectorial del espacio de todas las funciones de $[0, +\infty)$ en $\mathbb{R}$.

Observemos que si $f' \in \mathcal{C}_\alpha$ entonces

$$\begin{aligned} |f(x)| &\leq |f(0)| + \int_0^x |f'(s)| ds \\ &\leq |f(0)| + \frac{M}{\alpha} e^{\alpha x} \\ &\leq \widetilde{M} e^{\alpha x}, \end{aligned}$$

de modo que $f \in \mathcal{C}_\alpha$.

PROPIEDAD 4.2. *Si $f \in \mathcal{C}_\alpha$ entonces para todo $s > \alpha$, existe $\mathcal{L}[f](s)$ (y converge absolutamente). Además*

$$|\mathcal{L}[f](s)| \leq \frac{M}{s - \alpha}$$

para todo $s > \alpha$. En particular, $\lim_{s \to +\infty} \mathcal{L}[f(t)](s) = 0$.

PRUEBA. Recordemos que si la integral converge absolutamente, entonces converge. Con esto basta probar que

$$\int_0^\infty |e^{-st} f(t)| dt \leq \frac{M}{s - \alpha}, \quad \text{para todo } s > \alpha.$$

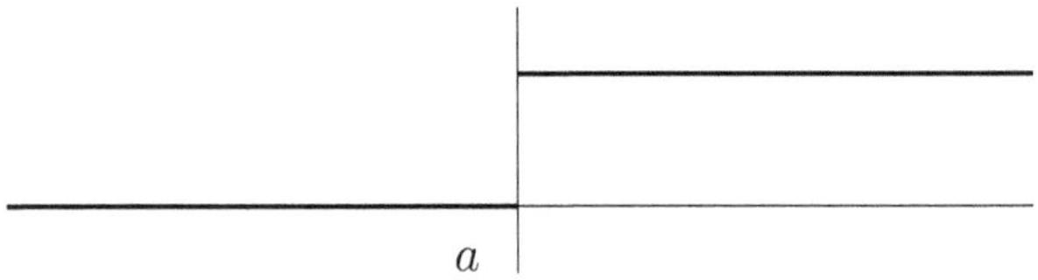

FIGURA 3. Función escalón de Heaviside $H_a(t)$.

En efecto,

$$\begin{aligned}\int_0^\infty |e^{-st} f(t)|dt &= \int_0^\infty e^{-st}|f(t)|dt \\ &\leq M\int_0^\infty e^{-st}e^{\alpha t}dt \\ &\leq M\int_0^\infty e^{-(s-\alpha)t}dt \\ &\leq M\frac{1}{-s+\alpha}\, e^{(-s+\alpha)t}\Big|_0^\infty \\ &\leq \frac{C}{s-\alpha}.\end{aligned}$$

□

EJERCICIO PROPUESTO 4.1. Demostrar que t^k, $k \in \mathbb{N}$, tiene transformada de Laplace y que $\mathcal{L}[t^k](s) = \frac{k!}{s^{k+1}}$, $s > 0$.

La *función escalón de Heaviside* se define como

$$H_a(t) = \begin{cases} 0 & t < a \\ 1 & t \geq a \end{cases}$$

Observemos que si $a \geq 0$, entonces $H_a(t) = H_0(t - a)$. La transformada de Laplace de H_a, con $a \geq 0$ es

$$\mathcal{L}[H_a](s) = \int_0^\infty e^{-st} H_a(t)\, dt = \int_a^\infty e^{-st}\, dt = \frac{1}{s}e^{-as}$$

para $s > 0$.

Si $a < b$ definimos el *pulso entre a y b* como

$$P_{ab}(t) = \begin{cases} 0 & t < a \\ 1 & a \leq t < b \\ 0 & t \geq b. \end{cases}$$

Notar que $P_{ab}(t) = H_a(t) - H_b(t)$. Luego, su transformada de Laplace para $0 \leq a < b$ será

$$\mathcal{L}[P_{ab}(t)](s) = \mathcal{L}[H_a(t) - H_b(t)](s) = \mathcal{L}[H_a(t)](s) - \mathcal{L}[H_b(t)](s).$$

Por lo tanto

$$\mathcal{L}[P_{ab}(t)](s) = \frac{1}{s}(e^{-as} - e^{-bs}) \quad \text{para} \quad s > 0.$$

FIGURA 4. Pulso entre a y b.

4.2. Propiedades básicas de la transformada de Laplace

En esta sección estudiaremos reglas operacionales que serán útiles para aplicar la transformada de Laplace a la resolución de ecuaciones lineales de orden superior y sistemas lineales de primer orden.

4.2.1. *Transformada de una derivada*

Sea $f \in \mathcal{C}_\alpha$ derivable. Calculemos la transformada de Laplace de su derivada para $s > \alpha$.

$$\begin{aligned}
\mathcal{L}[f'](s) &= \int_0^{+\infty} e^{-st} f'(t)dt \\
&= s\int_0^{\infty} e^{-st} f(t)dt + e^{-st} f(t)\Big|_0^{\infty} \\
&= s\mathcal{L}[f](s) + \text{lím}_{t\to\infty} e^{-st} f(t) - \text{lím}_{t\to 0^+} e^{-st} f(t).
\end{aligned}$$

Como f es de orden exponencial α, se tiene que

$$\text{lím}_{t\to\infty} |e^{-st} f(t)| \leq \text{lím}_{t\to\infty} |e^{-st} e^{\alpha t}| = \text{lím}_{t\to\infty} e^{-(s-\alpha)t} = 0$$

pues $s > \alpha$. Llamando $f(0^+) = \text{lím}_{t\to 0^+} f(t)$ tenemos que

$$\mathcal{L}[f'](s) = s\mathcal{L}[f](s) - f(0^+) \quad \text{para} \quad s > \alpha.$$

Para la segunda derivada, si $s > \alpha$ tenemos

$$\begin{aligned}
\mathcal{L}[f''](s) &= s\mathcal{L}[f'](s) - f'(0^+) \\
&= s(s\mathcal{L}[f](s) - f(0^+)) - f'(0^+) \\
&= s^2\mathcal{L}[f](s) - sf(0^+) - f'(0^+).
\end{aligned}$$

Repitiendo este procedimiento obtenemos, para $s > \alpha$,

$$\mathcal{L}[f^{(n)}](s) = s^n\mathcal{L}[f](s) - \sum_{k=0}^{n-1} s^k f^{(n-k)}(0^+).$$

EJEMPLO 4.9. Un cohete despega con velocidad inicial v_0 desde la Tierra en forma vertical. Luego de algunos segundos, se activan los motores de emergencia, por lo que adquiere una aceleración $a > 0$ durante un intervalo de tiempo breve. Si la gravedad de la Tierra es g, encuentre la ecuación de movimiento del cohete suponiendo que tiene masa m y (t_1, t_2) es el intervalo en el que funcionan los motores de emergencia, con $t_2 > t_1$.

De la sumatoria de fuerzas obtenemos

$$m\frac{d^2}{dy^2}y(t) = -mg + ma(P_{t_1t_2}(t)),$$

donde $y(t)$ es la posición del cohete con respecto a la Tierra. Las condiciones iniciales del cohete son $y(0) = 0$ y $y'(0) = v_0$. Eliminando m a ambos lados y aplicando $\mathcal{L}$ se obtiene la ecuación

$$\mathcal{L}[y''(t)](s) = a\mathcal{L}[P_{t_1t_2}(t)](s) - g\mathcal{L}[1](s)$$

recordando las expresiones para $\mathcal{L}[y''(t)](s), \mathcal{L}[P_{t_1t_2}(t)](s)$ y $\mathcal{L}[1](s)$, la expresión queda

$$s^2\mathcal{L}[y](s) - sy(0^+) - y'(0^+) = \frac{a}{s}(e^{-t_1t} - e^{-t_2t}) - \frac{g}{s}$$

Pero $y(0^+) = 0$ y $y'(0^+) = v_0$. Luego

$$\mathcal{L}[y](s) = \frac{v_0}{s^2} + \frac{a}{s^3}e^{-t_1t} - \frac{a}{s^3}e^{-t_2t} - \frac{g}{s^3}$$

En breve veremos cómo recuperar una función a partir de su transformada. Continuaremos este cálculo en el Ejemplo 4.12.

4.2.2. *Transformada de una primitiva*

Sea $f \in \mathcal{C}_\alpha$ localmente integrable. Sea $a \in \mathbb{R}$. Encontremos la transformada de la función $F(t) = \displaystyle\int_a^t f(u)du$. Para $s > \alpha$ se tiene

$$\mathcal{L}[F'](s) = s\mathcal{L}[F](s) - F(0^+).$$

Por lo tanto, la transformada de F es

$$\mathcal{L}[F](s) = \frac{1}{s}\mathcal{L}[f](s) - \frac{1}{s}\int_0^a f(u)du$$

para $s > \alpha$.

Si denotamos $\displaystyle\int_a^t\int_a^t f(u)du = \int_a^t\left(\int_a^u f(v)dv\right)du$. La transformada de esta expresión es

$$\begin{aligned}\mathcal{L}\left[\int_a^t\int_a^t f(u)du\right](s) &= \frac{1}{s}\mathcal{L}\left[\int_a^t f(u)du\right](s) - \frac{1}{s}\int_0^a\int_a^t f(u)du\\ &= \frac{1}{s^2}\mathcal{L}[f](s) - \frac{1}{s^2}\int_0^a f(u)du - \frac{1}{s}\int_0^a F(t)dt.\end{aligned}$$

repitiendo el proceso, se obtiene la fórmula para la transformada de la n-ésima integral:

$$\mathcal{L}\left[\underbrace{\int_a^t\ldots\int_a^t}_{\text{n veces}} f(u)du\right](s) = \frac{1}{s^n}\mathcal{L}[f](s) - \sum_{k=1}^{n}\frac{1}{s^k}\int_0^a\underbrace{\int_a^t\ldots\int_a^t}_{n-k \text{ veces}} f(u)du.$$

4.2.3. *Traslaciones*

Una traslación en el dominio temporal t corresponde a un factor exponencial en el dominio de Laplace s. Si $f \in \mathcal{C}_\alpha$ y $a \in \mathbb{R}$, la función f trasladada hacia la derecha se define *en todo* $[0,\infty)$ como $H(t-a)f(t-a)$. Se tiene entonces que

$$\begin{aligned}
\mathcal{L}[H(t-a)f(t-a)](s) &= \int_0^\infty e^{-st}H(t-a)f(t-a)dt \\
&= \int_a^\infty e^{-st}f(t-a)dt \\
&= \int_0^\infty e^{-s(u+a)}f(u)du \\
&= e^{-sa}\mathcal{L}[f(t)](s).
\end{aligned}$$

De manera análoga, una traslación en el dominio de Laplace corresponde a un factor exponencial en el dominio temporal.

$$\begin{aligned}
\mathcal{L}[f(t)](s-a) &= \int_0^\infty e^{-(s-a)t}f(t)dt \\
&= \int_a^\infty e^{-st}e^{a}f(t)dt \\
&= \mathcal{L}[e^{at}f(t)](s).
\end{aligned}$$

4.2.4. *Igualdad de transformadas*

Nos proponemos ver ahora cuándo una función está unívocamente determinada por su transformada de Laplace. Nos interesa saber cuándo $\mathcal{L}[f]=\mathcal{L}[g]$ implica que $f=g$. La respuesta está dada por el siguiente teorema, que enunciamos sin demostración:

TEOREMA 4.1 (Lerch). *Si $f,g\in\mathcal{C}_\alpha$ y $\mathcal{L}[f](s)=\mathcal{L}[g](s)$ para todo $s>\alpha$ entonces $f(t)=g(t)$ para todo $t\geq 0$, salvo en la unión de las discontinuidades de f y g.*

4.2.5. *Convolución*

Sean f y g funciones en $\mathcal{C}_\alpha$. El *producto de convolución* entre f y g se define como

$$(f*g)(t)=\int_0^t f(s)g(t-s)ds.$$

Se deja al lector verificar la siguiente:

PROPIEDAD 4.3. *El producto de convolución es conmutativo, asociativo y distribuye con respecto a la suma en $\mathcal{C}_\alpha$.*

TEOREMA 4.2. *Sean $f,g\in\mathcal{C}_\alpha$. Entonces*

$$\mathcal{L}[(f*g)](s)=\mathcal{L}[f](s)\cdot\mathcal{L}[g](s).$$

En palabras, la transformada de la convolución es el producto de las transformadas.

PRUEBA. Dadas f y g en $\mathcal{C}_\alpha$, tenemos que

$$\begin{aligned}
\mathcal{L}[(f*g)](s) &= \int_0^\infty e^{-st}\left(\int_0^t f(u)g(t-u)du\right)dt \\
&= \int_0^\infty\int_0^t e^{-st}f(u)g(t-u)dudt.
\end{aligned}$$

Cambiando el orden de integración y haciendo un cambio de variables tenemos

$$\begin{aligned}\int_0^\infty \int_0^t e^{-st} f(u)g(t-u)dudt &= \int_0^\infty \int_u^\infty e^{-st} f(u)g(t-u)dtdu \\ &= \int_0^\infty \int_0^\infty e^{-s(w+u)} f(u)g(w)dwdu \\ &= \int_0^\infty e^{-su} f(u)du \int_0^\infty e^{-sw} g(w)dw \\ &= \mathcal{L}[f](s)\mathcal{L}[g](s).\end{aligned}$$

□

4.2.6. *Transformada de funciones periódicas*

Sea f función T-periódica, notemos que si f es acotada, luego $f \in \mathcal{C}_\alpha$, entonces si f es continua o acotada $\Rightarrow f \in \mathcal{C}_\alpha$.

PROPIEDAD 4.4. *Sea f función T-periódica, luego su transformada de Laplace está dada por:*

$$\mathcal{L}[f](s) = \frac{1}{1-e^{-sT}} \int_0^T e^{-st} f(t)dt$$

PRUEBA. Dadas $f \in \mathcal{C}_\alpha$, tenemos que

$$\mathcal{L}[f](s) = \int_0^\infty e^{-su} f(u)du$$

Luego notemos que $([kT,(k+1)T])_{k\in\mathbb{N}}$ es una partición disjunta de $[0,\infty)$, luego:

$$\begin{aligned}\int_0^\infty e^{-su} f(t)du &= \sum_{k=0}^\infty \int_{kT}^{(k+1)T} e^{-su} f(u)du \; u = kT+t \; du = dt \\ &= \sum_{k=0}^\infty \int_0^T e^{-s(kT+t)} f(kT+t)du \\ &= \sum_{k=0}^\infty \int_0^T e^{-s(kT+t)} f(kT+t)du \\ &= \sum_{k=0}^\infty e^{-skT} \int_0^T e^{-st} f(t)dt \\ &= \left(\sum_{k=0}^\infty (e^{-sT})^k\right) \int_0^T e^{-st} f(t)dt\end{aligned}$$

Como $|e^{-sT}| \leq 1 \; \forall s \geq 0$, entonces $\sum_{k=0}^\infty (e^{-sT})^k = \frac{1}{1-e^{-sT}}$ (serie geométrica) luego teniendo esto obtenemos que

$$\left(\sum_{k=0}^\infty (e^{-sT})^k\right) \int_0^T e^{-st} f(t)dt = \frac{1}{1-e^{-sT}} \int_0^T e^{-st} f(t)dt,$$

concluyendo lo que queríamos probar. □

4.2.7. *Convergencia uniforme*

Veremos ahora unos detalles técnicos de convergencia. Sean $f \in \mathcal{C}_\alpha$ y $M > \alpha_0 > \alpha$. Definimos

$$\Phi(s) = \int_0^\infty e^{-st} f(t)dt \qquad \text{y} \qquad \Phi_n(s) = \int_0^n e^{-st} f(t)dt,$$

con $s \in I = [\alpha_0, M]$. Tenemos que

$$\begin{aligned} |\Phi_n(s) - \Phi(s)| &= \left| \int_n^\infty e^{-st} f(t)dt \right| \\ &\leq \frac{C}{s-\alpha} e^{-(s-\alpha)t} \Big|_n^\infty \\ &\leq \frac{C}{s-\alpha} e^{-(s-\alpha)n} \end{aligned}$$

para todo $s \in I$. Si $\|g\|_I = \sup_{s \in I} |g(s)|$, entonces

$$\begin{aligned} \|\Phi_n - \Phi\|_I &\leq \sup_{s>\alpha} \frac{C}{s-\alpha} e^{-(s-\alpha)n} \\ &= \frac{C}{\alpha_0 - \alpha} e^{-(\alpha_0-\alpha)n}. \end{aligned}$$

Por lo tanto $\|\Phi - \Phi_n\|_I \to 0$ cuando $n \to \infty$, con lo que Φ_n converge uniformemente a Φ en I.

4.2.8. *Diferenciabilidad*

Sea $f \in \mathcal{C}_\alpha$. Calcularemos la derivada con respecto a s de la transformada de Laplace de f.

$$\begin{aligned} \frac{d}{ds} \mathcal{L}[f(t)](s) &= \frac{d}{ds} \int_0^\infty e^{-st} f(t)dt \\ &= \int_0^\infty \frac{d}{ds} e^{-st} dt \\ &= \int_0^\infty -te^{-st} f(t)dt \\ &= -\mathcal{L}[tf(t)](s). \end{aligned}$$

La derivación bajo el signo integral se justifica por la convergencia uniforme. Repitiendo el proceso, la derivada n-ésima de la transformada de Laplace de f se expresa como

$$\frac{d^n}{ds^n} \mathcal{L}[f(t)](s) = (-1)^n \mathcal{L}[t^n f(t)](s).$$

4.2.9. *Integrabilidad*

Gracias de nuevo a la convergencia uniforme, tenemos que

$$\begin{aligned}
\int_0^s \mathcal{L}[f(t)](u)du &= \int_0^s \left(\int_0^\infty e^{-ut} f(t)dt \right) du \\
&= \int_0^\infty \left(\int_0^s e^{-ut} f(t)du \right) dt \\
&= \int_0^\infty \left(\frac{-1}{t} e^{-ut} \Big|_0^s f(t) \right) dt \\
&= -\int_0^\infty \frac{f(t)}{t} e^{-st} dt + \int_0^\infty \frac{f(t)}{t} dt \\
&= -\mathcal{L}\left[\frac{f(t)}{t} \right](s) + \int_0^\infty \frac{f(t)}{t} dt
\end{aligned}$$

para $f \in \mathcal{C}_\alpha$. Si en la fórmula de la derivada de la transformada, se toma $g(t) = \dfrac{f(t)}{t}$, se obtiene

$$\frac{d}{ds}\mathcal{L}\left[\frac{f(t)}{t} \right] = -\mathcal{L}[f(t)](s).$$

Por lo tanto

$$\text{lím}_{s\to\infty} \mathcal{L}\left[\frac{f(t)}{t} \right](s) - \mathcal{L}\left[\frac{f(t)}{t} \right](s) = -\int_s^\infty \mathcal{L}[f(t)](u)du.$$

Si $\dfrac{f(t)}{t} \in \mathcal{C}_\alpha$ se tiene $\text{lím}_{s\to\infty} \mathcal{L}\left[\dfrac{f(t)}{t} \right](s) = 0$. En consecuencia

$$\mathcal{L}\left[\frac{f(t)}{t} \right](s) = \int_s^\infty \mathcal{L}[f(t)](u)du$$

Se puede verificar que $\frac{f(t)}{t} \in \mathcal{C}_\alpha$ cuando $f(t) \in \mathcal{C}_\alpha$ y $\text{lím}_{t\to 0^+} \frac{f(t)}{t}$ existe y es finito. Bajo esta condición obtenemos

$$\int_0^s \mathcal{L}[f(t)](u)du = -\int_s^\infty \mathcal{L}[f(t)](u)du + \int_0^\infty \frac{f(t)}{t}dt,$$

que equivale a integrar desde 0 a ∞. Es decir,

$$\int_0^\infty \mathcal{L}[f(t)](u)du = \int_0^\infty \frac{f(t)}{t}dt.$$

4.3. Antitransformadas y aplicaciones

Una función f (en el dominio temporal) es *antitransformada* de una función ρ (en el dominio de Laplace) si se cumple que $\mathcal{L}[f] = \rho$. Se denota como $f(t) = \mathcal{L}^{-1}[\rho](t)$.

En esta sección estudiaremos un método para calcular antitransformadas de funciones racionales y presentaremos aplicaciones a la ecuación diferencial lineal de orden n y a sistemas de ecuaciones lineales de primer orden.

4.3.1. *Descomposición en fracciones parciales*

Repasaremos el método de descomposición en fracciones parciales estudiado en el curso de cálculo integral. Supongamos se tiene la expresion racional $\dfrac{p(x)}{q(x)}$, donde p y q son polinomios a coeficientes reales tales que $gr(p) < gr(q)$. Se quiere escribir $\dfrac{p(x)}{q(x)}$ como una suma de expresiones más simples. Se pueden presentar varios casos:

1. $q(x)$ tiene n raíces reales distintas y simples: $q(x) = (x - a_1) \ldots (x - a_n)$, con $a_i \neq a_j$ si $i \neq j$. Hacemos

$$\frac{p(x)}{q(x)} = \frac{A_1}{x - a_1} + \cdots + \frac{A_n}{x - a_n}.$$

2. $q(x)$ tiene una raíz real de multiplicidad n: $q(x) = (x - a)^n$. Hacemos

$$\frac{p(x)}{q(x)} = \frac{A_1}{x - a} + \frac{A_2}{(x - a)^2} + \cdots + \frac{A_n}{(x - a)^n}.$$

3. $q(x)$ tiene una raíz compleja simple. Entonces su conjugado también es raíz simple, de modo que $q(x) = ax^2 + bx + c = (x - z)(x - \overline{z})$, $z \in \mathbb{C}\ \mathbb{R}$. Hacemos

$$\frac{p(x)}{q(x)} = \frac{Ax + B}{ax^2 + bx + c}.$$

4. Si $q(x)$ tiene una raíz compleja de multiplicidad n: $q(x) = (ax^2 + bx + c)^n = (x - z)^n (x - \overline{z})^n$ con $z \in \mathbb{C}\ \mathbb{R}$. Hacemos

$$\frac{p(x)}{q(x)} = \frac{A_1 x + B_1}{ax^2 + bx + c} + \frac{A_2 x + B_2}{(ax^2 + bx + c)^2} + \cdots + \frac{A_n x + B_n}{(ax^2 + bx + c)^n}.$$

5. Cualquier combinación de estos casos.

Una vez descompuesta la expresión original, se debe encontrar los valores de los coeficientes de la parte derecha. Existen varias formas de encontrarlos, veremos dos métodos:

- Método 1: multiplicar por $q(x)$ a ambos lados y evaluar raíz por raíz (sirve cuando las raíces son simples).
- Método 2: desarrollar la suma de la parte derecha e igualar coeficientes.

EJEMPLO 4.10. Se desea descomponer la expresión

$$\frac{s}{s^2 - 3s + 2}.$$

Las raíces son $s = 1$ y $s = 2$, ambas simples. La expresión se descompone como

$$\frac{s}{s^2 - 3s + 2} = \frac{A}{s - 1} + \frac{B}{s - 2}.$$

Utilizamos el método 1. Para ello multiplicamos a ambos lados por $q(s)$. Obtenemos

$$s = A(s - 2) + B(s - 1).$$

Evaluando en $s = 1$ vemos que $A = -1$ y evaluando en $s = 2$ vemos que $B = 2$.

EJEMPLO 4.11. Se desea descomponer la expresión

$$\frac{1}{s^2((s-a)^2+b^2)}.$$

Las raíces son $s=0$, con multiplicidad 2, y $s=a\pm bi$, ambas simples.

Utilizando una combinación de los casos **2.** y **4.**, la descomposición queda

$$\frac{1}{s^2((s-a)^2+b^2)}=\frac{A}{s}+\frac{B}{s^2}+\frac{C+Ds}{(s-a)^2+b^2}.$$

Como hay una raíz doble usaremos el método 2. Desarrollamos el lado derecho y obtenemos

$$\frac{1}{s^2((s-a)^2+b^2)}=\frac{As((s-a)^2+b^2)+B((s-a)^2+b^2)+(C+sD)s^2}{s^2((s-a)^2+b^2)}.$$

Reordenando los términos deducimos una igualdad para los numeradores:

$$1=s^3(A+D)+s^2(-2aA+B+C)+s(A(a^2+b^2)-2aB)+(Ba^2+Bb^2).$$

Igualando los coeficientes obtenemos 4 ecuaciones:

$$\begin{aligned}0&=A+D\\0&=-2aA+B+C\\0&=A(a^2+b^2)-2aB\\1&=Ba^2+Bb^2\end{aligned}$$

que nos dan

$$A=\frac{2a}{(a^2+b^2)^2},\quad B=\frac{1}{a^2+b^2},\quad C=\frac{3a^2-b^2}{(a^2+b^2)^2},\quad D=\frac{-2a}{(a^2+b^2)^2}.$$

Más adelante, en el Ejemplo 5.11, mostraremos una aplicación concreta del método de fracciones parciales a un problema de intercambio de masas atmosféricas.

4.3.2. *Aplicación a la* EDO *lineal de orden superior*

Se tiene la siguiente EDO a coeficientes constantes:

$$P(D)y(t)=\overline{Q}(t)$$

con $P(D)$ un operador diferencial de orden n normalizado ($a_n=1$) y $\overline{Q}(t)$ combinación lineal de funciones en $\mathcal{C}_\alpha$. Aplicando $\mathcal{L}$ a ambos lados de la EDO, se obtiene:

$$\begin{aligned}\mathcal{L}\left[\sum_{j=1}^{n}a_jD^jy\right](s)&=\mathcal{L}[\overline{Q}](s)\\ \sum_{j=1}^{n}a_j\mathcal{L}\left[D^jy\right](s)&=\mathcal{L}[\overline{Q}](s).\end{aligned}$$

Pero se sabe que

$$\mathcal{L}\left[D^jy\right](s)=s^j\mathcal{L}[y](s)-R_j(s),$$

donde

$$R_j(s)=\sum_{k=0}^{j-1}s^ky^{(j-k-1)}(0^+).$$

Con esto la ecuación queda

$$\left(\sum_{j=1}^{n} a_j s^j\right) \mathcal{L}[y](s) - \sum_{j=1}^{n} a_j R_j(s) = \mathcal{L}[\overline{Q}](s).$$

Escribimos entonces

$$\mathcal{L}[y(t)](s) = \frac{R(s)}{P(s)} + \frac{\mathcal{L}[\overline{Q}(t)](s)}{P(s)},$$

donde

$$P(s) = \sum_{j=1}^{n} a_j s^j \qquad \text{y} \qquad R(s) = \sum_{j=1}^{n} a_j R_j(s).$$

Llamando $y_h(t)$ e $y_p(t)$ a la funciones tales que

$$\mathcal{L}[y_h](s) = \frac{R(s)}{P(s)} \qquad \text{y} \qquad \mathcal{L}[y_p] = \frac{\mathcal{L}[\overline{Q}](s)}{P(s)}$$

se tiene que

$$\mathcal{L}[\, y\,] = \mathcal{L}[\, y_h\,] + \mathcal{L}[y_p].$$

Luego

$$y_h(t) = \mathcal{L}^{-1}\left[\frac{R}{P}\right](t) \qquad \text{e} \qquad y_p(t) = \mathcal{L}^{-1}\left[\frac{\mathcal{L}[\overline{Q}]}{P}\right](t).$$

Para encontrar $y_p(t)$, consideremos $G(t) = \mathcal{L}^{-1}\left[\frac{1}{P}\right](t)$. Tenemos

$$\begin{aligned} y_p(t) &= \mathcal{L}^{-1}\left[\mathcal{L}[G(t)](s)\mathcal{L}[\overline{Q}(t)](s)\right](t) \\ &= \mathcal{L}^{-1}\left[\mathcal{L}[(G * \overline{Q})(t)](s)\right](t) \\ &= (G * \overline{Q})(t) \\ &= \int_0^t G(t-\theta)\overline{Q}(\theta)d\theta. \end{aligned}$$

Todo se reduce entonces a encontrar antitransformadas de funciones de la forma $\frac{T(s)}{P(s)}$, donde T y P son polinomios y $gr(P) > gr(T)$ (observe que P es de grado n, R es de grado $n-1$ y 1 es de grado cero).

Gracias a la linealidad, si descomponemos en fracciones parciales, basta averiguar cuáles son las antitransformadas de cada uno de los términos que aparecen en la descomposición. Primero recordemos que

$$\begin{aligned} \frac{1}{s-\lambda} &= \mathcal{L}[H(t)](s-\lambda) &&= \mathcal{L}[e^{\lambda t}H(t)](s) \\ \frac{1}{(s-\lambda)^k} &= \mathcal{L}\left[\frac{t^{k-1}}{(k-1)!}\right](s-\lambda) &&= \mathcal{L}\left[e^{\lambda t}\frac{t^{k-1}}{(k-1)!}\right](s) \\ \frac{1}{(s-\sigma)^2+w^2} &= \mathcal{L}\left[\frac{1}{w}\operatorname{sen}(wt)\right](s-\sigma) &&= \mathcal{L}\left[\frac{e^{\sigma t}}{w}\operatorname{sen}(wt)\right](s) \\ \frac{s-\sigma}{(s-\sigma)^2+w^2} &= \mathcal{L}\left[\cos(wt)\right](s-\sigma) &&= \mathcal{L}\left[e^{\sigma t}\cos(wt)\right](s). \end{aligned}$$

Inmediatamente obtenemos las antitrasformadas

$$\begin{aligned}
e^{\lambda t}H(t) &= \mathcal{L}^{-1}\left[\frac{1}{s-\lambda}\right](t) \\
e^{\lambda t}\frac{t^{k-1}}{(k-1)!} &= \mathcal{L}^{-1}\left[\frac{1}{(s-\lambda)^k}\right](t) \\
\frac{e^{\sigma t}}{w}\operatorname{sen}(wt) &= \mathcal{L}^{-1}\left[\frac{1}{(s-\sigma)^2+w^2}\right](t) \\
e^{\sigma t}\cos(wt) &= \mathcal{L}^{-1}\left[\frac{s-\sigma}{(s-\sigma)^2+w^2}\right](t).
\end{aligned}$$

Esto es casi todo lo que se necesita para determinar la antitransformada de una función de la forma $\frac{T(s)}{P(s)}$. Solo falta encontrar las antitransformadas de fracciones del tipo

$$1.\ \mathcal{L}^{-1}\left[\frac{s}{(s^2+a^2)^n}\right](t) \qquad \text{y} \qquad 2.\ \mathcal{L}^{-1}\left[\frac{1}{(s^2+a^2)^n}\right](t)$$

para $n \geq 2$. Haremos los cálculos para $n = 2$ y dejamos el caso general como ejercicio para el lector.

1. Basta considerar $\frac{d}{ds}\frac{1}{s^2+a^2} = \frac{-2s}{(s^2+a^2)^2}$. Por lo tanto

$$\begin{aligned}
\mathcal{L}^{-1}\left[\frac{s}{(s^2+a^2)^2}\right](t) &= \frac{-1}{2}\mathcal{L}^{-1}\left[\frac{d}{ds}\frac{1}{s^2+a^2}\right](t) \\
&= \frac{-1}{2a}\mathcal{L}^{-1}\left[\frac{d}{ds}\mathcal{L}[\operatorname{sen}(at)](s)\right](t) \\
&= \frac{1}{2a}t\operatorname{sen}(at).
\end{aligned}$$

2. Recordando que $\mathcal{L}\left[\int_0^t f\right] = \frac{1}{s}\mathcal{L}[f]$, se tiene:

$$\begin{aligned}
\mathcal{L}^{-1}\left[\frac{1}{(s^2+a^2)^2}\right](t) &= \mathcal{L}^{-1}\left[\frac{1}{s}\frac{s}{(s^2+a^2)^2}\right](t) \\
&= \mathcal{L}^{-1}\left[\frac{1}{s}\mathcal{L}\left[\frac{1}{2a}t\operatorname{sen}(at)\right](s)\right](t) \\
&= \mathcal{L}^{-1}\left[\mathcal{L}\left[\int_0^t \frac{1}{2a}t\operatorname{sen}(at)\right](s)\right](t) \\
&= \int_0^t \frac{1}{2a}t\operatorname{sen}(at) \\
&= \frac{1}{2a^2}\left(\frac{1}{a}\operatorname{sen}(at) - t\cos(at)\right).
\end{aligned}$$

Resumimos los ejemplos más relevantes de funciones y sus transformadas en la siguiente tabla:

$f(t)$	$\mathcal{L}[f](s)$
$e^{\lambda t}$	$\dfrac{1}{s-\lambda}$
$H_a(t)$	$\dfrac{1}{s}e^{-as}$
$P_{ab}(t)$	$\dfrac{1}{s}(e^{-as}-e^{-bs})$
$e^{\lambda t}\dfrac{t^{k-1}}{(k-1)!}$	$\dfrac{1}{(s-\lambda)^k}$
$\dfrac{e^{\sigma t}}{w}\operatorname{sen}(wt)$	$\dfrac{1}{(s-\sigma)^2+w^2}$
$e^{\sigma t}\cos(wt)$	$\dfrac{s-\sigma}{(s-\sigma)^2+w^2}$
$t\operatorname{sen}(at)$	$\dfrac{2as}{(s^2+a^2)^2}$
$\dfrac{1}{a}\operatorname{sen}(at)-t\cos(at)$	$\dfrac{2a^2}{(s^2+a^2)^2}$

EJEMPLO 4.12. Continuando el Ejemplo 4.9 del cohete, hay que encontrar las funciones que al ser transformadas por $\mathcal{L}$, equivalen a cada uno de los sumandos del miembro derecho de la ecuación

$$\mathcal{L}[y](s) = \frac{v_0}{s^2} + \frac{a}{s^3}e^{-t_1 t} - \frac{a}{s^3}e^{-t_2 t} - \frac{g}{s^3}.$$

Utilizando las conclusiones de la discusión precedente vemos que

$$\mathcal{L}[y](s) = \mathcal{L}\left[v_0 t + \frac{a}{2}(t-t_1)^2 H(t-t_1) - \frac{a}{2}(t-t_2)^2 H(t-t_2) + \frac{gt^2}{2}\right].$$

Por lo tanto, la ecuación de movimiento del cohete es

$$y(t) = v_0 t + \frac{a}{2}(t-t_1)^2 H(t-t_1) - \frac{a}{2}(t-t_2)^2 H(t-t_2) + \frac{gt^2}{2}.$$

EJEMPLO 4.13. Resolvamos ahora el problema de Cauchy

$$\begin{cases} y'' + 2y' + 2y = 0 \\ y(0) = 1 \\ y'(0) = 1 \end{cases}$$

utilizando la transformada de Laplace. Para ello observemos que

$$\begin{aligned} \mathcal{L}[y'' + 2y' + 2y](s) &= \mathcal{L}[y''] + 2\mathcal{L}[y'] + 2\mathcal{L}[y] \\ &= s^2\mathcal{L}[y](s) - sy(0^+) - y'(0^+) \\ &\quad +2(s\mathcal{L}[y](s) - y(0^+)) + 2\mathcal{L}[y](s) \\ &= (s^2 + 2s + 2)\mathcal{L}[y](s) - s - 3. \end{aligned}$$

con lo cual

$$
\begin{aligned}
\mathcal{L}[y'' + 2y' + 2y](s) &= 0 \\
(s^2 + 2s + 2)\mathcal{L}[y](s) - s - 3 &= 0 \\
(s^2 + 2s + 2)\mathcal{L}[y](s) &= s + 3 \\
\mathcal{L}[y](s) &= \frac{s+3}{s^2 + 2s + 2}.
\end{aligned}
$$

Como las raices de $s^2 + 2s + 2 = 0$ son complejas, se escribe ese polinomio de la forma $(s+1)^2 + 1$, con lo que se obtiene

$$\mathcal{L}[y](s) = \frac{s+3}{(s+1)^2+1} = \frac{s+1}{(s+1)^2+1} + \frac{2}{(s+1)^2+1}.$$

Como $\mathcal{L}\left[e^{-x}\cos x\right](s) = \dfrac{s+1}{(s+1)^2+1}$ y $\mathcal{L}\left[e^{-x}\operatorname{sen} x\right](s) = \dfrac{1}{(s+1)^2+1}$, se tiene que

$$
\begin{aligned}
\mathcal{L}[y](s) &= \mathcal{L}\left[e^{-x}\cos x\right](s) + 2\mathcal{L}\left[e^{-x}\operatorname{sen} x\right](s) \\
\mathcal{L}[y](s) &= \mathcal{L}\left[e^{-x}\cos x + 2e^{-x}\operatorname{sen} x\right](s) \\
y(x) &= e^{-x}(\cos x + 2\operatorname{sen} x).
\end{aligned}
$$

4.4. Delta de Dirac y funciones generalizadas

La *delta de Dirac*[1] pertenece a las llamadas *funciones generalizadas* o *distribuciones*[2]. No es exactamente una función, sino más bien una regla que a cada función continua f le asigna un número real, que es su valor en cero $f(0)$. Las funciones generalizadas se definen en términos de su acción sobre cierto tipo de funciones.

Sea $\Psi : \mathbb{R} \to \mathbb{R}$ una función integrable. La *acción* de Ψ sobre una función $f : \mathbb{R} \to \mathbb{R}$ es

$$\Psi[f] = \int_{-\infty}^{\infty} \Psi(t) f(t)\, dt$$

cuando esta integral esté bien definida. En estricto rigor, definimos la acción de la delta de Dirac sobre una función continua f mediante

$$\delta[f] = \int_{-\infty}^{\infty} \delta(t) f(t)\, dt = f(0).$$

La notación de integral es bastante sugerente pero se debe recordar que la delta de Dirac no es una función, aunque comparta ciertas propiedades con las funciones integrables. Siguiendo la notación presentada arriba, definimos la delta de Dirac en a como:

$$\delta_a[f] = \int_{-\infty}^{\infty} \delta(t-a) f(t)\, dt = f(a).$$

La delta de Dirac modela un impulso, golpe o chispazo. Se interpreta como un gran estímulo aplicado instantáneamente a un sistema.

[1] Concepto introducido en 1930 por el físico británico Paul Dirac (1902-1984) junto a la notación *bra-ket* de la mecánica cuántica.

[2] Término acuñado por el matemático francés Laurent Schwartz (1915-2002).

EJEMPLO 4.14. Tomando la función continua $f(t) \equiv 1$ tenemos que

$$\int_{-\infty}^{\infty} \delta(t)\ dt = \int_{-\infty}^{\infty} \delta(t) \cdot 1\ dt = 1.$$

La delta de Dirac se puede aproximar por funciones propiamente tales. Sea $\Phi(t) = P_{01}$ el pulso entre 0 y 1. Si $\Phi_n(t) = n\Phi(nt)$ entonces (ver Figura 5):

$$\int_{-\infty}^{+\infty} \Phi_n(t)dt = 1 \quad \text{para cada } n.$$

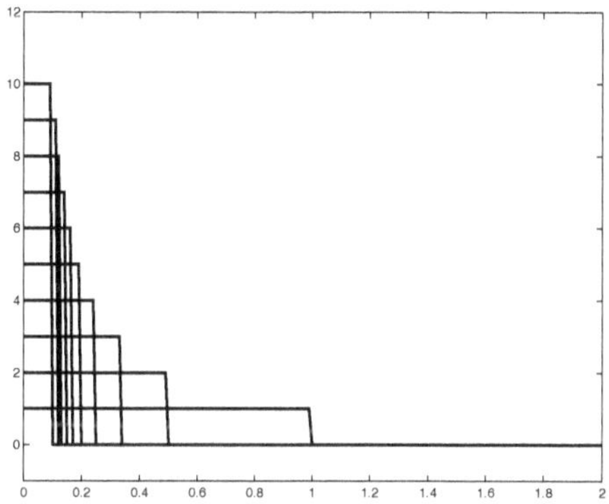

FIGURA 5. Las funciones Φ_n.

Tiene sentido entonces definir la transformada de Laplace de la delta de Dirac mediante

$$\begin{aligned} \mathcal{L}[\delta](s) &= \lim_{n\to\infty} \mathcal{L}[\Phi_n](s) \\ &= \lim_{n\to\infty} \int_0^{\infty} \Phi_n(t)e^{-st}dt \\ &= \lim_{n\to\infty} \int_0^{1/n} ne^{-st}dt \\ &= \lim_{n\to\infty} \frac{n}{s}(1-e^{-s/n}) = 1 \end{aligned}$$

para $s \in \mathbb{R}$. Observemos que esto es consistente con $\mathcal{L}[\delta](s) = \int_0^{\infty} \delta(t)e^{-st}dt = e^0 = 1$. Por otra parte, la delta de Dirac es el elemento neutro para el producto de convolución. Es decir, para $f \in \mathcal{C}_\alpha$ se tiene $\mathcal{L}[f * \delta] = \mathcal{L}[f] \cdot \mathcal{L}[\delta] = \mathcal{L}[f]$ y por lo tanto es razonable establecer que

$$f * \delta = \delta * f = f.$$

EJERCICIO PROPUESTO 4.2. Pruebe que $\mathcal{L}[\delta_a] = e^{-as}$.

EJERCICIO PROPUESTO 4.3. Usando la transformada de Laplace pruebe que los dos problemas siguientes para un oscilador de masa m, coeficiente de roce b y rigidez k tienen exactamente la misma solución:

$$(1)\begin{cases} y'' + \frac{b}{m}y' + \frac{k}{m}y = \delta \\ y(0) = 0, \quad y'(0) = 0 \end{cases} \qquad (2)\begin{cases} y'' + \frac{b}{m}y' + \frac{k}{m}y = 0 \\ y(0) = 0, \quad y'(0) = 1. \end{cases}$$

¿Cómo se podría interpretar esto en términos mecánicos?

Capítulo 5

Sistemas lineales

5.1. Introducción

Hasta aquí se han estudiado ecuaciones lineales con una sola función incógnita. Estudiaremos ahora sistemas de ecuaciones diferenciales lineales con varias funciones incógnita, tanto porque permiten modelar problemas físicos que involucran la interacción de diversas variables dependientes, como también porque veremos que a ellos pueden reducirse las ecuaciones lineales de grado superior.

Comenzaremos por comentar algunos resultados acerca de funciones vectoriales y matriciales.

DEFINICIÓN 5.1. El espacio

$$\mathcal{C}^n(I)^m = \underbrace{\mathcal{C}^n(I) \times \ldots \times \mathcal{C}^n(I)}_{m \text{ veces}}$$

está conformado por los vectores de m funciones n veces continuamente derivables en el intervalo I. De manera análoga, $\mathcal{C}^n(I)^{m\times k}$ son las matrices de $m \times k$ funciones n veces continuamente derivables en el intervalo I. Haremos la identificación $\mathcal{C}^n(I)^{m\times 1} = \mathcal{C}^n(I)^m$.

Estos conjuntos tienen estructura de espacio vectorial para la suma y ponderación por escalar componente a componente. La integración y derivación se hace componente a componente:

$$\int \begin{pmatrix} f_{1,1} & \cdots & f_{1,k} \\ \vdots & \ddots & \vdots \\ f_{m,1} & \cdots & f_{m,k} \end{pmatrix} = \begin{pmatrix} \int f_{1,1} & \cdots & \int f_{1,k} \\ \vdots & \ddots & \vdots \\ \int f_{m,1} & \cdots & \int f_{m,k} \end{pmatrix}$$

$$\begin{pmatrix} f_{1,1} & \cdots & f_{1,k} \\ \vdots & \ddots & \vdots \\ f_{m,1} & \cdots & f_{m,k} \end{pmatrix}' = \begin{pmatrix} f'_{1,1} & \cdots & f'_{1,k} \\ \vdots & \ddots & \vdots \\ f'_{m,1} & \cdots & f'_{m,k} \end{pmatrix}.$$

Además tenemos la regla para la derivación de un producto.

LEMA 5.1. *Si* $A(t) \in M_{n\times m}(\mathbb{R})$ *y* $B(t) \in M_{m\times p}(\mathbb{R})$, *con* $n, m, p \in \mathbb{N}$, *entonces*

$$(A(t)B(t))' = A'(t)B(t) + A(t)B'(t).$$

PRUEBA. Para la componente ip se cumple que

$$
\begin{aligned}
\left(\sum_{j=1}^{m} a_{ij}(t)b_{jp}(t)\right)' &= \sum_{j=1}^{m}(a_{ij}(t)b_{jp}(t))' \\
&= \sum_{j=1}^{m}(a'_{ij}(t)b_{jp}(t) + a_{ij}(t)b'_{jp}(t)) \\
&= \sum_{j=1}^{m} a'_{ij}(t)b_{jp}(t) + \sum_{j=1}^{m} a_{ij}(t)b'_{jp}(t).
\end{aligned}
$$

□

DEFINICIÓN 5.2. Un *sistema lineal* de EDO en $\mathbb{R}^n$ es un sistema de n ecuaciones escrito de la forma

$$
(31) \qquad \begin{cases} X'(t) = A(t)X(t) + B(t) & \text{para} \quad t \in I \\ X(t_0) = X_0, \end{cases}
$$

donde I es un intervalo, $A(t) \in M_{n\times n}(\mathbb{R})$, $B(t) \in \mathbb{R}^n$ para cada t en I, y $X_0 \in \mathbb{R}^n$ son condiciones iniciales en $t = t_0 \in I$. En el caso $B \equiv 0$ se dice que el sistema es *homogéneo.* En el caso que A es una matriz constante, se dice que el sistema es *a coeficientes constantes.*

EJEMPLO 5.1 (Polución en dos estanques). Dos estanques 1 y 2, que contienen $V[m^3]$ de agua, se encuentran interconectados por medio de un canal, por el cual fluye agua desde 1 a 2 a razón de $b[\frac{m^3}{s}]$. El sistema es alimentado a través del estanque 1 a razón de $b[\frac{m^3}{s}]$, con un poluente de concentración $\sigma[\frac{kg}{m^3}]$, que contamina el agua. El agua sale del sistema por un canal del estanque 2, con un caudal de $b[\frac{m^3}{s}]$. En esta situación se produce una contaminación del agua en ambos estanques. Para tratar de disminuir este efecto negativo se propone añadir otro canal que conecte a los dos estanques, para que devuelva flujo de 2 a 1, a razón de $b\lambda[\frac{m^3}{s}]$, donde $\lambda > 0$. Sin embargo, para evitar el rebalse del sistema se debe aumentar el flujo del canal ya existente a $b(1+\lambda)[\frac{m^3}{s}]$. ¿Cuánto ayuda esta solución a disminuir la polución del agua en los estanques? [1]

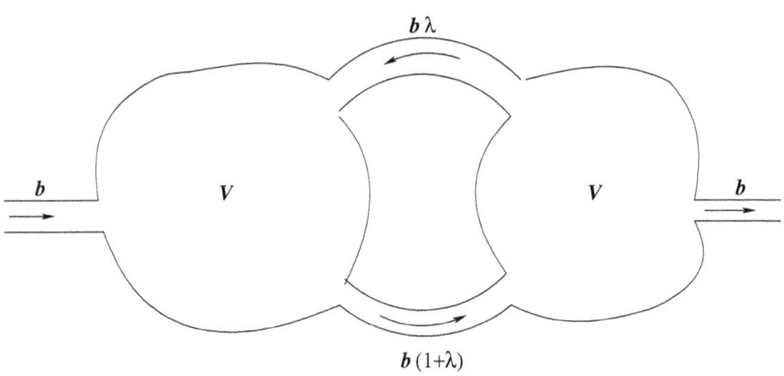

FIGURA 1. Polución en dos estanques del ejemplo 5.1.

[1]La respuesta final la hallará en el Ejemplo 5.10 al final del capítulo.

Para el estanque 1 tenemos que la variación de la cantidad de poluente por unidad de tiempo es la diferencia de las concentraciones que entran y las que salen por unidad de tiempo, es decir:

$$x_1' = b\sigma + b\lambda x_2 \frac{1}{V} - b(1+\lambda) x_1 \frac{1}{V}.$$

Repitiendo el razonamiento para el estanque 2, resulta el sistema:

$$\begin{aligned} x_1'(t) &= b\sigma + \frac{b\lambda}{V} x_2(t) - \frac{b(1+\lambda)}{V} x_1(t) \\ x_2'(t) &= \frac{b(1+\lambda)}{V} x_1(t) - \frac{b\lambda}{V} x_2(t) - \frac{b}{V} x_2(t). \end{aligned}$$

Este es un sistema de ecuaciones que se puede escribir, en forma matricial, como

$$\begin{pmatrix} x_1' \\ x_2' \end{pmatrix} = \begin{pmatrix} -\frac{b(1+\lambda)}{V} & \frac{b\lambda}{V} \\ \frac{b(1+\lambda)}{V} & -\frac{b(1+\lambda)}{V} \end{pmatrix} \begin{pmatrix} x_1 \\ x_2 \end{pmatrix} + \begin{pmatrix} b\sigma \\ 0 \end{pmatrix}.$$

Se trata de un sistema lineal de dos ecuaciones de primer orden no homogéneo a coeficientes constantes.

5.2. Sistemas lineales y ecuaciones de orden superior

5.2.1. *Ecuación lineal de orden n como un sistema lineal*

Veamos cómo una ecuación lineal de orden n puede interpretarse como un sistema de n ecuaciones lineales de primer orden con n incógnitas.

Para ello consideremos los siguientes cambios de variables:

$$\begin{aligned} z_1(x) &= y(x) \\ z_2(x) &= y'(x) \\ &\vdots \\ z_n(x) &= y^{(n-1)}(x) \end{aligned}$$

Derivando cada nueva variable, se tiene

$$\begin{aligned} z_1'(x) &= y'(x) &&= z_2(x) \\ z_2'(x) &= y''(x) &&= z_3(x) \\ \vdots & \quad\ \vdots && \quad \vdots \\ z_n'(x) &= y^{(n)}(x) &&= -\overline{a}_{n-1}(x) y^{(n-1)}(x) - \cdots - \overline{a}_0(x) y(x) + \overline{Q} \\ & &&= -\overline{a}_{n-1}(x) z_n(x) - \cdots - \overline{a}_0(x) z_1(x) + \overline{Q}. \end{aligned}$$

Con esto el sistema queda de la forma:

$$\underbrace{\begin{pmatrix} z_1 \\ z_2 \\ \vdots \\ z_n \end{pmatrix}'}_{z'} = \underbrace{\begin{pmatrix} 0 & 1 & 0 & \dots & 0 \\ 0 & 0 & 1 & \dots & 0 \\ \vdots & \vdots & \vdots & \ddots & \vdots \\ -\overline{a}_0 & -\overline{a}_1 & -\overline{a}_3 & \dots & -\overline{a}_{n-1} \end{pmatrix}}_{A_c} \underbrace{\begin{pmatrix} z_1 \\ z_2 \\ \vdots \\ z_n \end{pmatrix}}_{z} + \underbrace{\begin{pmatrix} 0 \\ 0 \\ \vdots \\ \overline{Q} \end{pmatrix}}_{b}.$$

Las condiciones iniciales $y(x_0), \dots, y^{(n-1)}(x_0)$ corresponden a las condiciones iniciales en el sistema $z_1(x_0), \dots, z_n(x_0)$. El problema de Cauchy se escribe

$$\begin{cases} z'(x) = A_c(x) z(x) + b(x) & \text{para} \quad x \in I \\ z_k(x_0) = y^{(k-1)}(x_0) & \text{para} \quad k = 1, \dots n. \end{cases}$$

Llamaremos a $A_c(x)$ la *matriz compañera* de la ecuación de orden n.

5.2.2. *Sistema lineal como una ecuación lineal de orden n*

Veamos ahora la identificación recíproca. Para explicar cómo se hace esta identificación presentaremos dos métodos aplicados a un sistema de dos ecuaciones con dos incógnitas. El caso general lo dejamos como ejercicio al lector.

Consideremos el sistema

$$x_1' = a_{11}x_1 + a_{12}x_2 + b_1 \tag{32}$$

$$x_2' = a_{21}x_1 + a_{22}x_2 + b_2 \tag{33}$$

con las condiciones iniciales $x_1(0) = x_1^0$ y $x_2(0) = x_2^0$.

Método de sustitución. Suponiendo $a_{21} \neq 0$, despejamos x_1 de (33) para obtener

$$x_1 = \frac{x_2' - a_{22}x_2 - b_2}{a_{21}} \tag{34}$$

y luego derivamos

$$x_1' = \frac{x_2'' - a_{22}x_2' - b_2'}{a_{21}}. \tag{35}$$

Reemplazando (34) y (35) en (32) resulta

$$x_2'' - (a_{11} + a_{22})x_2' + (a_{11}a_{22} - a_{12}a_{21})x_2 = a_{21}b_1 - a_{11}b_2 + b_2',$$

que es una ecuación de segundo orden con condiciones iniciales

$$\begin{aligned} x_2(0) &= x_2^0 \\ x_2'(0) &= a_{21}x_1^0 + a_{22}x_2^0 + b_2(0). \end{aligned}$$

Método de reducción. Utilizando la notación de operador diferencial $Dx = x'$ el sistema (32)-(33) se reescribe

$$(D - a_{11})x_1 - a_{12}x_2 = b_1 \tag{36}$$

$$-a_{21}x_1 + (D - a_{22})x_2 = b_2. \tag{37}$$

Aplicando el operador $D - a_{11}$ a la segunda ecuación, multiplicando por a_{21} la primera y sumando, se obtiene

$$(D - a_{11})(D - a_{22})x_2 - a_{12}a_{21}x_2 = a_{21}b_1 + (D - a_{11})b_2, \tag{38}$$

que es la misma EDO de orden 2 para x_2 que la obtenida con el método anterior.

Observación: Puede verificar que en todos los casos, despejando x_1 o x_2, se llega a una EDO del tipo

$$x_i'' - \underbrace{(a_{11} + a_{22})}_{tr(A)}x_i' + \underbrace{(a_{11}a_{22} - a_{12}a_{21})}_{det(A)}x_i = f_i, \quad i = 1, 2$$

y con polinomio característico asociado

$$p(\lambda) = \lambda^2 - tr(A)\lambda + \det(A) = \det(A - \lambda \mathcal{I}).$$

Se deja al lector comprobar usando el método de reducción que un sistema lineal a coeficientes constantes de tamaño $n \geq 1$ se identifica con una ecuación lineal de orden n cuyo polinomio característico es $p(\lambda) = \det(A - \lambda \mathcal{I})$.

5.3. Existencia y unicidad para sistemas lineales

En esta sección demostraremos la existencia y unicidad de solución (global) para un sistema lineal de ecuaciones de primer orden y por añadidura (global o local) para un sistema de ecuaciones no lineales también.

TEOREMA 5.1 (Existencia y unicidad global para un sistema lineal). *Sea I un intervalo real no reducido a un punto. Si $A \in \mathcal{C}(I)^{m\times m}$ y $B \in \mathcal{C}(I)^m$, entonces dados $X_0 \in \mathbb{R}^m$ y $t_0 \in I$, existe una única solución $X \in \mathcal{C}^1(I)^m$ del sistema lineal*

$$\begin{cases} X'(t) &= A(t)X(t) + B(t), \quad t \in I \\ X(t_0) &= X_0. \end{cases}$$

Entre las consecuencias más relevantes mencionamos las siguientes:

1. De aquí se obtiene inmediatamente el Teorema 3.3, que da la existencia y unicidad de solución para la EDO lineal de orden n gracias a la identificación presentada en el Capítulo 3 a través de la matriz compañera.

2. La única solución de un sistema homogéneo con condición inicial nula es la función nula.

3. Si dos soluciones X e Y coinciden en un punto, entonces coinciden en todo el intervalo. Esto dice que los gráficos de dos soluciones distintas no se cruzan, propiedad que se conoce como *determinismo*. Esto se debe a que si $X(t_1) = Y(t_1)$ entonces la diferencia $X - Y$ es solución de un sistema homogéneo con condición inicial nula y por lo tanto $X(t) = Y(t)$ para todo t.

4. Si A o B son continuas por pedazos, el Teorema 5.1 sigue siendo cierto, salvo porque X' es solo continua por pedazos (se suele decir que X es $\mathcal{C}^1$ por pedazos).

5. Aunque se demuestra inicialmente para I un intervalo cerrado y acotado, el Teorema 5.1 se generaliza para cualquier tipo de intervalo I. Esto significa por ejemplo que si $I = \mathbb{R}$ entonces si $A \in \mathcal{C}(\mathbb{R})^{m\times m}$ y $B \in \mathcal{C}(\mathbb{R})^m$, entonces hay una única solución $X(t)$ continuamente derivable para todo $t \in \mathbb{R}$.

Veremos la existencia y unicidad de solución en un contexto más amplio que el de los sistemas lineales. La idea es generalizar los Teoremas 2.1 y 2.3 de existencia y unicidad global y local respectivamente del Capítulo 2 a sistemas no lineales.

Son los teoremas de existencia y unicidad global los que resultan sobre todo aplicables para las EDOs lineales del Capítulo 3 o los sistemas de EDOs lineales del presente capítulo. Del mismo modo son los teoremas de existencia y unicidad local los que se aplican generalmente para EDOs no lineales, como algunas de las EDOs elementales que se vieron en el Capítulo 1 y las que aparecerán del Capítulo 6. Es decir, el Teorema de Existencia y Unicidad, en sus distintas versiones, es ubicuo en la teoría de ecuaciones diferenciales. Revisemos esto entonces.

Este es el Teorema de Existencia y Unicidad global:

TEOREMA 5.2 (de Cauchy-Lipschitz-Picard, Existencia y Unicidad, caso general). *Sea I un intervalo real no reducido a un punto. Supongamos que $F \in$*

$\mathcal{C}^0(I \times \mathbb{R}^m)$ es una función Lipschitz con respecto a la segunda variable. Para cada $t_0 \in I$ y cada $X_0 \in \mathbb{R}^m$, existe una única solución $X \in \mathcal{C}^1(I)^m$ del problema de Cauchy

$$\begin{cases} X'(t) &= F(t, X(t)) \quad \text{para todo} \quad t \in I \\ X(t_0) &= X_0. \end{cases}$$

Este teorema de existencia y unicidad global es el que permite tener el Teorema 5.1 anterior. En efecto, bajo las hipótesis del Teorema 5.1, y considerando primero I cerrado y acotado, vemos que la función

$$F(t, X) = A(t)X + B(t)$$

resulta continua respecto de t y *Lipschitz* con respecto a su segunda variable. Es decir, existe $L > 0$ tal que

$$|F(t, X) - F(t, Y)| \leq L|X - Y|$$

para todo $t \in I$ y para todos los $X, Y \in \mathbb{R}^m$. Esto ocurre pues

$$\begin{aligned} |F(t, X) - F(t, Y)| &\leq |A(t)(X - Y)| \\ &\leq \left(\sum_{i=1}^{m} \sum_{j=1}^{m} a_{ij}^2(t) \right)^{1/2} \|X - Y\|. \end{aligned}$$

donde $|\cdot|$ es la norma euclidiana en $\mathbb{R}^m$ y para la matriz $A = (a_{ij})$

$$\|A\| = \left(\sum_{i=1}^{m} \sum_{j=1}^{m} a_{ij}^2 \right)^{1/2}$$

es lo que llamamos su *norma de Frobenius.*

Como los coeficientes de A son continuos, están acotados en I. Luego,

$$|F(t, X) - F(t, Y)| \leq L|X - Y|, \quad \text{donde} \quad L = \sup_{t \in I} \|A\|.$$

Luego, el caso de I no necesariamente cerrado o acotado se hace por contradicción al igual como se explicó en el Capítulo 2.

La demostración del Teorema 5.2 es completamente análoga a la que hicimos en el Capítulo 2 y está también basada en el Teorema del punto fijo de Banach.

Algunas observaciones:

1. El Teorema 5.2 es válido para cualquier tipo de intervalo. Observemos además que la solución del problema de Cauchy está definida en todo el intervalo I. Si la función F está definida para todo $t \in \mathbb{R}$ entonces la solución quedará definida en todo $\mathbb{R}$.

2. El que la función F sea Lipschitz con respecto a su segunda variable es una hipótesis bastante restrictiva, que deja fuera muchos casos interesantes para los cuales también se tiene la existencia y unicidad de solución. En el Capítulo 6 presentaremos una versión local de este teorema, que solo requiere que la función F sea Lipschitz en un entorno de la condición inicial. El Teorema 5.3 garantiza la existencia y unicidad de solución en las cercanías de t_0.

3. También se puede demostrar el teorema en el caso en que la función F es sólo continua por pedazos con respecto a su primera variable. Esto se hace resolviendo la ecuación por subintervalos y luego "pegando" las soluciones que se obtienen.

El Teorema 5.2 exige que la función F sea Lipschitz globalmente. Esta es una hipótesis demasiado restrictiva, en especial en el caso de EDOs no lineales y el teorema también puede demostrarse bajo una condición más débil. Sin embargo solo se puede garantizar la existencia y unicidad de solución en un entorno de la condición inicial.

Enunciaremos el Teorema de Existencia y Unicidad en su versión *local.*

Sean I un intervalo real no reducido a un punto, $t_0 \in I$, $X_0 \in R^m$. Para $r > 0$ denotamos $B_r(X_0) = \{Y \in \mathbb{R}^m \mid |Y - X_0| \leq r\}$. Suponemos que $F : I \times B_r(X_0) \to \mathbb{R}^m$ es una función continua y que para ciertos $r, \delta > 0$ se tiene

$$|F(t,X) - F(t,Y)| \leq L|X - Y| \quad \text{si} \quad X, Y \in B_r(X_0) \quad \text{y} \quad t \in [t_0 - \delta, t_0 + \delta].$$

El siguiente teorema se refiere al sistema no lineal

$$\begin{cases} X'(t) &= F(t, X(t)),\ t \in I \\ X(t_0) &= X_0. \end{cases}$$

TEOREMA 5.3 (Existencia y Unicidad, versión local). *Con la notación e hipótesis descritas arriba, definimos*

$$\begin{aligned} M &= \text{máx}\{|F(t,X)| \mid t \in I,\ |t - t_0| \leq \delta,\ |X - X_0| \leq r\}, \\ \delta_0 &= \text{mín}\left\{\delta, \frac{r}{M}\right\} \\ y \qquad J &= I \cap (t_0 - \delta_0, t_0 + \delta_0). \end{aligned}$$

Entonces existe una única solución del problema de Cauchy $X \in \mathcal{C}^1(J)$.

Notemos que basta que la función F sea Lipschitz en la segunda variable solo *en un entorno* de (t_0, X_0). Por otra parte, se garantiza la existencia de solución en el intervalo $I \cap (t_0 - \frac{r}{M}, t_0 + \frac{r}{M})$, que incluye puntos que están *suficientemente cerca* de t_0 (ver Ejemplo 5.2).

De nuevo, la demostración de este teorema es análoga a la hecha ya en el Capítulo 2.

EJEMPLO 5.2. Un interesante ejemplo en que no se cumple la condición de Lipschitz global (pero sí local) es el siguiente problema de Cauchy:

$$\begin{cases} x'(t) &= x^2(t) \quad t \in \mathbb{R} \\ x(t_0) &= x_0, \end{cases}$$

donde $x_0 > 0$. Se trata de una ecuación en variables separables cuya solución viene dada por

$$x(t) = \frac{1}{t_0 + \frac{1}{x_0} - t}.$$

La solución está definida en el intervalo $(-\infty, t_0 + x_0^{-1})$ y explota al acercarse al extremo derecho. Este modelo sirve para modelar una combustión o explosión (observe que mientras más grande x_0, más rápido se va a ∞ la solución.

5.4. Estructura geométrica de las soluciones

De manera similar a lo hecho para el estudio de la ecuación lineal de orden n, definiremos los siguientes conjuntos:

$$\mathcal{H} = \{X \in \mathbb{R}^n \mid X' = A(t)X,\ t \in I\}$$

es el espacio de soluciones del sistema homogéneo y

$$\mathcal{S} = \{X \in \mathbb{R}^n \mid X' = A(t)X + B(t),\ t \in I\}$$

es el hiperplano de soluciones del sistema no homogéneo. En efecto, es fácil ver que $\mathcal{H}$ es un subespacio vectorial del espacio de todas las funciones de I en $\mathbb{R}^n$. En particular, cualquier combinación lineal de elementos de $\mathcal{H}$ está en $\mathcal{H}$. Por otra parte, observemos que la diferencia entre dos soluciones X_1 y X_2 del sistema no homogéneo satisface

$$\begin{aligned}(X_1(t) - X_2(t))' &= X_1'(t) - X_2'(t)\\ &= A(t)X_1(t) + B(t) - A(t)X_2(t) - B(t)\\ &= A(t)\left[X_1(t) - X_2(t)\right].\end{aligned}$$

Por lo tanto, es solución del sistema homogéneo. Esto demuestra el siguiente:

TEOREMA 5.4. *Dada una solución particular X_p de $X' = AX + B$, toda solución del sistema se escribe como suma de X_p y alguna solución del sistema homogéneo. Es decir,*

$$\mathcal{S} = X_p + \mathcal{H}.$$

En lo que sigue fijamos $t_0 \in I$. Del Teorema de Existencia y Unicidad sabemos que, para cualquier condición inicial, el sistema lineal homogéneo tiene una única solución.

Dado $k \in \{1, \dots, n\}$, la k-ésima *solución fundamental canónica*, ϕ_k, es la solución del sistema

$$\begin{cases}\phi_k'(t) &= A(t)\phi_k(t), \quad t \in I\\ \phi_k(t_0) &= e_k,\end{cases}$$

donde e_k es el vector que tiene un 1 en la posición k y 0 en las demás. A la matriz cuyas columnas son las soluciones fundamentales canónicas se llamará *matriz fundamental canónica* y se denotará por Φ. Su determinante, $W = \det(\Phi)$, es el *Wronskiano* del sistema.

LEMA 5.2. *Sea $\Phi(t)$ la matriz fundamental canónica del sistema.*

(1) *Φ es la única función en $\mathcal{C}^1(I)^{n\times n}$ que satisface*

(39) $$\Phi(t_0) = I_n \quad y \quad \Phi'(t) = A\Phi(t) \quad \textit{para todo} \quad t \in I.$$

(2) *$\Phi(t)$ es invertible para todo $t \in I$.*

PRUEBA. Es evidente que Φ satisface (39). Ahora, si $\Psi \in \mathcal{C}^1(I)^{n\times n}$ también cumple (39) entonces para cualquier $Z_0 \in \mathbb{R}^n$ la función

$$Z(t) = [\Phi(t) - \Psi(t)]Z_0$$

verifica

$$\begin{cases}Z'(t) &= A(t)Z(t) \quad \text{para todo} \quad t \in I\\ Z(t_0) &= 0.\end{cases}$$

Por el Teorema de Existencia y Unicidad, $Z(t) = [\Phi(t) - \Psi(t)]Z_0 = 0$ para todo $t \in I$ y para todo $Z_0 \in \mathbb{R}^n$, de donde $\Phi(t) = \Psi(t)$ para todo $t \in I$.

Veremos ahora que $\Phi(t)$ es invertible para todo $t \in I$. Supongamos por el contrario que existe $t_1 \in I$ tal que $\Phi(t_1)$ no es invertible. Entonces existe $v \in \mathbb{R}^n \ \{0\}$ con $\Phi(t_1)v = 0$. Esto es,

$$\sum_{k=1}^{n} v_k \phi_k(t_1) = 0.$$

Definimos $\psi(t) = \sum_{k=1}^{n} v_k \phi_k(t)$. Tenemos que

$$\begin{cases} \psi'(t) &= A(t)\psi(t) \qquad \text{para todo} \qquad t \in I \\ \psi(t_1) &= 0. \end{cases}$$

En virtud del Teorema de Existencia y Unicidad, $\psi(t) = 0$ para todo $t \in I$ y en consecuencia $\Phi(t)v = 0$ para todo $t \in I$. Pero entonces $\Phi(t_0)v = I_n v = v = 0$, lo que contradice el hecho de que $v \neq 0$. □

EJEMPLO 5.3 (Cadena con resortes). Se tiene una cadena con extremos fijos formada por n cuentas conectadas por resortes idénticos de constante elástica k y largo natural l_0. Cada cuenta de masa m_i, $i = 1 \dots n$, tiene libertad para oscilar horizontalmente, pero presenta un rozamiento lineal con el medio de constante c_i, $i = 1 \dots n$. Para cada cuenta tenemos la ecuación de movimiento

$$m_i x_i'' = -c_i x_i' - k[(x_i - x_{i+1}) + (x_i - x_{i-1})], \qquad i \in \{1, \dots, n\},$$

donde $x_0 = x_{n+1} = 0$. Matricialmente tenemos

$$\begin{pmatrix} m_1 & & \\ & \ddots & \\ & & m_n \end{pmatrix} \begin{pmatrix} x_1 \\ \vdots \\ x_n \end{pmatrix}'' = -\begin{pmatrix} c_1 & & \\ & \ddots & \\ & & c_n \end{pmatrix} \begin{pmatrix} x_1 \\ \vdots \\ x_n \end{pmatrix}'$$
$$-k \begin{pmatrix} 2 & -1 & & & \\ -1 & 2 & \ddots & & \\ & \ddots & \ddots & \ddots & \\ & & \ddots & 2 & -1 \\ & & & -1 & 2 \end{pmatrix} \begin{pmatrix} x_1 \\ x_2 \\ \vdots \\ x_{n-1} \\ x_n \end{pmatrix}.$$

El sistema tiene la forma $MX'' + CX' + KX = 0$, con $X \in \mathbb{R}^n$. Si hacemos el cambio de variables

$$Z = \begin{pmatrix} X \\ X' \end{pmatrix}, \qquad Z' = \begin{pmatrix} X' \\ X'' \end{pmatrix},$$

podemos reescribir el sistema como

$$Z' = \begin{pmatrix} 0 & I \\ -M^{-1}K & -M^{-1}C \end{pmatrix} Z.$$

Para determinar el conjunto de soluciones fundamentales canónicas bastará resolver el sistema anterior con condiciones iniciales

$$Z(t_0) = e_k, \qquad k = 1, \dots, 2n.$$

(Es un sistema de $2n$ ecuaciones).

TEOREMA 5.5. *El conjunto* $\{\phi_k\}_{k=1}^n$ *es una base de* $\mathcal{H}$, *llamada* base fundamental canónica. *En consecuencia,* $dim(\mathcal{H}) = n$ *y la solución del sistema homogéneo*

$$\begin{cases} X_h'(t) &= A(t)X_h(t) \qquad t \in I \\ X_h(t_0) &= X_0 \end{cases}$$

está dada por

$$X_h = \Phi(t)X_0 = x_0^1\phi_1(t) + \cdots x_0^n\phi_n(t).$$

PRUEBA. Debemos probar que todo elemento de $\mathcal{H}$ se escribe como combinación lineal de $\phi_1, \dots, \phi_n$ y que estas funciones son linealmente independientes.

Partamos por la primera afirmación. Sea $X_h \in \mathcal{H}$ la solución del sistema homogéneo

$$\begin{cases} X_h'(t) &= A(t)X_h(t), \qquad \text{para} \quad t \in I \\ X_h(t_0) &= X_0. \end{cases}$$

Escibimos $X_0 = x_0^1 e_1 + \cdots + x_0^n e_n$ con $x_0^1, \dots, x_0^n \in \mathbb{R}$. Demostraremos que $X_h = x_0^1\phi_1 + \cdots x_0^n\phi_n$. Para esto definimos

$$Z(t) = x_0^1\phi_1(t) + \cdots x_0^n\phi_n(t) = \Phi(t)X_0.$$

Derivando obtenemos

$$Z'(t) = x_0^1\phi_1'(t) + \cdots x_0^n\phi_n'(t),$$

de donde

$$\begin{aligned} Z'(t) &= A(t)\left[x_0^1\phi_1(t) + \cdots x_0^n\phi_n(t)\right] \\ &= A(t)Z(t) \end{aligned}$$

pues $\phi_k' = A\phi_k$ para cada k. Además, por la definición de los ϕ_k tenemos que

$$Z(t_0) = x_0^1 e_1 + \cdots + x_0^n e_n = X_0.$$

Tenemos entonces que Z es solución del mismo sistema de ecuaciones diferenciales que X_h, con las mismas condiciones iniciales. En virtud del Teorema de Existencia y Unicidad,

$$X_h(t) = Z(t) = \Phi(t)X_0 \qquad \text{para todo} \qquad t \in I.$$

Veamos ahora que $\{\phi_k\}_{k=1}^n$ son linealmente independientes. Suponemos que $\sum_{k=1}^n \alpha_k\phi_k(t) = 0$ para todo $t \in I$. Debemos probar que, necesariamente, $\alpha_k = 0$ para todo $k = 1, \dots, n$. Observemos primero que

$$\sum_{k=1}^n \alpha_k\phi_k(t) = \begin{pmatrix} \vdots & & \vdots \\ \phi_1(t) & \cdots & \phi_n(t) \\ \vdots & & \vdots \end{pmatrix} \begin{pmatrix} \alpha_1 \\ \vdots \\ \alpha_n \end{pmatrix} = \Phi(t)\alpha.$$

En virtud del Lema 5.2, la matriz $\Phi(t)$ es invertible para cada t y por lo tanto $\alpha = 0$. □

Para generalizar los resultados anteriores, definamos una matriz fundamental (no necesariamente la canónica) como

$$M(t) = \begin{pmatrix} \vdots & & \vdots \\ \psi_1(t) & \cdots & \psi_n(t) \\ \vdots & & \vdots \end{pmatrix},$$

con $t \in I$, donde ψ_k es solución del sistema

$$\begin{cases} \psi_k'(t) &= A(t)\psi_k(t) \qquad \text{para} \quad t \in I \\ \psi_k(t_0) &= v_k \end{cases}$$

y $\{v_k\}_{k=1}^n$ es una base de $\mathbb{R}^n$.

COROLARIO 5.1. *Sea $M(t)$ una matriz fundamental del sistema. Entonces* $\det(M(t)) \neq 0$ *para todo $t \in I$ y*

$$X(t) = M(t)M^{-1}(t_0)X_0.$$

PRUEBA. Observemos que la matriz $M(t_0)$ es invertible y satisface $M(t_0)e_k = v_k$ para $k = 1, \ldots, n$. Luego $M(t_0)^{-1}v_k = e_k$ para $k = 1, \ldots, n$. La matriz

$$\Psi(t) = M(t)M(t_0)^{-1}$$

satisface (39) pues

$$\begin{aligned} \Psi(t_0) &= M(t_0)M(t_0)^{-1} &&= I_n \\ \Psi'(t) &= M'(t)M(t_0)^{-1} &&= A(t)M(t)M(t_0)^{-1} &&= A(t)\Psi(t). \end{aligned}$$

De acuerdo con el Lema 5.2, $\Phi(t) = \Psi(t) = M(t)M(t_0)^{-1}$, de donde se sigue el resultado. □

Para el sistema no homogéneo aplicaremos el método de variación de parámetros estudiado en el Capítulo 3 para ecuaciones de orden superior. Recordemos la regla para derivar un producto contenida en el Lema 5.1 y la propiedad de Φ dada por la ecuación (39) en el Lema 5.2. Buscamos una solución particular de la forma

$$X_p(t) = \Phi(t)F(t),$$

donde Φ es la matriz fundamental canónica y F es una incógnita. X_p debe satisfacer

$$\begin{aligned} B(t) &= X_p'(t) - A(t)X_p(t) \\ &= (\Phi(t)F(t))' - A(t)\Phi(t)F(t) \\ &= \Phi'(t)F(t) + \Phi(t)F'(t) - A(t)\Phi(t)F(t) \\ &= \Phi(t)F'(t), \end{aligned}$$

para lo cual basta que

$$\begin{aligned} F'(t) &= \Phi(t)^{-1}B(t) \\ F(t) &= \int_{t_0}^{t} \Phi^{-1}(s)B(s)ds. \end{aligned}$$

Como consecuencia de los Teoremas 5.4 y 5.5 tenemos

TEOREMA 5.6 (Variación de Parámetros). *La solución del sistema*

$$\begin{cases} X'(t) &= A(t)X(t) + B(t) \\ X(t_0) &= X_0 \end{cases}$$

está dada por

$$X(t) = \Phi(t)X_0 + \Phi(t)\int_{t_0}^{t} \Phi^{-1}(s)B(s)ds,$$

donde Φ es la matriz fundamental canónica.

EJERCICIO PROPUESTO 5.1. Escriba una fórmula análoga usando cualquier matriz fundamental M.

5.5. Resolución de sistemas lineales

De acuerdo con lo visto en la sección anterior, la resolución de un sistema lineal, homogéneo o no, se reduce a encontrar la matriz fundamental canónica Φ. En lo que queda de este capítulo nos centraremos en las técnicas para hacerlo.

5.5.1. *Exponencial de una matriz. Caso general*

Veremos que la matriz fundamental canónica puede encontrarse directamente a partir de la matriz A mediante la llamada fórmula exponencial.

Sea $M \in M_{n\times n}(\mathbb{R})$. La *exponencial* de M se define como

$$e^M = \sum_{k=0}^{\infty} \frac{M^k}{k!} = I + M + \frac{M^2}{2!} + \cdots + \frac{M^n}{n!} + \cdots$$

Las entradas de la matriz e^M están definidas en términos de una serie que, en principio, podría no ser convergente. Veremos que sí lo es. Para $n \in \mathbb{N}$ escribimos

$$S_n = \sum_{k=0}^{n} \frac{1}{k!} M^k.$$

Denotamos por $s_n(i,j)$ la entrada ij de la matriz S_n. Veremos que la sucesión $\{s_n(i,j)\}_{n=0}^{\infty}$ es convergente para cada i y j. Para ello probaremos que es una sucesión de Cauchy. Observemos primero que si $n \geq m$ entonces

$$S_n - S_m = \sum_{k=m+1}^{n} \frac{1}{k!} M^k.$$

Como $|s_n(i,j) - s_m(i,j)| \leq \|S_n - S_m\|$ y $\|M^n\| \leq \|M\|^n$, se tiene que

$$|s_n(i,j) - s_m(i,j)| \leq \sum_{k=m+1}^{\infty} \frac{1}{k!} \|M\|^k.$$

Como la serie del lado derecho es convergente a cero, la sucesión $\{s_n(i,j)\}_{n=0}^{\infty}$ es de Cauchy. Concluimos que la exponencial de una matriz está bien definida.

Las principales propiedades de la exponencial se resumen en el siguiente resultado:

PROPOSICIÓN 5.1. *Sean $A, B \in M_{n\times n}(\mathbb{R})$, $t, s \in \mathbb{R}$, entonces:*

(1) $e^{0\cdot t} = e^{A\cdot 0} = I$.
(2) $\frac{d}{dt} e^{At} = A e^{At}$.
(3) $e^{A(t+s)} = e^{At} e^{As}$. *En particular, e^{At} es invertible y su inversa es*

$$(e^{At})^{-1} = e^{-At}.$$

(4) $AB = BA$ *si, y solo si,* $Be^{At} = e^{At}B$.
(5) $AB = BA$ *si, y solo si,* $e^{At}e^{Bt} = e^{(A+B)t}$.

PRUEBA. La propiedad (1) es inmediata de la definición. Probemos (2). En cada intervalo $[-b, b]$, $b \in \mathbb{R}$, las componentes de la matriz At están uniformemente acotadas por $|\max(a_{ij})||b|$, luego tenemos la convergencia uniforme de la serie $h_p(t) = \sum_{k=0}^{p} \frac{(A^k)_{ij} t^k}{k!}$. Como h_p converge uniformemente a h y la sucesión

$h_p'(t) = \sum_{k=1}^{p} k\frac{(A^k)_{ij}t^{k-1}}{k!}$ converge uniformemente en $(-b,b)$ a $\sum_{k=1}^{p} k\frac{(A^k)_{ij}t^{k-1}}{k!}$, tenemos que $h(t)$ es derivable y

$$h'(t) = \sum_{k=1}^{\infty} k\frac{(A^k)_{ij}t^{k-1}}{k!}$$

para todo $t \in (-b,b)$. Pero

$$\sum_{k=1}^{\infty} k\frac{(A^k)_{ij}t^{k-1}}{k!} = \sum_{k=0}^{\infty} \frac{(A^{k+1})_{ij}t^k}{k!} = (A^k)_{ij}\sum_{k=0}^{\infty} \frac{(A^k)_{ij}t^k}{k!},$$

de donde

$$\frac{d}{dt}(e^{At})_{ij} = A_{ij}(e^{At})_{ij} \qquad \text{para todo} \qquad t \in (-b,b).$$

Dado que b era arbitrario, el resultado es válido en todo $\mathbb{R}$.

Veamos (3). Para s fijo tomamos la función

$$\psi(t) = e^{A(t+s)} - e^{At}e^{As},$$

que satisface

$$\psi'(t) = A\psi(t) \quad \text{y} \quad \psi(0) = 0.$$

Por el Teorema de Existencia y Unicidad ψ es la función nula y así $e^{A(t+s)} = e^{At}e^{As}$.

Veamos ahora (4). Por inducción se prueba que $AB = BA$ si, y solo si, $A^kB = BA^k$ para cada $k \geq 1$. Luego

$$Be^{At} = B\sum_{k=0}^{\infty}\frac{A^kt^k}{k!} = \sum_{k=0}^{\infty}\frac{BA^kt^k}{k!} = \sum_{k=0}^{\infty}\frac{A^kt^k}{k!}\cdot B = e^{At}B.$$

Finalmente (5) se prueba análogamente a (3).

□

De las propiedades 1 y 2 y el Lema 5.2 tenemos que

$$\Phi(t) = e^{A(t-t_0)} \qquad \text{para todo} \qquad t \in I$$

pues ambas satisfacen la misma ecuación diferencial. De la fórmula

$$X(t) = \Phi(t)X_0 + \Phi(t)\int_{t_0}^{t}\Phi^{-1}(s)B(s)ds,$$

dada por el Teorema 5.6 podemos escribir la solución en términos de la matriz exponencial mediante la *fórmula exponencial*:

$$X(t) = e^{A(t-t_0)}X_0 + \int_{t_0}^{t} e^{A(t-s)}B(s)ds.$$

Una consecuencia importante de esta fórmula es que si X e Y son soluciones de un sistema lineal, entonces

$$\begin{aligned}\|X(t) - Y(t)\| &= e^{A(t-t_0)}\left[X(t_0) - Y(t_0)\right] \\ &\leq \|e^{A(t-t_0)}\|\,\|X(t_0) - Y(t_0)\|.\end{aligned}$$

Esto quiere decir que si las condiciones iniciales están cerca, entonces las soluciones se mantienen cerca durante un tiempo. Más precisamente, dados $\varepsilon, T > 0$

existe $\delta > 0$ tal que si $\|X_0 - Y_0\| < \delta$ entonces $\|X(t) - Y(t)\| < \varepsilon$ para todo $t \in [0, T]$.

5.5.2. *Exponencial de una matriz. Caso diagonalizable*

Recordemos que una matriz A es diagonalizable si se puede expresar como

$$A = PDP^{-1},$$

donde D es una matriz diagonal que contiene los valores propios de A y P es una matriz invertible cuyas columnas son los vectores propios correspondientes. Más precisamente, si $\lambda_1, \dots, \lambda_n$ son los valores propios de A, y $v_1, \dots, v_n$ sus respectivos vectores propios, entonces

$$D = \begin{pmatrix} \lambda_1 & \cdots & 0 \\ \vdots & \ddots & \vdots \\ 0 & \cdots & \lambda_n \end{pmatrix} \quad P = \begin{pmatrix} \vdots & \vdots & & \vdots \\ v_1 & v_2 & \cdots & v_n \\ \vdots & \vdots & & \vdots \end{pmatrix}.$$

El cálculo de la exponencial de una matriz diagonalizable es sumamente sencillo.

$$e^{At} = e^{PDP^{-1}t} = \sum_{k=0}^{\infty} \frac{(PDP^{-1})^k t^k}{k!} = P \left(\sum_{k=0}^{\infty} \frac{D^k t^k}{k!} \right) P^{-1} = Pe^{Dt}P^{-1},$$

donde

$$e^{Dt} = \begin{pmatrix} e^{\lambda_1 t} & \cdots & 0 \\ \vdots & \ddots & \vdots \\ 0 & \cdots & e^{\lambda_n t} \end{pmatrix}.$$

De esta forma la solución del sistema homogéneo se puede escribir como:

$$X_h(t) = e^{A(t-t_0)}X_0 = Pe^{Dt} \underbrace{e^{-Dt_0}P^{-1}X_0}_{C} = Pe^{Dt}C,$$

donde $C = \begin{pmatrix} C_1 \\ \vdots \\ C_n \end{pmatrix}$ es un vector constante que depende de las condiciones iniciales. Desarrollando el producto podemos escribir

$$X_h(t) = C_1 e^{\lambda_1 t} v_1 + C_2 e^{\lambda_2 t} v_2 + \cdots + C_n e^{\lambda_n t} v_n.$$

OBSERVACIÓN. Esta última fórmula puede obtenerse fácilmente viendo que cada función de la forma $e^{\lambda t} v$ es solución del sistema lineal siempre que v sea un vector propio asociado al valor propio λ. Como toda matriz diagonalizable de tamaño $n \times n$ tiene n vectores linealmente independientes, es evidente que las funciones de esta forma generan todo el espacio de soluciones homogéneas.

EJEMPLO 5.4 (Confort de un auto). Un modelo para estudiar el confort de un auto está dado por[2]

$$\begin{aligned} x'' &= -(k_1 + k_2)x + (k_1 L_1 - k_2 L_2)\theta \\ \theta'' &= (k_1 L_1 - k_2 L_2)x - (k_1 L_1^2 + k_2 L_2^2)\theta, \end{aligned}$$

[2]Puede ver algunas animaciones de este modelo de auto en la sección enseñanza de: `http://personal.cmm.uchile.cl/axosses`

donde las constantes k_1, k_2, L_1 y L_2 son respectivamente las rigideces y las distancias de los amortiguadores traseros y delanteros al centro de masas G del auto. En un instante $t > 0$, $x(t)$ representa la posición vertical de G y $\theta(t)$ el giro del auto en torno a G.

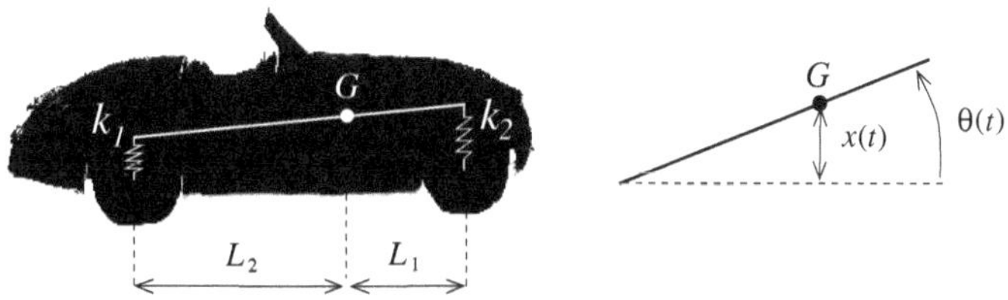

FIGURA 2. Modelamiento de los amortiguadores de un auto del Ejemplo 5.4.

Este sistema de orden 2 lo llevamos a un sistema lineal tomando la variables: x, θ, x', θ', resultando:

$$\begin{pmatrix} x \\ \theta \\ x' \\ \theta' \end{pmatrix}' = \begin{pmatrix} 0 & 0 & 1 & 0 \\ 0 & 0 & 0 & 1 \\ -(k_1+k_2) & k_1L_1 - k_2L_2 & 0 & 0 \\ k_1L_1 - k_2L_2 & -(k_1L_1^2 + k_2L_2^2) & 0 & 0 \end{pmatrix} \begin{pmatrix} x \\ \theta \\ x' \\ \theta' \end{pmatrix}.$$

En lo que sigue supondremos que $k_2 = \mu k_1$ y $L_1 = \mu L_2$, donde $0 < \mu < 1$, pues generalmente el G de los autos está hacia delante del auto, debido al peso del motor. De esta forma se anulan los términos de acoplamiento $k_1L_1 - k_2L_2$. Tenemos el sistema

$$\begin{pmatrix} x \\ \theta \\ x' \\ \theta' \end{pmatrix}' = \begin{pmatrix} 0 & 0 & 1 & 0 \\ 0 & 0 & 0 & 1 \\ a & 0 & 0 & 0 \\ 0 & b & 0 & 0 \end{pmatrix} \begin{pmatrix} x \\ \theta \\ x' \\ \theta' \end{pmatrix},$$

donde $a = -(1+\mu)k_1$ y $b = -\mu(1+\mu)k_1L_2^2$. Dado que tenemos la forma $X' = AX$, podemos calcular la exponencial de la matriz. Para esto analicemos cómo son las potencias de A:

$$A = \begin{pmatrix} 0 & 0 & 1 & 0 \\ 0 & 0 & 0 & 1 \\ a & 0 & 0 & 0 \\ 0 & b & 0 & 0 \end{pmatrix} \Rightarrow A^2 = \begin{pmatrix} a & 0 & 0 & 0 \\ 0 & b & 0 & 0 \\ 0 & 0 & a & 0 \\ 0 & 0 & 0 & b \end{pmatrix};$$

luego, elevando a k,

$$A^{2k} = \begin{pmatrix} a^k & 0 & 0 & 0 \\ 0 & b^k & 0 & 0 \\ 0 & 0 & a^k & 0 \\ 0 & 0 & 0 & b^k \end{pmatrix},$$

y si multiplicamos por A queda

$$A^{2k+1} = \begin{pmatrix} 0 & 0 & a^k & 0 \\ 0 & 0 & 0 & b^k \\ a^{k+1} & 0 & 0 & 0 \\ 0 & b^{k+1} & 0 & 0 \end{pmatrix}.$$

Teniendo todas las potencias calculadas, procedemos a determinar la matriz exponencial

$$\begin{aligned} e^{At} &= \sum_{k=0}^{\infty} \frac{t^{2k}}{(2k)!} \begin{pmatrix} a^k & 0 & 0 & 0 \\ 0 & b^k & 0 & 1 \\ 0 & 0 & a^k & 0 \\ 0 & 0 & 0 & b^k \end{pmatrix} \\ &\quad + \sum_{k=0}^{\infty} \frac{t^{2k+1}}{(2k+1)!} \begin{pmatrix} 0 & 0 & a^k & 0 \\ 0 & 0 & 0 & b^k \\ a^{k+1} & 0 & 0 & 0 \\ 0 & b^{k+1} & 0 & 0 \end{pmatrix}. \end{aligned}$$

Si tomamos $a = -\alpha^2$ y $b = -\beta^2$ obtenemos

$$\begin{aligned} \sum_{k=0}^{\infty} \frac{a^k t^{2k}}{(2k)!} &= \sum_{k=0}^{\infty} \frac{(-1)^k (\alpha t)^{2k}}{(2k)!} = \cos(\alpha t) \\ \sum_{k=0}^{\infty} \frac{b^k t^{2k}}{(2k)!} &= \sum_{k=0}^{\infty} \frac{(-1)^k (\beta t)^{2k}}{(2k)!} = \cos(\beta t), \end{aligned}$$

y

$$\begin{aligned} \sum_{k=0}^{\infty} \frac{a^k t^{2k+1}}{(2k+1)!} &= \frac{1}{\alpha} \sum_{k=0}^{\infty} \frac{(-1)^k (\alpha t)^{2k+1}}{(2k+1)!} = \frac{1}{\alpha} \operatorname{sen}(\alpha t) \\ \sum_{k=0}^{\infty} \frac{b^k t^{2k+1}}{(2k+1)!} &= \frac{1}{\beta} \sum_{k=0}^{\infty} \frac{(-1)^k (\beta t)^{2k+1}}{(2k+1)!} = \frac{1}{\beta} \operatorname{sen}(\beta t). \end{aligned}$$

Por lo tanto:

$$e^{At} = \begin{pmatrix} \cos(\alpha t) & 0 & \frac{1}{\alpha}\operatorname{sen}(\alpha t) & 0 \\ 0 & \cos(\beta t) & 0 & \frac{1}{\beta}\operatorname{sen}(\beta t) \\ -\alpha \operatorname{sen}(\alpha t) & 0 & \cos(\alpha t) & 0 \\ 0 & -\beta \operatorname{sen}(\beta t) & 0 & \cos(\beta t) \end{pmatrix}.$$

Si ponemos alguna condición inicial, como por ejemplo una frenada, representada por

$$x(0) = 0, \quad \theta(0) = 0, \quad x'(0) = -1, \quad \theta'(0) = -1,$$

obtenemos

$$\begin{pmatrix} x \\ \theta \\ x' \\ \theta' \end{pmatrix} = \begin{pmatrix} -\frac{\operatorname{sen}(\alpha t)}{\alpha} \\ -\frac{\operatorname{sen}(\beta t)}{\beta} \\ -\cos(\alpha t) \\ -\cos(\beta t) \end{pmatrix}.$$

Es decir, la solución del movimiento es:

$$x(t) = \frac{-\operatorname{sen}(\alpha t)}{\alpha}, \qquad \theta(t) = \frac{-\operatorname{sen}(\beta t)}{\beta},$$

con $\alpha = \sqrt{(1+\mu)k}$ y $\beta = L\sqrt{\mu(1+\mu)k}$, que físicamente representan las frecuencias de cada modo.

Otro método para solucionar este problema es analizar los valores y vectores propios del sistema.

$$\det(A - \lambda I) = \det \begin{pmatrix} -\lambda & 0 & 1 & 0 \\ 0 & -\lambda & 0 & 1 \\ a & 0 & -\lambda & 0 \\ 0 & b & 0 & -\lambda \end{pmatrix} = (\lambda^2 - a)(\lambda^2 - b).$$

En términos de las variables antes definidas quedan los valores propios imaginarios puros:

$$\lambda_1 = i\alpha, \quad \lambda_2 = -i\alpha, \quad \lambda_3 = i\beta, \quad \lambda_4 = -i\beta,$$

que tienen asociados respectivamente los vectores propios:

$$v_1 = \begin{pmatrix} -i/\alpha \\ 0 \\ 1 \\ 0 \end{pmatrix}, \quad v_2 = \begin{pmatrix} i/\alpha \\ 0 \\ 1 \\ 0 \end{pmatrix}, \quad v_3 = \begin{pmatrix} 0 \\ -i/\beta \\ 0 \\ 1 \end{pmatrix}, \quad v_4 \begin{pmatrix} 0 \\ i/\beta \\ 0 \\ 1 \end{pmatrix}.$$

Luego la solución general será:

$$\begin{pmatrix} x \\ \theta \\ x' \\ \theta' \end{pmatrix} = c_1 e^{i\alpha t} \begin{pmatrix} -i/\alpha \\ 0 \\ 1 \\ 0 \end{pmatrix} + c_2 e^{-i\alpha t} \begin{pmatrix} i/\alpha \\ 0 \\ 1 \\ 0 \end{pmatrix}$$

$$+ c_3 e^{i\beta t} \begin{pmatrix} 0 \\ -i/\beta \\ 0 \\ 1 \end{pmatrix} + c_4 e^{-i\beta t} \begin{pmatrix} 0 \\ i/\beta \\ 0 \\ 1 \end{pmatrix}.$$

Solo nos interesan las variables x y θ:

$$\begin{pmatrix} x(t) \\ \theta(t) \end{pmatrix} = \frac{(ic_2 e^{-i\alpha t} - ic_1 e^{i\alpha t})}{\alpha} \begin{pmatrix} 1 \\ 0 \end{pmatrix} + \frac{(ic_4 e^{-i\beta t} - ic_3 e^{i\beta t})}{\beta} \begin{pmatrix} 0 \\ 1 \end{pmatrix}.$$

Aquí se ve que el movimiento del sistema se expresa fundamentalmente solo como el movimiento vertical de G (representado en el vector $(1,0)$ y separadamente la rotación del eje que une los resortes, en torno a G, representado en el vector $(0,1)$, y por tanto la solución general del sistema no es más que la combinación lineal de estos dos movimientos fundamentales llamados modos propios. Los valores propios cuando son imaginarios puros representan la frecuencia natural de cada modo propio, en este caso al modo de movimiento vertical $(1,0)$ corresponde la frecuencia propia $w = \alpha$. Una aplicación del conocimiento de este valor es que si se deseara tener un fenómeno de resonancia, bastaría aplicar una fuerza externa sinusoidal sobre el auto con esta misma frecuencia ($F = F_0 \operatorname{sen}(\alpha t)$, F_0 constante). La misma interpretación se tiene para la frecuencia β en el modo $(0,1)$. Para comprobar que este método entrega la misma solución que la exponencial de la matriz, impongamos las mismas condiciones iniciales, para determinar las constantes:

$$\begin{aligned} -c_1 + c_2 &= 0 \\ -c_3 + c_4 &= 0 \\ \tfrac{-i}{\alpha} c_1 + c_2 \tfrac{-i}{\alpha} &= -1 \\ \tfrac{-i}{\beta} c_3 + c_4 \tfrac{-i}{\beta} &= -1 \ , \end{aligned}$$

de donde se obtiene $c_1 = c_2 = c_3 = c_4 = -\frac{1}{2}$, por tanto:

$$\begin{pmatrix} x(t) \\ \theta(t) \end{pmatrix} = \frac{i}{2}(-e^{-i\alpha t} + e^{i\alpha t}) \begin{pmatrix} 1/\alpha \\ 0 \end{pmatrix} + \frac{i}{2}(-e^{-i\beta t} + ie^{i\beta t}) \begin{pmatrix} 0 \\ 1/\beta \end{pmatrix};$$

recordando la identidad $e^{is} - e^{-is} = 2i\,\mathrm{sen}(s)$, se obtiene:

$$\begin{pmatrix} x(t) \\ \theta(t) \end{pmatrix} = -\,\mathrm{sen}(\alpha t) \begin{pmatrix} 1/\alpha \\ 0 \end{pmatrix} - \mathrm{sen}(\beta t) \begin{pmatrix} 0 \\ 1/\beta \end{pmatrix},$$

que es el mismo resultado antes obtenido.

5.5.3. *Exponencial de una matriz que no es diagonalizable*

Si A es una matriz cuadrada cualquiera (en particular no diagonalizable) siempre existe la descomposición denominada *forma canónica de Jordan*, que estudiaremos a continuación. Solo enunciaremos los resultados necesarios para construir la forma de Jordan sin entrar en los detalles teóricos, pues involucran técnicas sutiles de álgebra lineal que no viene al caso estudiar en este curso. El lector interesado puede consultar la bibliografía recomendada al final de este texto.

DEFINICIÓN 5.3. Se llama *bloque de Jordan* de tamaño $k \times k$ y valor propio $\lambda \in \mathbb{C}$ a la matriz $B \in M_{k\times k}(\mathbb{C})$ dada por

$$B = \begin{pmatrix} \lambda & 1 & 0 & \cdots & 0 \\ 0 & \lambda & 1 & \cdots & \vdots \\ \vdots & 0 & \lambda & \ddots & 0 \\ \vdots & \ddots & \ddots & \ddots & 1 \\ 0 & \dots & \dots & 0 & \lambda \end{pmatrix}.$$

Se llama *suprabloque de Jordan* de tamaño $m \times m$ y valor propio $\lambda \in \mathbb{C}$ a una matriz diagonal por bloques, donde cada bloque es un bloque de Jordan de valor propio λ. Una matriz está escrita en *forma canónica de Jordan* si es diagonal por bloques, formada por suprabloques de Jordan.

EJEMPLO 5.5. La siguiente matriz, escrita en la forma canónica de Jordan, está formada por

- un suprabloque de tamaño 2 y valor propio 8, formado a su vez por dos bloques de tamaño 1;
- un suprabloque de tamaño 3 y valor propio 3, formado por un bloque de tamaño 1 y otro de tamaño 2; y
- un suprabloque de tamaño 1 y valor propio 4.

$$\begin{pmatrix} \boxed{8} & 0 & 0 & 0 & 0 & 0 \\ 0 & \boxed{8} & 0 & 0 & 0 & 0 \\ 0 & 0 & \boxed{3} & 0 & 0 & 0 \\ 0 & 0 & 0 & 3 & 1 & 0 \\ 0 & 0 & 0 & 0 & 3 & 0 \\ 0 & 0 & 0 & 0 & 0 & \boxed{4} \end{pmatrix}.$$

PROPOSICIÓN 5.2. *Sea λ valor propio de $A \in M_{n\times n}(\mathbb{C})$ de multiplicidad algebraica m. Sea $E_s = \ker(A - \lambda I)^s$, $s \in \mathbb{N}$, entonces existe p, $1 \leq p \leq m$, tal que:*

$$\{0\} = E_0 \subsetneq E_1 \subsetneq E_2 \subsetneq \cdots E_p = E_{p+1} = E_{p+2} = \cdots.$$

Los espacios E_s, $1 \leq s \leq p$, de la Proposición 5.2 se denominan *espacios propios generalizados de A de orden s* asociados al valor propio λ.
Un elemento no nulo v tal que $v \in E_s$ y $v \notin E_{s-1}$ se dice *vector propio generalizado de A de orden s.*

Observación: Con la definición anterior, los vectores propios usuales son vectores propios generalizados de orden 1.

PROPOSICIÓN 5.3. *v_s es un vector propio generalizado de A de orden s ($s \geq 2$) asociado a λ si, y solo si, $v_{s-1} = (A - \lambda I)v_s$ es un vector propio generalizado de A de orden $s-1$ asociado a λ.*

De la proposición 5.3 tenemos que si tomamos v_s (vector propio generalizado de orden s), entonces v_{s-1} dado por

$$v_{s-1} = (A - \lambda I)v_s \Leftrightarrow Av_s = \lambda v_s + v_{s-1}$$

es un vector propio generalizado de orden $s-1$, y así recursivamente tenemos definidos:

$$\begin{aligned} Av_1 &= \lambda v_1 \\ Av_2 &= \lambda v_2 + v_1 \\ Av_3 &= \lambda v_3 + v_2 \\ &\vdots \\ Av_s &= \lambda v_s + v_{s-1}, \end{aligned}$$

donde v_1 es el vector propio usual. Una cadena $v_1, v_2, ..., v_s$ así construida, se denomina *cadena de Jordan* de largo s, asociada al vector propio v_1. Cuando es maximal ($s = p$) o si $s < p$, entonces el problema

$$(A - \lambda I)v = v_s$$

no tiene solución con v vector propio generalizado de orden $s+1$.

PROPOSICIÓN 5.4. *Los elementos de una cadena de Jordan son linealmente independientes.*

PROPOSICIÓN 5.5. *El número k_s de cadenas de Jordan de largo s es*

$$k_s = 2l_s - l_{s-1} - l_{s+1},$$

donde $l_0 = 0$ y $l_s = \dim E_s = \dim \ker(A - \lambda I)^s$ para $s > 0$.

TEOREMA 5.7 (Descomposición de Jordan). *Toda matriz puede expresarse en la forma canónica de Jordan mediante un cambio de base. Más precisamente, dada una matriz $A \in M_{n\times n}(\mathbb{C})$, existen una matriz J en forma de Jordan y una matriz P invertible tales que*

$$A = PJP^{-1}.$$

Además, la matriz J es única, salvo permutaciones de sus bloques.

Observación: Para construir la descomposición se puede proceder de la siguiente manera:

- Se calculan los valores propios de A.
- Se toma un valor propio λ de multiplicidad algebraica m, y se determina la dimensión de los espacios $\ker(A-\lambda I)^s$, aumentando s hasta m.
- Se calculan los k_s, de donde se obtiene un bloque de Jordan de tamaño k_s asociado a cada cadena, y los respectivos valores propios generalizados asociados determinan la matriz P.

EJEMPLO 5.6. Sea

$$A = \begin{pmatrix} 1 & 0 & 0 & 1 & -1 \\ 0 & 1 & -2 & 3 & -3 \\ 0 & 0 & -1 & 2 & -2 \\ 1 & -1 & 1 & 0 & 1 \\ 1 & -1 & 1 & -1 & 2 \end{pmatrix}.$$

Los valores propios de A son: $\lambda_1 = -1$, con multiplicidad algebraica 1; y $\lambda_2 = 1$, con multiplicidad algebraica 4. La matriz J estará formada por dos suprabloques, uno asociado a cada valor propio.

Como λ_1 tiene multiplicidad 1, solo le correponderá un bloque de Jordan de tamaño 1. Tomamos como vector propio asociado $(0,1,1,0,0)$.

Para λ_2 calculamos:

$$\begin{aligned} l_1 &= \dim\ker(A-I) = 2 \\ l_2 &= \dim\ker(A-I)^2 = 4 \\ l_s &= \dim\ker(A-I)^s = 4, \forall s \geq 2. \end{aligned}$$

Como $l_0 = 0$, tenemos que $k_1 = 0$ y $k_2 = 2$. En virtud de la Proposición 5.5 no hay cadenas de largo 1, pero hay 2 cadenas de largo 2. Cada cadena de largo 2 determina un bloque de 2×2, por lo que tenemos completamente determinada la matriz J:

$$J = \begin{pmatrix} 1 & 1 & 0 & 0 & 0 \\ 0 & 1 & 0 & 0 & 0 \\ 0 & 0 & 1 & 1 & 0 \\ 0 & 0 & 0 & 1 & 0 \\ 0 & 0 & 0 & 0 & -1 \end{pmatrix}.$$

Buscamos ahora los vectores propios generalizados. Para λ_2 tenemos

$$\begin{aligned} (A-I)v_1 = 0 &\Rightarrow v_1 = (\alpha,\alpha,0,\beta,\beta) \\ (A-I)v_2 = v_1 &\Rightarrow v_2 = (\beta+\gamma,\gamma,\gamma,\alpha,\alpha+\delta,\delta). \end{aligned}$$

Si $\alpha = 0, \beta = 1 \Rightarrow v_1 = (0,0,0,1,1) \Rightarrow v_2 = (1+\gamma,\gamma,0,\delta,\delta)$. Si $\gamma = \delta = 0 \Rightarrow v_2 = (1,0,0,0,0)$.

Si $\alpha = 1, \beta = 0 \Rightarrow v_1 = (1,1,0,0,0) \Rightarrow v_2 = (\gamma,\gamma,1,1+\delta,\delta)$. Si $\gamma = \delta = 0 \Rightarrow v_2 = (0,0,1,1,0)$.
La matriz P de cambio de base tiene por columnas los vectores propios generalizados:

$$P = \begin{pmatrix} 0 & 1 & 1 & 0 & 0 \\ 0 & 0 & 1 & 0 & 1 \\ 0 & 0 & 0 & 1 & 1 \\ 1 & 0 & 0 & 1 & 0 \\ 1 & 0 & 0 & 0 & 0 \end{pmatrix}.$$

Para el cálculo de e^{At} en el caso general veamos la siguiente propiedad:

PROPOSICIÓN 5.6. *Sea*

$$M = \begin{pmatrix} M_1 & 0 & \cdots & 0 \\ 0 & M_2 & \ddots & \vdots \\ \vdots & \ddots & \ddots & 0 \\ 0 & \cdots & 0 & M_n \end{pmatrix},$$

una matriz diagonal por bloques. Entonces

$$e^M = \begin{pmatrix} e^{M_1} & 0 & \cdots & 0 \\ 0 & e^{M_2} & \ddots & \vdots \\ \vdots & \ddots & \ddots & 0 \\ 0 & \cdots & 0 & e^{M_n} \end{pmatrix}.$$

PRUEBA. Basta observar que las matrices por bloques se pueden multiplicar como si los bloques fueran escalares:

$$\begin{aligned} M^2 &= \begin{pmatrix} M_1 & 0 & \cdots & 0 \\ 0 & M_2 & \ddots & \vdots \\ \vdots & \ddots & \ddots & 0 \\ 0 & \cdots & 0 & M_n \end{pmatrix} \begin{pmatrix} M_1 & 0 & \cdots & 0 \\ 0 & M_2 & \ddots & \vdots \\ \vdots & \ddots & \ddots & 0 \\ 0 & \cdots & 0 & M_n \end{pmatrix} \\ &= \begin{pmatrix} M_1^2 & 0 & \cdots & 0 \\ 0 & M_2^2 & \ddots & \vdots \\ \vdots & \ddots & \ddots & 0 \\ 0 & \cdots & 0 & M_n^2 \end{pmatrix}. \end{aligned}$$

Luego, por inducción,

$$M^k = \begin{pmatrix} M_1^k & 0 & \cdots & 0 \\ 0 & M_2^k & \ddots & \vdots \\ \vdots & \ddots & \ddots & 0 \\ 0 & \cdots & 0 & M_n^k \end{pmatrix}$$

y de allí concluimos que

$$e^M = \begin{pmatrix} e^{M_1} & 0 & \cdots & 0 \\ 0 & e^{M_2} & \ddots & \vdots \\ \vdots & \ddots & \ddots & 0 \\ 0 & \cdots & 0 & e^{M_n} \end{pmatrix}.$$

□

Calculemos ahora la exponencial de un bloque de Jordan de tamaño m:

$$e^{Jt} = e^{(\lambda I + N)t}, \quad \text{donde} \quad N = \begin{pmatrix} 0 & 1 & 0 & 0 \\ \vdots & \ddots & \ddots & \vdots \\ \vdots & \ddots & \ddots & 1 \\ 0 & \cdots & \cdots & 0 \end{pmatrix}.$$

Claramente λI y N conmutan. Luego

$$e^{Jt} = e^{\lambda I t + Nt} = e^{\lambda I t} e^{Nt} = e^{\lambda t} e^{Nt}$$

por la propiedad 5 de la Proposición 5.1 Solo nos resta calcular e^{Nt}. Para esto veamos las potencias de N:

$$\begin{aligned} N^0 &= I \\ N^1 &= N \\ N^2 &= \begin{pmatrix} 0 & 1 & 0 & 0 \\ \vdots & \ddots & \ddots & \vdots \\ \vdots & \ddots & \ddots & 1 \\ 0 & \cdots & \cdots & 0 \end{pmatrix} \begin{pmatrix} 0 & 1 & 0 & 0 \\ \vdots & \ddots & \ddots & \vdots \\ \vdots & \ddots & \ddots & 1 \\ 0 & \cdots & \cdots & 0 \end{pmatrix} \\ &= \begin{pmatrix} 0 & 0 & 1 & 0 \\ \vdots & \ddots & \ddots & 1 \\ \vdots & \ddots & \ddots & 0 \\ 0 & \cdots & \cdots & 0 \end{pmatrix}. \end{aligned}$$

Así sucesivamente la línea de unos va alejándose de la diagonal principal. Al final va quedando

$$\begin{aligned} N^{m-1} &= \begin{pmatrix} 0 & 0 & 0 & 1 \\ \vdots & \ddots & \ddots & 0 \\ \vdots & \ddots & \ddots & 0 \\ 0 & \cdots & \cdots & 0 \end{pmatrix} \\ N^m &= 0_{m \times m}, \end{aligned}$$

donde $0_{m\times m}$ denota la matriz nula de tamaño $m \times m$. Vemos entonces que N es una matriz nilpotente de orden m, y la exponencial se escribe como una suma finita

$$\begin{aligned} e^{Nt} &= \sum_{k=0}^{\infty} \frac{N^k t^k}{k!} = \sum_{k=0}^{m-1} \frac{N^k t^k}{k!} \\ &= I + tN + \frac{t^2}{2!} N^2 + \cdots + \frac{t^{m-1}}{(m-1)!} N^{m-1} \\ &= \begin{pmatrix} 1 & t & \frac{t^2}{2!} & \cdots & \frac{t^{m-1}}{(m-1)!} \\ \vdots & \ddots & \ddots & \ddots & \vdots \\ \vdots & \ddots & \ddots & \ddots & \frac{t^2}{2!} \\ \vdots & \ddots & \ddots & \ddots & t \\ 0 & \cdots & \cdots & \cdots & 1 \end{pmatrix}. \end{aligned}$$

En conclusión, e^{Nt} es una matriz triangular superior de la forma

$$[e^{Nt}]_{ij} = \begin{cases} \frac{t^k}{k!} & \text{si} \quad j - i = k \geqslant 0 \\ 0 & \text{si} \quad j - i < 0 \end{cases}.$$

Finalmente,

$$e^{Jt} = e^{\lambda t} \begin{pmatrix} 1 & t & \frac{t^2}{2!} & \cdots & \frac{t^{m-1}}{(m-1)!} \\ \vdots & \ddots & \ddots & \ddots & \vdots \\ \vdots & \ddots & \ddots & \ddots & \frac{t^2}{2!} \\ \vdots & \ddots & \ddots & \ddots & t \\ 0 & \cdots & \cdots & \cdots & 1 \end{pmatrix}.$$

De esta forma hemos demostrado el siguiente resultado:

PROPOSICIÓN 5.7. *Sea $A \in M_{n\times n}(\mathbb{C})$, y sea $A = PJP^{-1}$ su representación en forma canónica de Jordan. Entonces*

$$e^{At} = P \begin{pmatrix} e^{J_1 t} & \dots & 0 \\ \vdots & \ddots & \vdots \\ 0 & \dots & e^{J_n t} \end{pmatrix} P^{-1}.$$

EJEMPLO 5.7. Consideremos el sistema:

$$X' = AX,$$

con condición inicial $X(0) = X_0$, donde la matriz A está dada en el Ejemplo 5.6. Ya habíamos calculado su forma canónica de Jordan. En virtud de la proposición anterior se tiene que la solución es:

$$X(t) = P \begin{pmatrix} e^t & te^t & 0 & 0 & 0 \\ 0 & e^t & 0 & 0 & 0 \\ 0 & 0 & e^t & te^t & 0 \\ 0 & 0 & 0 & e^t & 0 \\ 0 & 0 & 0 & 0 & e^{-t} \end{pmatrix} P^{-1} X_0,$$

donde P es la matriz de cambio de base descrita en el Ejemplo 5.6.

En el siguiente ejemplo se muestra una aplicación de la forma canónica de Jordan a un sistema dinámico discreto.

EJEMPLO 5.8 (Equilibrio Marino). Suponga que la población de ballenas b, plancton p y la temperatura del mar T están regidas por el siguiente sistema discreto, donde n designa el año y $\lambda > 0$ es un parámetro de crecimiento:

$$\begin{aligned} b_{n+1} &= \lambda b_n + p_n \\ p_{n+1} &= \lambda p_n + T_n \\ T_{n+1} &= \lambda T_n, \end{aligned}$$

con condiciones iniciales b_0, p_0, T_0 positivas.

Se quiere saber cómo evoluciona este sistema en el tiempo, dependiendo del parámetro λ. El sistema anterior se puede escribir como:

$$\begin{pmatrix} b_{n+1} \\ p_{n+1} \\ T_{n+1} \end{pmatrix} = \begin{pmatrix} \lambda & 1 & 0 \\ 0 & \lambda & 1 \\ 0 & 0 & \lambda \end{pmatrix} \begin{pmatrix} b_n \\ p_n \\ T_n \end{pmatrix}, \quad \text{con condición inicial} \begin{pmatrix} b_0 \\ p_0 \\ T_0 \end{pmatrix}.$$

Consideremos primero un caso más general de sistemas discretos:

$$X_{n+1} = AX_n + B_n, \quad n \geq 0,$$

con condición inicial $X_0 \in \mathbb{R}^d$, donde $A \in M_{d\times d}(\mathbb{R})$, $B_n \in \mathbb{R}^d$, $n \geq 0$. Como X_0 es la condición inicial, iterando tenemos:

$$\begin{aligned}
X_1 &= AX_0 + B_0 \\
X_2 &= AX_1 + B_1 = A(AX_0 + B_0) + B_1 = A^2X_0 + AB_0 + B_1 \\
X_3 &= AX_2 + B_2 = A^3X_0 + A^2B_0 + AB_1 + B_2 \\
&\vdots \\
X_n &= A^nX_0 + \sum_{j=1}^{n} A^{n-j}B_{j-1}.
\end{aligned}$$

Probemos por inducción que efectivamente la solución del sistema está dada por:

$$X_n = A^nX_0 + \sum_{j=1}^{n} A^{n-j}B_{j-1}, \quad n \geq 1$$

Para $n = 1$ resulta

$$X_1 = AX_0 + B_0,$$

que es solución del sistema. Suponemos ahora que $X_n = A^nX_0 + \sum_{j=1}^{n} A^{n-j}B_{j-1}$ satisface el sistema propuesto. Hay que probar que

$$X_{n+1} = A^{n+1}X_0 + \sum_{j=1}^{n+1} A^{n+1-j}B_{j-1}$$

también lo satisface. En efecto,

$$\begin{aligned}
X_{n+1} &= A^{n+1}X_0 + \sum_{j=1}^{n+1} A^{n+1-j}B_{j-1} \\
&= A^{n+1}X_0 + \sum_{j=1}^{n} A^{n+1-j}B_{j-1} + A^{n+1-(n+1)}B_{(n+1)-1} \\
&= A^{n+1}X_0 + A\sum_{j=1}^{n} A^{n-j}B_{j-1} + I_{d\times d}B_n \\
&= A\left(A^nX_0 + \sum_{j=1}^{n} A^{n-j}B_{j-1}\right) + B_n \\
&= AX_n + B_n.
\end{aligned}$$

Estudiemos ahora la solución del sistema discreto homogéneo, para el caso en que A sea diagonalizable, es decir $A = PDP^{-1}$, con P invertible y

$$D = \begin{pmatrix} \lambda_1 & \cdots & 0 \\ \vdots & \ddots & \vdots \\ 0 & \cdots & \lambda_d \end{pmatrix}, \quad \text{donde } \lambda_1, \ldots \lambda_d \text{ son los valores propios de } A.$$

Según lo anterior, la solución de este sistema será: $X_n = A^nX_0$, pero $A^n = PD^nP^{-1}$, entonces:

$$X_n = P \begin{pmatrix} \lambda_1^n & \cdots & 0 \\ \vdots & \ddots & \vdots \\ 0 & \cdots & \lambda_d^n \end{pmatrix} P^{-1}X_0.$$

De esta forma si queremos que nuestro problema tenga solución, es decir, que exista $\lim_{n\to\infty} X_n$, debemos imponer que $\lim_{n\to\infty} \lambda_k^n$ exista $\forall k = 1, \ldots, d$, lo que equivale a pedir que $|\lambda_k| < 1$ o $\lambda_k = 1$, $\forall k = 1, \dots, d$.

Si volvemos al problema específico de las ballenas, estamos en el caso de un sistema homogéneo discreto, pero donde la matriz A no es diagonalizable (tiene la forma de un bloque de Jordan). Sin embargo, sigue siendo válida la solución $X_n = A^n X_0$. Solo resta calcular A^n. Para esto usaremos la siguiente propiedad:

$$AB = BA \Rightarrow (A+B)^n = \sum_{k=0}^{n} \binom{n}{k} A^k B^{n-k}, \forall n \geq 0,$$

es decir, si la matrices conmutan, se tiene la propiedad del binomio de Newton. La demostración puede hacerse por inducción, al igual que en el caso escalar. En este caso podemos usar esta fórmula, pues claramente

$$\lambda I_d N = \lambda N = N\lambda = N\lambda I_d.$$

Luego:

$$A^n = (\lambda I_d + N)^n = \sum_{k=0}^{n} \binom{n}{k} \lambda^k I^k N^{n-k} = \sum_{k=0}^{n} \binom{n}{k} \lambda^k N^{n-k},$$

con N una matriz nilpotente de orden 3, pero $N^{n-k} = 0$ cuando $n - k \geq 3 \Rightarrow n - 3 \geq k$, luego la suma sin los términos nulos queda:

$$\begin{aligned}
A^n &= \sum_{k=n-2}^{n} \binom{n}{k} \lambda^k N^{n-k} \\
&= \binom{n}{n-2} \lambda^{n-2} N^2 + \binom{n}{n-1} \lambda^{n-1} N + \binom{n}{n} \lambda^n I \\
&= \frac{n(n-1)}{2} \lambda^{n-2} N^2 + n\lambda^{n-1} N + \lambda^n I.
\end{aligned}$$

En el desarrollo sobre las formas de Jordan, habíamos calculado todas las potencias de una matriz nilpotente, resulta entonces:

$$\begin{aligned}
A^n &= \frac{n(n-1)}{2} \lambda^{n-2} N^2 + n\lambda^{n-1} N + \binom{n}{n} \lambda^n I \\
&= \frac{n(n-1)}{2} \lambda^{n-2} \begin{pmatrix} 0 & 0 & 1 \\ 0 & 0 & 0 \\ 0 & 0 & 0 \end{pmatrix} + n\lambda^{n-1} \begin{pmatrix} 0 & 1 & 0 \\ 0 & 0 & 1 \\ 0 & 0 & 0 \end{pmatrix} + \lambda^n I \\
&= \begin{pmatrix} \lambda^n & n\lambda^{n-1} & \frac{n(n-1)}{2} \lambda^{n-2} \\ 0 & \lambda^n & n\lambda^{n-1} \\ 0 & 0 & \lambda^n \end{pmatrix}.
\end{aligned}$$

De esta forma vemos que se repite la solución que teníamos para el caso diagonalizable: independiente de las condiciones iniciales, nuestro modelo indica que cuando $n \to \infty$, si $|\lambda| > 1$, el sistema diverge, es decir, las poblaciones de ballenas y plancton se expanden indefinidamente, al igual que la temperatura, mientras que si $|\lambda| < 1$, las poblaciones se extinguen y la temperatura del mar desciende a 0. En el caso crítico $|\lambda| = 1$ se tiene que las poblaciones animales divergen, pero con temperatura constante del mar T_0.

EJEMPLO 5.9. Supongamos que se tienen 4 estanques conectados por tuberías, como se muestra en la figura.

En el estanque j, que tiene volumen V_j, hay una cantidad C_j de una sustancia en solución. Por todas las tuberías corre un flujo F de solución. La solución que

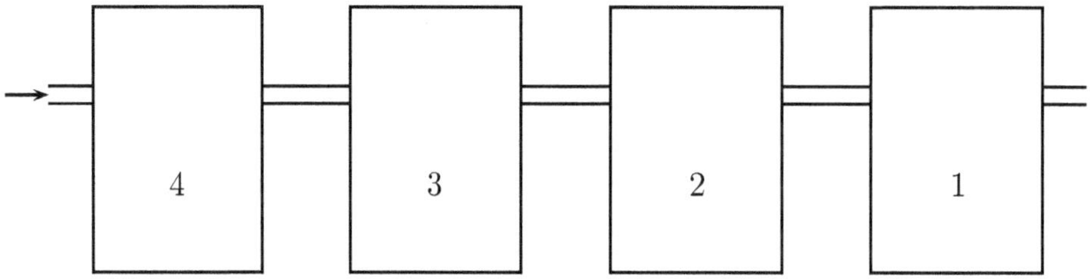

FIGURA 3. Sistema de estanques en serie.

entra al estanque 4 tiene una concentración m_0. Esto nos da el siguiente sistema para las cantidades $C_1, \ldots, C_4$:

$$\begin{cases} C_1' &= -K_1C_1 + K_2C_2 \\ C_2' &= -K_2C_2 + K_3C_3 \\ C_3' &= -K_3C_3 + K_4C_4 \\ C_4' &= -K_4C_4 + m_0F, \end{cases}$$

donde $K_j = F/V_j$. Escrito en forma matricial esto es

$$\begin{pmatrix} C_1 \\ C_2 \\ C_3 \\ C_4 \end{pmatrix}' = \begin{pmatrix} -K_1 & K_2 & 0 & 0 \\ 0 & -K_2 & K_3 & 0 \\ 0 & 0 & -K_3 & K_4 \\ 0 & 0 & 0 & -K_4 \end{pmatrix} \begin{pmatrix} C_1 \\ C_2 \\ C_3 \\ C_4 \end{pmatrix} + \begin{pmatrix} 0 \\ 0 \\ 0 \\ m_0F \end{pmatrix}.$$

Nos queda una matriz triangular superior. Si todos los estanques tienen distinto volumen, la matriz es diagonalizable pues tiene 4 valores propios distintos. Si por el contrario, todos los estanques tienen el mismo volumen V, escribimos $K = F/V$ y el sistema se reduce a

$$\begin{pmatrix} C_1 \\ C_2 \\ C_3 \\ C_4 \end{pmatrix}' = K \begin{pmatrix} -1 & 1 & 0 & 0 \\ 0 & -1 & 1 & 0 \\ 0 & 0 & -1 & 1 \\ 0 & 0 & 0 & -1 \end{pmatrix} \begin{pmatrix} C_1 \\ C_2 \\ C_3 \\ C_4 \end{pmatrix} + \begin{pmatrix} 0 \\ 0 \\ 0 \\ m_0F \end{pmatrix}.$$

Si denotamos

$$A = K \begin{pmatrix} -1 & 1 & 0 & 0 \\ 0 & -1 & 1 & 0 \\ 0 & 0 & -1 & 1 \\ 0 & 0 & 0 & -1 \end{pmatrix}$$

entonces

$$e^{At} = e^{-Kt} \begin{pmatrix} 1 & Kt & \frac{1}{2}K^2t^2 & \frac{1}{6}K^3t^3 \\ 0 & 1 & Kt & \frac{1}{2}K^2t^2 \\ 0 & 0 & 1 & Kt \\ 0 & 0 & 0 & 1 \end{pmatrix}.$$

Se deja al lector o a la lectora escribir la solución general usando la fórmula de variación de parámetros y analizar los casos en que hay algún volumen (y por lo tanto algún valor propio) repetido.

5.5.4. *Sistemas lineales y transformada de Laplace*

También es posible resolver sistemas lineales usando la transformada de Laplace. Para comenzar con un ejemplo simple, consideremos el sistema

$$\begin{cases} x_1' &= a_{11}x_1 + a_{12}x_2 + b_1 \\ x_2' &= a_{21}x_1 + a_{22}x_2 + b_2. \end{cases}$$

Si queremos encontrar soluciones definidas para $t > 0$ podemos intentar aplicar la transformada de Laplace a cada una de las ecuaciones. Obtenemos

$$\begin{aligned} s\mathcal{L}x_1 - x_1^0 &= a_{11}\mathcal{L}x_1 + a_{12}\mathcal{L}x_2 + \mathcal{L}b_1 \\ s\mathcal{L}x_2 - x_2^0 &= a_{21}\mathcal{L}x_1 + a_{22}\mathcal{L}x_2 + \mathcal{L}b_2, \end{aligned}$$

donde $x_1^0 = x_1(0)$ y $x_2^0 = x_2(0)$. Así tenemos el sistema:

$$\begin{aligned} (s - a_{11})\mathcal{L}x_1 - a_{12}\mathcal{L}x_2 &= \mathcal{L}b_1 + x_1^0 \\ -a_{21}\mathcal{L}x_1 + (s - a_{22})\mathcal{L}x_2 &= \mathcal{L}b_2 + x_2^0. \end{aligned}$$

Si multiplicamos la primera ecuación por $s - a_{22}$ y la segunda por a_{12} podemos reducir $\mathcal{L}x_2$ y obtener

$$P(s)\mathcal{L}(x_1) = \phi(s),$$

donde

$$\begin{aligned} P(s) &= (s^2 - (a_{11} + a_{22})s + a_{11}a_{22} - a_{12}a_{21}) \\ \phi(s) &= (s - a_{22})(\mathcal{L}b_1 + x_1^0) + a_{12}(\mathcal{L}b_2 + x_2^0). \end{aligned}$$

Despejando obtenemos expresiones para $\mathcal{L}x_1$ y $\mathcal{L}x_2$:

$$\begin{aligned} \mathcal{L}x_1 &= \frac{(s - a_{22})(\mathcal{L}b_1 + x_1^0) + a_{12}(\mathcal{L}b_2 + x_2^0)}{s^2 - (a_{11} + a_{22})s + a_{11}a_{22} - a_{12}a_{21}} \\ \mathcal{L}x_2 &= \frac{(s - a_{11})(\mathcal{L}b_2 + x_2^0) + a_{21}(\mathcal{L}b_1 + x_1^0)}{s^2 - (a_{11} + a_{22})s + a_{11}a_{22} - a_{12}a_{21}}. \end{aligned}$$

EJEMPLO 5.10 (Polución en dos estanques, continuación). Si reemplazamos los valores que teníamos en el sistema de los estanques en el Ejemplo 5.1 obtenemos

$$\left[s^2 + \frac{2b(1+\lambda)}{V}s + \frac{b^2(1+\lambda)}{V^2}\right]\mathcal{L}x_1 = \left[s + \frac{b(1+\lambda)}{V}\right]\left[\frac{b\sigma}{s} + x_1^0\right] + \frac{bx_2^0\lambda}{V}.$$

Resolvamos la ecuación cuadrática del lado izquierdo:

$$s = \frac{-b(1+\lambda)}{V} \pm \frac{b(1+\lambda)}{V}\underbrace{\sqrt{1 - \frac{1}{1+\lambda}}}_{\theta}.$$

Si $\lambda \geq 0$ entonces $\theta \in [0, 1]$ y

$$s_1 = \frac{-b(1+\lambda)}{V}(1+\theta) < 0 \qquad \text{y} \qquad s_2 = \frac{-b(1+\lambda)}{V}(1-\theta) < 0.$$

Si introducimos los parámetros

$$\alpha = \frac{b(1+\lambda)}{V}, \ \beta = \frac{b\lambda}{V},$$

vemos que

$$\begin{aligned}\mathcal{L}x_1 &= \frac{b\sigma+\alpha x_1^0+\beta x_2^0}{(s+\alpha(1+\theta))(s+\alpha(1-\theta))}+\frac{sx_1^0}{(s+\alpha(1+\theta))(s+\alpha(1-\theta))}\\ &\quad+\frac{\alpha b\sigma}{s(s+\alpha(1+\theta))(s+\alpha(1-\theta))}\\ \mathcal{L}x_2 &= \frac{\alpha(x_1^0+x_2^0)}{(s+\alpha(1+\theta))(s+\alpha(1-\theta))}+\frac{sx_2^0}{(s+\alpha(1+\theta))(s+\alpha(1-\theta))}\\ &\quad+\frac{\alpha b\sigma}{s(s+\alpha(1+\theta))(s+\alpha(1-\theta))}.\end{aligned}$$

Los tres sumandos de cada ecuación anterior tienen una antitransformada conocida:

$$\begin{aligned}\mathcal{L}^{-1}\left[\frac{1}{(s-a)(s-b)}\right] &= \frac{e^{at}-e^{bt}}{a-b}\\ \mathcal{L}^{-1}\left[\frac{s}{(s-a)(s-b)}\right] &= \frac{ae^{at}-be^{bt}}{a-b}\\ \mathcal{L}^{-1}\left[\frac{1}{(s-a)(s-b)(s-c)}\right] &= \frac{(c-b)e^{at}+(a-c)e^{bt}+(b-a)e^{ct}}{(a-b)(b-c)(c-a)}.\end{aligned}$$

Por lo tanto las soluciones son:

$$\begin{aligned}x_1 &= -(b\sigma+\alpha x_1^0+\beta x_2^0)\frac{e^{-\alpha(1+\theta)t}-e^{-\alpha(1-\theta)t}}{2\alpha\theta}\\ &\quad+x_1^0\frac{(1+\theta)e^{-\alpha(1+\theta)t}-(1-\theta)e^{-\alpha(1-\theta)t}}{2\theta}\\ &\quad+\alpha b\sigma\frac{(1-\theta)e^{-\alpha(1+\theta)t}-(1+\theta)e^{-\alpha(1-\theta)t}+2\theta}{2\alpha^2\theta(1-\theta^2)}\\ x_2 &= -\alpha(x_1^0+x_2^0)\frac{e^{-\alpha(1+\theta)t}-e^{-\alpha(1-\theta)t}}{2\alpha\theta}\\ &\quad+x_2^0\frac{(1+\theta)e^{-\alpha(1+\theta)t}-(1-\theta)e^{-\alpha(1-\theta)t}}{2\theta}\\ &\quad\alpha b\sigma\frac{(1-\theta)e^{-\alpha(1+\theta)t}-(1+\theta)e^{-\alpha(1-\theta)t}+2\theta}{2\alpha^2\theta(1-\theta^2)}.\end{aligned}$$

Luego

$$\begin{aligned}x_1 &= C_1e^{s_1t}+C_2e^{s_2t}+C_3\\ x_2 &= \widetilde{C}_1e^{s_1t}+\widetilde{C}_2e^{s_2t}+\widetilde{C}_3,\end{aligned}$$

donde $C_1,\widetilde{C}_1,C_2,\widetilde{C}_2,C_3,\widetilde{C}_3$ son constantes dadas de la agrupación de términos semejantes en las expresiones anteriores, y que dependen solo de las condiciones iniciales y de la geometría del sistema.

Es importante notar que cuando $t\to\infty$ las soluciones convergen a un *estado estacionario*, que es una solución constante. En efecto, dado que $s_1,s_2<0$ tenemos

$$\begin{aligned}\lim_{t\to\infty}x_1(t) &= C_3 = \tfrac{b\sigma}{\alpha(1-\theta^2)} = \sigma V\\ \lim_{t\to\infty}x_2(t) &= \widetilde{C}_3 = \tfrac{b\sigma}{\alpha(1-\theta^2)} = \sigma V.\end{aligned}$$

Después de un tiempo suficientemente largo, la cantidad de contaminante en cada estanque será muy cercana a σV, independientemente del valor de $\lambda > 0$. Notar que para $\lambda = 0$ se tiene que $s_1 = s_2 = -\alpha$ y la solución tiene la forma $x_1 = D_1 e^{-\alpha t} + D_2 t e^{-\alpha t} + \sigma V$, $x_1 = \widetilde{D}_1 e^{\alpha t} + \widetilde{D}_2 t e^{-\alpha t} + \sigma V$ que es también la que se obtiene cuando $\theta \to 0$, esto se deja de ejercicio. Graficando las soluciones (ver Figura 4) para $\lambda > 0$ y $\lambda = 0$ se aprecia que la polución en los estanques es menor al principio en el caso $\lambda > 0$ y para un buen intervalo de tiempo, pero la concentración asintótica es la misma.

Ejercicio Propuesto 5.2. Resuelva el sistema de estanques del Ejemplo 5.1 y Ejemplo 5.10 usando el método de la exponencial de matrices.

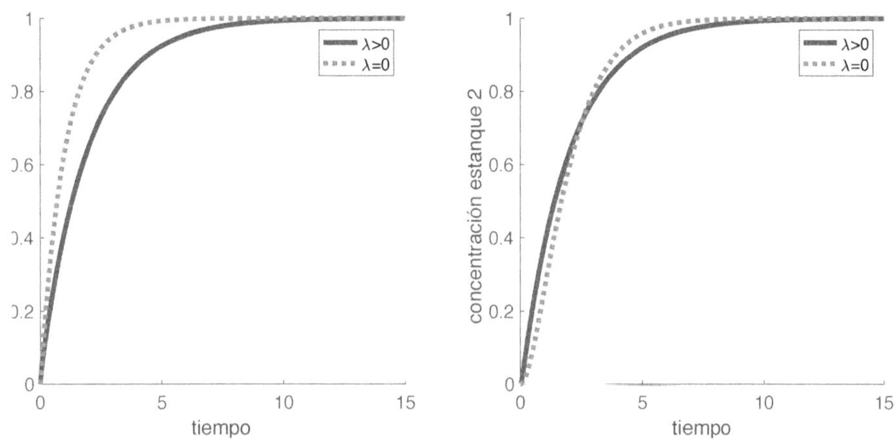

Figura 4. Comportamiento de la polución en estanques 1 y 2 del Ejemplo 5.10.

Veamos ahora el método de la transformada de Laplace en caso de un sistema lineal general *a coeficientes constantes*:

$$\left\{ \begin{array}{rcll} X'(t) & = & AX(t) + B(t), & \text{con} \quad B, X \in \mathbb{R}^n, A \in M_{n\times n}(\mathbb{R}) \\ X(0) & = & X_0, & \text{con} \quad X_0 \in \mathbb{R}^n. \end{array} \right. \tag{40}$$

La i-ésima fila del sistema es

$$x_i' = \sum_{j=1}^{n} a_{ij} x_j + b_i, \qquad x_i(0) = x_i^0.$$

Aplicando la transformada de Laplace a cada ecuación obtenemos

$$\begin{aligned} s\mathcal{L}x_i - x_i^0 &= \sum_{j=1}^{n} a_{ij}\mathcal{L}x_j + \mathcal{L}b_i, \qquad i = 1, ..., n \\ s\mathcal{L}x_i - \sum_{j=1}^{n} a_{ij}\mathcal{L}x_j &= \mathcal{L}b_i - x_i^0, \qquad i = 1, ..., n. \end{aligned}$$

Escrito en forma matricial esto es

$$\begin{aligned} s\mathcal{L}X(s) - A\mathcal{L}X(s) &= \mathcal{L}B(s) + X_0 \\ (sI - A)\mathcal{L}(X)(s) &= \mathcal{L}B(s) + X_0. \end{aligned}$$

Sea M el máximo de las partes reales de los valores propios de A. Si $s > M$ entonces la matriz $(sI - A)$ es invertible y podemos despejar $\mathcal{L}(X)$.

TEOREMA 5.8. *La solución del sistema lineal* (40) *satisface*

$$\mathcal{L}(X)(s) = (sI - A)^{-1}(\mathcal{L}(B)(s) + X_0), \quad s > M.$$

EJEMPLO 5.11 (Masas atmosféricas). El siguiente es un modelo para la evolución de las masas atmosféricas en kilotoneladas [kton] de un contaminante en el hemisferio norte (c_1) y el hemisferio sur (c_2) de la Tierra (ver Figura 5):

$$\left\{ \begin{array}{l} c_1' = f_1 - \alpha(c_1 - c_2) - \beta c_1 \\ c_2' = f_2 - \alpha(c_2 - c_1) - \beta c_2. \end{array} \right. \tag{41}$$

La constante $\alpha > 0$ representa inverso del tiempo de intercambio interhemisférico en [1/año] y la constante $\beta > 0$ (desconocida) el inverso del tiempo de vida química del contaminante en [1/año]. Las emisiones del contaminante en cada hemisferio son constantes conocidas $f_1 = 30$ y $f_2 = 10$ en [kton/año]. Inicialmente $c_1^0 = 84$ y $c_2^0 = 60$ en [kton].

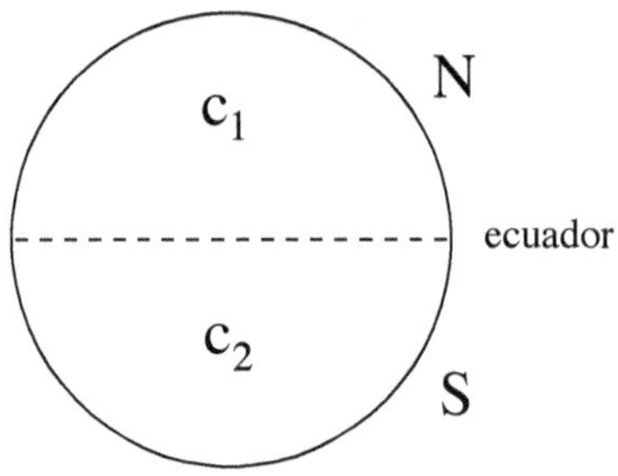

FIGURA 5. Masas atmosféricas del Ejemplo 5.11.

Introduzcamos la masa media entre los dos hemisferios como $\overline{c}(t) = \frac{1}{2}(c_1(t) + c_2(t))$ y la emisión media como $\overline{f} = \frac{1}{2}(f_1 + f_2)$. Si derivamos la expresión de la masa media con respecto al tiempo obtenemos

$$\overline{c}'(t) = \frac{1}{2}(c_1'(t) + c_2'(t)).$$

Luego, si sumamos las EDO que tenemos para c_1 y c_2, nos queda

$$\begin{array}{rcl} c_1' + c_2' & = & 2\overline{c}' = (f_1 + f_2) - \alpha(c_1 - c_2 + c_2 - c_1) - \beta(c_1 + c_2) \\ \overline{c}' & = & \overline{f} - \beta\overline{c}, \end{array}$$

que es una EDO lineal de primer orden para $\overline{c}$. La condición inicial está dada por

$$\overline{c}(0) = \frac{1}{2}(c_1(0) + c_2(0)) = \frac{1}{2}(84 + 60)[kton] = 72[kton].$$

La solución del problema de Cauchy asociado es

$$\overline{c}(t) = 72e^{-\beta t} + \frac{\overline{f}}{\beta}(1 - e^{-\beta t}).$$

Se estima que el límite de $\overline{c}(t)$ cuando $t \to +\infty$ es de 100 [kton]. De allí podemos encontrar una estimación para el tiempo de vida del contaminante

$$\lim_{t\to\infty} \overline{c}(t) = 100[kton] = \lim_{t\to\infty} \left[72e^{-\beta t} + \frac{\overline{f}}{\beta}(1 - e^{-\beta t})\right] = \frac{\overline{f}}{\beta}.$$

Como $\overline{f} = 20$ [kton/año], tenemos que

$$\beta^{-1} = \frac{100[\text{kton}]}{20[\text{kton/año}]} = 5 \text{ [años]}.$$

El tiempo estimado de vida del contaminante es de 5 años.

Resolveremos ahora el sistema (41) utilizando la transformada de Laplace. Primero escribimos el sistema en forma matricial como $C' = AC + B$, donde

$$A = \begin{pmatrix} -\alpha-\beta & \alpha \\ \alpha & -\alpha-\beta \end{pmatrix} \quad \text{y} \quad B = \begin{pmatrix} f_1 \\ f_2 \end{pmatrix}.$$

El Teorema 5.8 nos dice que

$$\begin{aligned} \mathcal{L}(X)(s) &= (sI-A)^{-1}(\mathcal{L}B(s)+X_0) \\ &= \begin{pmatrix} s+\alpha+\beta & -\alpha \\ -\alpha & s+\alpha+\beta \end{pmatrix}^{-1} \begin{pmatrix} \frac{f_1}{s}+c_1^0 \\ \frac{f_2}{s}+c_2^0 \end{pmatrix} \\ &= \begin{pmatrix} k_1\phi_1(s)+k_2\phi_2(s)+k_3\phi_3(s) \\ \tilde{k}_1\phi_1(s)+\tilde{k}_2\phi_2(s)+\tilde{k}_3\phi_3(s) \end{pmatrix}, \end{aligned}$$

donde

$$\begin{aligned} k_1 &= f_1 + c_2^0\alpha + c_1^0\alpha + c_1^0\beta & \tilde{k}_1 &= f_2 + c_1^0\alpha + c_2^0\alpha + c_2^0\beta \\ k_2 &= c_1^0 & \tilde{k}_2 &= c_2^0 \\ k_3 &= f_1\alpha + f_1\beta + f_2\alpha & \tilde{k}_3 &= f_2\alpha + f_2\beta + f_1\alpha \end{aligned}$$

son constantes conocidas y

$$\begin{aligned} \phi_1(s) &= \frac{1}{(s+\beta)(s+2\alpha+\beta)} \\ \phi_2(s) &= \frac{s}{(s+\beta)(s+2\alpha+\beta)} \\ \phi_3(s) &= \frac{1}{s(s+\beta)(s+2\alpha+\beta)} \end{aligned}$$

son funciones cuyas antitransformadas debemos encontrar para determinar el vector X. Para ello vamos a descomponerlas en fracciones parciales.

$$\begin{aligned} \phi_1(s) &= \frac{1}{(s+\beta)(s+2\alpha+\beta)} \\ &= \frac{1}{2\alpha(s+\beta)} - \frac{1}{2\alpha(s+2\alpha+\beta)}, \\ \phi_2(s) &= \frac{s}{(s+\beta)(s+2\alpha+\beta)} \\ &= \frac{s}{2\alpha(s+\beta)} - \frac{s}{2\alpha(s+2\alpha+\beta)}, \\ \phi_3(s) &= \frac{1}{s(s+\beta)(s+2\alpha+\beta)} \\ &= \frac{1}{\beta(2\alpha+\beta)s} - \frac{1}{(2\alpha\beta)(s+\beta)} + \frac{1}{2\alpha(2\alpha+\beta)(s+2\alpha+\beta)}. \end{aligned}$$

Recordando que

$$\mathcal{L}^{-1}\left[\frac{1}{s+a}\right](t) = e^{-at} \qquad \text{y} \qquad \mathcal{L}^{-1}\left[\frac{s}{s+a}\right](t) = \delta(t) - ae^{-at},$$

vemos que

$$\begin{aligned}
\mathcal{L}^{-1}[\phi_1(s)] &= \mathcal{L}^{-1}\left[\frac{1}{2\alpha(s+\beta)} - \frac{1}{2\alpha(s+2\alpha+\beta)}\right] \\
&= \frac{1}{2\alpha}\mathcal{L}^{-1}\left[\frac{1}{s+\beta}\right] - \frac{1}{2\alpha}\mathcal{L}^{-1}\left[\frac{1}{s+2\alpha+\beta}\right] \\
&= \frac{1}{2\alpha}e^{-\beta t} - \frac{1}{2\alpha}e^{-(2\alpha+\beta)t}, \\
\mathcal{L}^{-1}[\phi_2(s)] &= \frac{1}{2\alpha}\mathcal{L}^{-1}\left[\frac{s}{s+\beta}\right] - \frac{1}{2\alpha}\mathcal{L}^{-1}\left[\frac{s}{s+2\alpha+\beta}\right] \\
&= \frac{1}{2\alpha}(\delta(t) - \beta e^{-\beta t} - \delta(t) + (2\alpha+\beta)e^{-(2\alpha+\beta)t}) \\
&= \frac{1}{2\alpha}\left((2\alpha+\beta)e^{-(2\alpha+\beta)t} - \beta e^{-\beta t}\right), \\
\mathcal{L}^{-1}[\phi_3(s)] &= \frac{1}{\beta(2\alpha+\beta)}\mathcal{L}^{-1}\left[\frac{1}{s}\right] - \frac{1}{2\alpha\beta}\mathcal{L}^{-1}\left[\frac{1}{s+\beta}\right] \\
&\quad + \frac{1}{2\alpha(2\alpha+\beta)}\mathcal{L}^{-1}\left[\frac{1}{s+2\alpha+\beta}\right] \\
&= \frac{1}{\beta(2\alpha+\beta)} - \frac{1}{2\alpha\beta}e^{-\beta t} + \frac{1}{2\alpha(2\alpha+\beta)}e^{-(2\alpha+\beta)t}.
\end{aligned}$$

Finalmente, agrupando constantes, la cantidad de contaminante en cada hemisferio resulta:

$$\begin{aligned}
c_1(t) &= p_1 e^{-\beta t} + q_1 e^{-(2\alpha+\beta)t} + r_1 \\
c_2(t) &= p_2 e^{-\beta t} + q_2 e^{-(2\alpha+\beta)t} + r_2,
\end{aligned}$$

donde p_1, q_1, r_1, p_2, q_2 y r_2, son constantes que dependen solo de c_1^0, c_2^0, f_1, f_2, α y β.

Es interesante notar que después de un tiempo suficientemente largo se llega a un equilibrio en las cantidades de contaminación. Para el hemisferio Norte

$$\lim_{t\to\infty} c_1(t) = r_1 = \frac{(\alpha+\beta)f_1 + \alpha f_2}{\beta(2\alpha+\beta)}$$

y para el hemisferio Sur

$$\lim_{t\to\infty} c_2(t) = r_2 = \frac{\alpha f_1 + (\alpha+\beta)f_2}{\beta(2\alpha+\beta)}.$$

5.5.5. *Sistemas lineales de orden 2*

En muchos problemas físicos nos encontramos con sistemas de cuerpos que sus fuerzas ejercidas solo dependen de la posición de cada cuerpo (por ejemplo en los osciladores acoplados en condiciones ideales).
Por lo que obtenemos un sistema lineal del tipo:

$$\left\{\begin{aligned} X''(t) &= AX(t) \\ X(t_0) &= X_0. \end{aligned}\right.$$

Para resolver este tipo de sistemas se puede agregar variables ($y_j = x_j$) agregando dimensiones al sistema lineal, pero si además la matriz A es diagonalizable, el sistema se puede resolver sin la necesidad de agregar dimensiones. Notemos que si A es diagonalizable, luego $\exists P, D \in M_{n\times n}$ con D matriz diagonal tal que $A = PDP^{-1}$, luego la EDO puede ser escrita como:

$$\begin{aligned} X''(t) &= AX(t) \\ &= PDP^-1X(t) \\ \Rightarrow P^{-1}X''(t) &= DP^{-1}X(t), \text{ Sea } Y(t) = P^{-1}X(t) \\ \Rightarrow Y''(t) &= DY(t) \end{aligned}$$

Este ultimo sistema es mucho más fácil de resolver, pues al ser D diagonal entonces si $(\lambda_i)_{i=1}^m$ son los valores propios de A, entonces el sistema:

$$Y''(t) = DY(t) \Rightarrow y_j'' = \lambda_j y_j \ \forall j \in \{1, \ldots, n\}$$

donde $Y = (y_1, \ldots, y_n)^t$, estas últimas n ecuaciones se pueden resolver usando los métodos vistos en los capítulos anteriores (son EDOs lineales de orden 2).

Capítulo 6

Análisis cualitativo de sistemas no lineales

Muchos fenómenos de la naturaleza se comportan de forma un poco más complicada que un sistema de ecuaciones lineales. Por ejemplo, se suele utilizar la aproximación de la ley de Hooke $F = -kx$ para modelar resortes, aunque en realidad esta fuerza suelc tener otras componentes de orden no lineal, pero que habitualmente son despreciables. En general estas ecuaciones presentan grandes desafíos, pues es bastante complicado encontrarles soluciones explícitas. Sin embargo, muchas veces se puede hacer un estudio cualitativo de las soluciones, que nos indique sobre el comportamiento general del sistema no lineal.

Dados un intervalo abierto I y una función $F : I \times \mathbb{R}^n \to \mathbb{R}^n$, consideremos el siguiente sistema de ecuaciones diferenciales de primer orden con condición inicial $X_0 \in R^n$ en $t_0 \in I$:

$$(\text{SNL})\begin{cases} X'(t) &= F(t, X(t)),\ t \in I \\ X(t_0) &= X_0. \end{cases}$$

Si la función F no cs lineal con respecto a la varible X, se dirá que es un *sistema no lineal* (SNL). Si además F no depende explícitamente de la variable t, se dirá que es un *sistema no lineal autónomo* (SNLA). Generalmente un SNLA corresponde en el caso mecánico a un movimiento sin forzamiento externo. Estos sistemas son invariantes bajo traslaciones temporales (variable t). En particular, si $X : I \to \mathbb{R}^n$ es una solución del sistema entonces la función $X_c : I_c \to \mathbb{R}^n$ definida por $X_c(t) = X(t - c)$ también lo es. Aquí I_c denota el intervalo I desplazado hacia la derecha en c.

El vector $X(t) \in \mathbb{R}^n$, que es la solución del sistema en un punto $t \in I$, se llama *vector de estado.*

Observación. Dada una función $h : I \times \mathbb{R} \times \mathbb{R} \cdots \times \mathbb{R} \to \mathbb{R}$, toda ecuación de orden superior de la forma

$$\begin{aligned} &y^{(n)} = h(t, y, y', \dots, y^{(n-1)}) \\ &y(t_0) = y_0,\ y'(t_0) = y_1,\ \dots,\ y^{(n-1)}(t_0) = y_{n-1} \end{aligned}$$

se puede llevar, mediante un cambio de variables, a la forma (SNL). Claramente, si h no depende explícitamente de t, se puede llevar a la forma de un SNLA. Esto se puede realizar de la siguiente manera:
Tenemos que $y^{(n)} = h(t, y, y', \dots, y^{(n-1)})$ y $(y^{(j)})' = y^{(j+1)}$ $\forall j \in \{0, \dots, n-2\}$, luego haciendo el cambio de variable $y^{(j)} = x_j$, con esto obtenemos el sistema:

$$\begin{cases} x'_{n-1} = h(t, x_0, x_1, \dots, x_{n-1}) \\ x'_j = x_{j+1}\ \forall j \in \{0, \dots, n-2\}. \end{cases}$$

EJEMPLO 6.1 (El péndulo simple amortiguado). Un péndulo simple sometido a un ambiente con roce (por ejemplo aire, agua, aceite, etc.) y a una fuerza externa, queda descrito por la siguiente ecuación de movimento de segundo orden:

$$\begin{aligned} m\theta'' + c\theta' + \tfrac{mg}{L}\operatorname{sen}(\theta) &= f(t) \\ \theta(0) &= \theta_0 \\ \theta'(0) &= \theta_0', \end{aligned}$$

donde θ es el ángulo que forma el péndulo con respecto a la vertical y c el coeficiente de roce, producto de una fuerza de roce viscoso lineal: $\vec{F}_{roce} = -c\vec{v}$, donde $v = L\theta'$. Haciendo el cambio de variables: $x = \theta$, $y = \theta'$, la ecuación anterior toma la forma de (SNL):

$$(\text{SNL})\begin{cases} x' &= y \\ y' &= -\frac{c}{m}y - \frac{g}{L}\operatorname{sen} x + f(t). \end{cases}$$

La no linealidad se aprecia claramente en el término $\operatorname{sen}\theta$ pues

$$\operatorname{sen}(\lambda_1\theta_1 + \lambda_2\theta_2) \neq \lambda\operatorname{sen}(\theta_1) + \lambda_2\operatorname{sen}(\theta_2).$$

El SNLA del péndulo corresponde al caso en que no hay forzamiento externo:

$$(\text{SNLA})\begin{cases} x' &= y \\ y' &= -\frac{c}{m}y - \frac{g}{L}\operatorname{sen} x. \end{cases}$$

EJEMPLO 6.2 (Atractor de Lorenz). El meteorólogo estadounidense Edward Lorenz[1] propuso este modelo simple para comprender algunos fenómenos meteorológicos. Lorenz consideró una atmósfera bidimensional rectangular cuyo extremo inferior estaba a una temperatura mayor que el superior de manera que el aire caliente subiría y el aire frío bajaría creándose corrientes que harían intercambio de calor por convección. Las ecuaciones que describen este proceso son:

$$\begin{cases} x' &= s(y-x) \\ y' &= rx - y - xz \\ z' &= xy - bz, \end{cases}$$

donde x que representa el flujo convectivo; y, la distribución horizontal de temperaturas; y z la distribución vertical de temperaturas. Hay tres parámetros que intervienen en las ecuaciones: s es el cuociente entre la viscosidad y la conductividad térmica; r, la diferencia de temperaturas entre la capa inferior y superior; y b el cuociente entre la altura y el ancho del rectángulo.

El lector interesado o lectora interesada, puede revisar el código MATLAB para obtener el atractor de Lorenz a continuación de la figura. Para simular la solución, se ha utilizado el método de Euler presentado en el Capítulo 2.

```
% Atractor de Lorenz
dt = 0.005; s=10; r=28; b=8/3;
x(1)=1; y(1)=1; z(1)=0;
for i=1:2e4
    x(i+1) = x(i) + dt*s*(y(i)-x(i));
    y(i+1) = y(i) + dt*(r*x(i)-y(i)-x(i)*z(i));
    z(i+1) = z(i) + dt*(x(i)*y(i)-b*z(i));
end
plot3(x,y,z); view([15 8]); axis off; set(gcf,'Color','w')
```

[1]Edward Lorenz (1917-2008) fue pionero en el desarrollo de la teoría del caos y fue justamente un modelo como este el que le permitió desarrollar el concepto de soluciones caóticas.

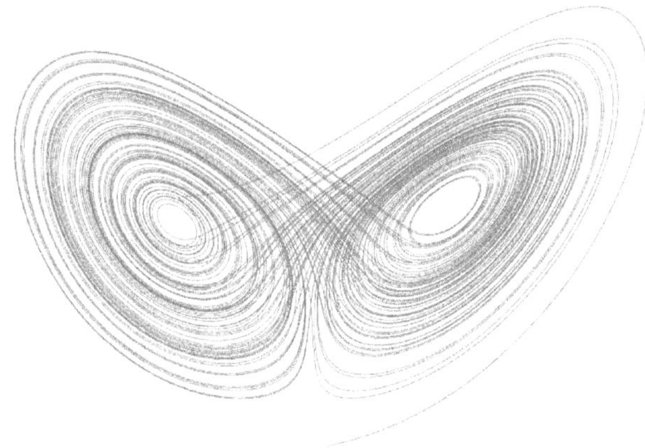

FIGURA 1. Atractor de Lorenz para el caso $s = 10$, $r = 28$, $b = 8/3$.

El modelo de Lorenz tiene muchas propiedades interesantes y es un ejemplo emblemático de sistema no lineal que presenta soluciones caóticas.

6.1. Sistemas no lineales y sistemas linealizados

De aquí en adelante nos restringiremos a problemas en dos dimensiones y autónomos de la forma del SNLA:

$$\begin{cases} x' &= F(x,y), \quad x(t_0) = x_0 \\ y' &= G(x,y), \quad y(t_0) = y_0, \end{cases}$$

con F y G funciones continuamente diferenciables. El Teorema 5.3 garantiza que siempre tendremos una única solución local.

Decimos que $(\bar{x}, \bar{y})$ es un *punto crítico* o de equilibrio del SNLA si

$$\begin{cases} F(\bar{x}, \bar{y}) = 0 \\ G(\bar{x}, \bar{y}) = 0. \end{cases}$$

Se llama *nulclina en* x a la curva definida por $F(x, y) = 0$ y *nulclina en* y a la curva definida por $G(x, y) = 0$.

Los puntos críticos son las intersecciones de las nulclinas. El conjunto de puntos críticos del sistema se denota por

$$\mathcal{C} = \{(\bar{x}, \bar{y}) \in \mathbb{R}^2 \mid F(\bar{x}, \bar{y}) = G(\bar{x}, \bar{y}) = 0\}.$$

Si hacemos una expansión de Taylor en el SNLA en torno a un punto crítico $(\bar{x}, \bar{y})$, resulta:

$$\begin{aligned} F(x,y) &= \frac{\partial F}{\partial x}(\bar{x}, \bar{y})(x - \bar{x}) + \frac{\partial F}{\partial y}(\bar{x}, \bar{y})(y - \bar{y}) + h_F(r) \\ G(x,y) &= \frac{\partial G}{\partial x}(\bar{x}, \bar{y})(x - \bar{x}) + \frac{\partial G}{\partial y}(\bar{x}, \bar{y})(y - \bar{y}) + h_G(r), \end{aligned}$$

donde $r = (x, y) - (\bar{x}, \bar{y})$ (recordemos que $F(\bar{x}, \bar{y}) = G(\bar{x}, \bar{y}) = 0$). Además

$$\text{lím}_{r \to 0} \frac{h_F(r)}{\|r\|} = 0 \qquad \text{y} \qquad \text{lím}_{r \to 0} \frac{h_G(r)}{\|r\|} = 0.$$

Para simplificar la notación definimos

$$a = \frac{\partial F}{\partial x}(\bar{x},\bar{y}), \quad b = \frac{\partial F}{\partial y}(\bar{x},\bar{y}), \quad c = \frac{\partial G}{\partial x}(\bar{x},\bar{y}) \quad \text{y} \quad d = \frac{\partial G}{\partial y}(\bar{x},\bar{y});$$

constantes que dependen del punto crítico. Notamos que

$$\begin{pmatrix} a & b \\ c & d \end{pmatrix} = \begin{pmatrix} \frac{\partial F}{\partial x}(\bar{x},\bar{y}) & \frac{\partial F}{\partial y}(\bar{x},\bar{y}) \\ \frac{\partial G}{\partial x}(\bar{x},\bar{y}) & \frac{\partial G}{\partial y}(\bar{x},\bar{y}) \end{pmatrix} = J(\bar{x},\bar{y}),$$

donde J es la matriz Jacobiana de la función

$$(x,y) \mapsto \begin{pmatrix} F(x,y) \\ G(x,y) \end{pmatrix}$$

evaluada en el punto crítico $(\bar{x},\bar{y})$.

Ahora, si reemplazamos en el SNLA queda:

$$(snla) \qquad \begin{cases} x' = a(x-\bar{x}) + b(y-\bar{y}) + h_F(r) \\ y' = c(x-\bar{x}) + d(y-\bar{y}) + h_G(r). \end{cases}$$

Consideramos el *sistema linealizado*

$$(sl) \qquad \begin{cases} x' = a(x-\bar{x}) + b(y-\bar{y}) \\ y' = c(x-\bar{x}) + d(y-\bar{y}). \end{cases}$$

Un sistema SNLA es *degenerado* en torno a $(\bar{x},\bar{y})$ si $|J(\bar{x},\bar{y})| = 0$. Un punto crítico $(\bar{x},\bar{y})$ de SNLA es *aislado* si existe $\delta > 0$ tal no hay ningún otro punto crítico en la bola de centro$(\bar{x},\bar{y})$ y radio δ. De lo contrario se dice que los puntos críticos son *densos en torno a* $(\bar{x},\bar{y})$.

PROPIEDADES 6.1. *Sea $(\bar{x},\bar{y})$ un punto crítico del* SNLA.

(1) *Si $|J(\bar{x},\bar{y})| \neq 0$, entonces $(\bar{x},\bar{y})$ es el único punto crítico de* SL. *En particular es aislado para* SL.
(2) *Si $|J(\bar{x},\bar{y})| = 0$, entonces los puntos críticos de* SL *son densos en torno a $(\bar{x},\bar{y})$. Más precisamente, el conjunto $\mathcal{C}$ es una recta que contiene a $(\bar{x},\bar{y})$ si $J(\bar{x},\bar{y}) \neq 0_{2\times 2}$ y es todo el plano si $J(\bar{x},\bar{y}) = 0_{2\times 2}$.*
(3) *Si $|J(\bar{x},\bar{y})| \neq 0$, entonces $(\bar{x},\bar{y})$ es un punto crítico aislado de* SNLA.

PRUEBA. Primero observemos que (x,y) es punto crítico de SL si, y solo si,

$$\begin{cases} a(x-\bar{x}) + b(y-\bar{y}) = 0 \\ c(x-\bar{x}) + d(y-\bar{y}) = 0. \end{cases}$$

Es decir, si

$$\begin{pmatrix} a & b \\ c & d \end{pmatrix}\begin{pmatrix} x \\ y \end{pmatrix} = \begin{pmatrix} a & b \\ c & d \end{pmatrix}\begin{pmatrix} \bar{x} \\ \bar{y} \end{pmatrix} = V_0,$$

donde V_0 es un vector constante que depende de $(\bar{x},\bar{y})$.

1. Si $|J(\bar{x},\bar{y})| \neq 0$ el sistema tiene solución única $(\bar{x},\bar{y})$.

2. Si $|J(\bar{x},\bar{y})| = 0$ el sistema tiene infinitas soluciones, que forman una recta si $J(\bar{x},\bar{y}) \neq 0$ y todo el plano si $J(\bar{x},\bar{y}) = 0$.

3. Por contradicción, supongamos que para cada $\delta > 0$ existe otro punto crítico $(\bar{w}, \bar{z})$ del SNLA tal que $|(\bar{x}, \bar{y}) - (\bar{w}, \bar{z})| < \delta$. Por definición,

$$\left\{ \begin{array}{rcl} a(\bar{w} - \bar{x}) + b(\bar{z} - \bar{y}) + h_F(\bar{r}) & = & 0 \\ c(\bar{w} - \bar{x}) + d(\bar{z} - \bar{y}) + h_G(\bar{r}) & = & 0, \end{array} \right.$$

donde $\bar{r} = (\bar{w}, \bar{z}) - (\bar{x}, \bar{y})$. De manera equivalente,

$$\begin{pmatrix} a & b \\ c & d \end{pmatrix} \begin{pmatrix} \bar{w} - \bar{x} \\ \bar{z} - \bar{y} \end{pmatrix} = - \begin{pmatrix} h_F(\bar{r}) \\ h_G(\bar{r}) \end{pmatrix}.$$

Si $|J(\bar{x}, \bar{y})| \neq 0$ tenemos que

$$\begin{pmatrix} \bar{w} - \bar{x} \\ \bar{z} - \bar{y} \end{pmatrix} = - \begin{pmatrix} a & b \\ c & d \end{pmatrix}^{-1} \begin{pmatrix} h_F(\bar{r}) \\ h_G(\bar{r}) \end{pmatrix}.$$

Tomando norma y acotando obtenemos

$$\begin{array}{rcl} ||\bar{r}|| & \leq & ||J(\bar{x}, \bar{y})^{-1}|| \sqrt{h_F(\bar{r})^2 + h_F(\bar{r})^2} \\ 1 & \leq & ||J(\bar{x}, \bar{y})^{-1}|| \sqrt{\left(\frac{h_F(\bar{r})}{\bar{r}} \right)^2 + \left(\frac{h_F(\bar{r})}{\bar{r}} \right)^2}. \end{array}$$

Pero el lado derecho tiende a cero cuando $\bar{r} \to 0$, con lo que llegamos a una contradicción. □

En resumen, un sistema que no es degenerado en torno a $(\bar{x}, \bar{y})$ cumple que $(\bar{x}, \bar{y})$ es un punto crítico aislado del SNLA y es el único punto crítico de SL. El Ejemplo 6.5 muestra que el recíproco del punto 3 es falso en general.

EJEMPLO 6.3 (Conejos y ovejas). Supongamos un modelo para la competencia de dos poblaciones de animales que luchan por recursos en un hábitat reducido:

$$\left\{ \begin{array}{rcl} x' & = & 60x - 3x^2 - 4xy \\ y' & = & 42y - 3y^2 - 2xy, \end{array} \right.$$

donde x es la población de conejos e y la de ovejas. Los puntos críticos de este sistema se encuentran resolviendo:

$$\left\{ \begin{array}{l} x(60 - 3x - 4y) = 0 \\ y(42 - 3y - 2x) = 0. \end{array} \right.$$

Tenemos varios casos:

- Si $x = 0$ obtenemos los puntos $(0, 0)$ y $(0, 14)$.
- Si $y = 0$ obtenemos $(0, 0)$ y $(20, 0)$.
- Si $x \neq 0$ e $y \neq 0$ nos queda el sistema $\left\{ \begin{array}{rcl} 3x + 4y & = & 60 \\ 3y + 2x & = & 42, \end{array} \right.$ cuya única solución es $(12, 6)$.

Tenemos entonces que $\mathcal{C} = \{(0, 0), (0, 14), (20, 0), (12, 6)\}$, conjunto que muestra las posibilidades de equilibrio entre ambas poblaciones. El único caso en que pueden coexistir ambas especies es $(\bar{x}, \bar{y}) = (12, 6)$. En los demás casos, al menos una de las especies se extingue. Aun así, todas son soluciones de equilibrio.

El Jacobiano en este caso está dado por:

$$J(\bar{x}, \bar{y}) = \begin{pmatrix} \frac{\partial F}{\partial x} & \frac{\partial F}{\partial y}(\bar{x}, \bar{y}) \\ \frac{\partial G}{\partial x} & \frac{\partial G}{\partial y}(\bar{x}, \bar{y}) \end{pmatrix} = \begin{pmatrix} 60 - 6x - 4y & -4x \\ -2y & 42 - 6y - 2x \end{pmatrix}.$$

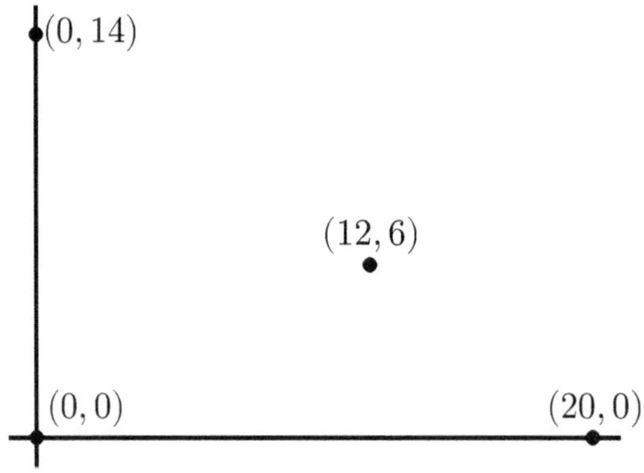

FIGURA 2. Soluciones de equilibrio para el modelo de conejos y ovejas.

Evaluando el Jacobiano en cada punto crítico encontramos los respectivos sistemas linealizados:

(1) $J(0,0) = \begin{pmatrix} 60 & 0 \\ 0 & 42 \end{pmatrix}$ es invertible. El sistema linealizado alrededor de $(0,0)$ es

$$(\text{SL})_1 \left\{ \begin{array}{rcrcr} x' & = & 60(x-0) & + & 0(y-0) \\ y' & = & 0(x-0) & + & 42(y-0). \end{array} \right.$$

(2) $J(20,0) = \begin{pmatrix} -60 & -80 \\ 0 & 2 \end{pmatrix}$ también es invertible y

$$(\text{SL})_2 \left\{ \begin{array}{rcrcr} x' & = & -60(x-20) & - & 80(y-0) \\ y' & = & 0(x-20) & + & 2(y-0). \end{array} \right.$$

(3) $J(0,14) = \begin{pmatrix} 4 & 0 \\ -28 & -42 \end{pmatrix}$ también lo es y

$$(\text{SL})_3 \left\{ \begin{array}{rcrcr} x' & = & 4(x-0) & + & 0(y-14) \\ y' & = & -28(x-0) & - & 42(y-14). \end{array} \right.$$

(4) Finalmente, $J(12,6) = \begin{pmatrix} -36 & -48 \\ -12 & -18 \end{pmatrix}$ es invertible y

$$(\text{SL})_4 \left\{ \begin{array}{rcrcr} x' & = & -36(x-12) & - & 48(y-6) \\ y' & = & -12(x-12) & - & 18(y-6). \end{array} \right.$$

Así, el modelo no es degenerado en torno a cada uno de sus puntos críticos.

EJEMPLO 6.4. Habíamos visto que las ecuaciones de un péndulo sin forzamiento están dadas por

$$\left\{ \begin{array}{rcl} x' & = & y \\ y' & = & -\frac{c}{m}y - \frac{g}{L}\operatorname{sen}(x). \end{array} \right.$$

Sus puntos críticos satisfacen

$$\left\{ \begin{array}{rcl} 0 & = & \bar{y} \\ 0 & = & -\frac{c}{m}\bar{y} - \frac{g}{L}\operatorname{sen}(\bar{x}), \end{array} \right.$$

de donde

$$\mathcal{C} = \{(k\pi, 0) \mid k \in \mathbb{Z}\}.$$

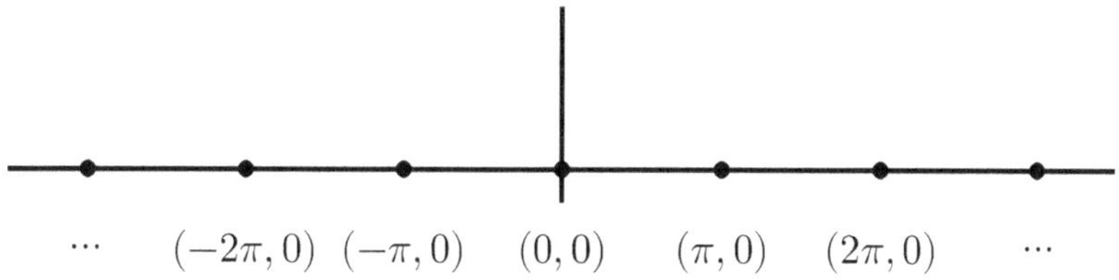

FIGURA 3. Soluciones de equilibrio del péndulo no lineal.

El Jacobiano es

$$J(\bar{x}, \bar{y}) = \begin{pmatrix} 0 & 1 \\ -\frac{g}{L}(-1)^k & -\frac{c}{m} \end{pmatrix},$$

que es invertible. El sistema linealizado en torno al origen es

$$(sl)\begin{cases} x' &= \quad 0(x-0) \quad + \quad 1(y-0) \\ y' &= -\frac{g}{L}(x-0) \quad - \quad \frac{c}{m}(y-0) \end{cases}$$

y tiene solo un punto crítico.

EJEMPLO 6.5. Consideremos el sistema

$$\begin{cases} x' = x^3 \\ y' = y^3. \end{cases}$$

Vemos que $(0, 0)$ es un punto crítico aislado de este sistema. Sin embargo

$$J(x, y) = \begin{pmatrix} 3x^2 & 0 \\ 0 & 3y^2 \end{pmatrix}, \qquad \text{de donde} \qquad J(0, 0) = \begin{pmatrix} 0 & 0 \\ 0 & 0 \end{pmatrix}.$$

Por lo tanto, este sistema es degenerado en torno al $(0, 0)$. Si intentamos hacer la linealización en torno a $(0, 0)$ obtenemos

$$\begin{cases} x' = 0 \\ y' = 0, \end{cases}$$

cuyos puntos críticos son $\mathcal{C} = \mathbb{R}^2$, como asegura la Proposición 6.1.

EJEMPLO 6.6. Consideremos el SNLA

$$\begin{cases} x' = 3x + x^2 + 2y + y^2 \\ y' = 6x - x^2 + 4y + y^2. \end{cases}$$

Claramente el punto $(0, 0)$ es un punto crítico. Para ver que es el único (y por lo tanto que es aislado) se puede tratar de resolver explícitamente el sistema, pero esto resulta un poco engorroso. Dado que cada ecuación representa una cónica, otra forma de buscar puntos críticos es analizar el gráfico. Si completamos cuadrados obtenemos

$$\left(x + \frac{3}{2}\right)^2 + (y+1)^2 = \frac{13}{4}$$
$$-(x-3)^2 + (y+2)^2 = -5,$$

que corresponden a una circunferencia y una hipérbola, respectivamente. El bosquejo del gráfico se puede ver en la Figura 4.

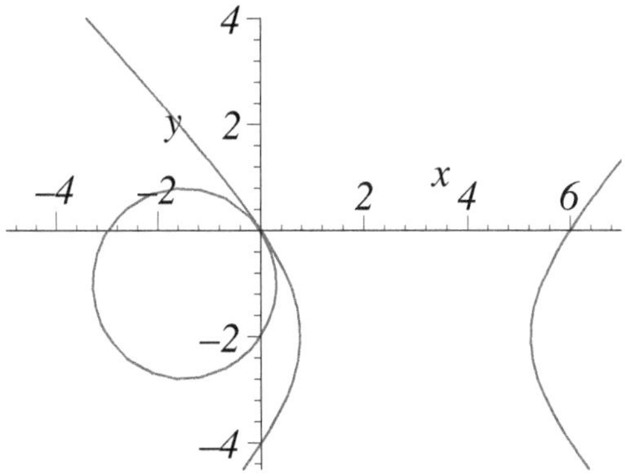

FIGURA 4. Intersección de cónicas

Para ver que en $(0,0)$ la dos curvas efectivamente son tangentes como sugiere el gráfico, calculemos la derivada en dicho punto:

$$\begin{array}{lllll} 3+2x+2y'+2yy'=0 & \Rightarrow & y'=-\frac{3+2x}{2(1+y)} & \Rightarrow & y'(0)=-\frac{3}{2} \\ 6-2x+4y'+2yy'=0 & \Rightarrow & y'=-\frac{x-3}{2+y} & \Rightarrow & y'(0)=-\frac{3}{2}. \end{array}$$

La matriz jacobiana está dada por

$$J(x,y)=\begin{pmatrix} 3+2x & 2+2y \\ 6-2x & 4+2y \end{pmatrix} \quad \text{y luego} \quad J(0,0)=\begin{pmatrix} 3 & 2 \\ 6 & 4 \end{pmatrix},$$

que no es invertible. Por lo tanto el sistema es degenerado. El sistema linealizado en torno a $(0,0)$ es

$$\left\{ \begin{array}{lll} x' & = & 3x+2y \\ y' & = & 6x+4y, \end{array} \right.$$

cuyos puntos críticos son $\mathcal{C}=\{(x,y)\in\mathbb{R}^2 \mid y=-\frac{3}{2}x\}$. Aquí el punto $(0,0)$ tampoco es aislado.

6.2. Diagramas de fase y de flujo

Dado el SNLA

$$\left\{ \begin{array}{lll} x' & = & F(x,y) \\ y' & = & G(x,y) \end{array} \right.$$

con condición inicial $(x(t_0),y(t_0))=(x_0,y_0)$, a la solución del problema de Cauchy se le llama *trayectoria que parte de* (x_0,y_0). Más precisamente, es la función

$$\begin{array}{llll} \mathcal{T}: & I_0 & \rightarrow & \mathbb{R}^2 \\ & t & \mapsto & (x(t),y(t)), \end{array}$$

donde I_0 es su intervalo máximo de existencia (que por supuesto contiene al que entrega el Teorema de Existencia y Unicidad). El *recorrido* $\mathcal{R}$ de esta trayectoria es el conjunto imagen de la función $\mathcal{T}$. Es decir,

$$\mathcal{R}=\left\{(x(t),y(t))\in\mathbb{R}^2 \mid t\in I_0\right\}.$$

Claramente dos trayectorias distintas pueden tener el mismo recorrido.

Un *diagrama de fases* de este sistema autónomo es a una colección de recorridos de las trayectorias para un número representativo de condiciones iniciales. El plano donde se grafica el diagrama de fases se llama *plano de fase.* El interés de los diagramas de fase es que al eliminar el tiempo de las ecuaciones, obtenemos gráficos en 2 dimensiones en lugar de 3, lo que hace más fácil su estudio. Por otra parte, al señalar el sentido de recorrido podemos conocer muchas propiedades, en particular asintóticas, de las trayectorias.

Una consecuencia del Teorema de Existencia y Unicidad es la siguiente

PROPOSICIÓN 6.1. *Si dos trayectorias se intersectan, entonces sus recorridos coinciden.*

PRUEBA. Si dos trayectorias $\mathcal{T}_1$ y $\mathcal{T}_2$ se intersectan como en la Figura 5, entonces existen t_1, t_2 tales que

$$(x_1(t_1), y_1(t_1)) = (x_2(t_2), y_2(t_2)).$$

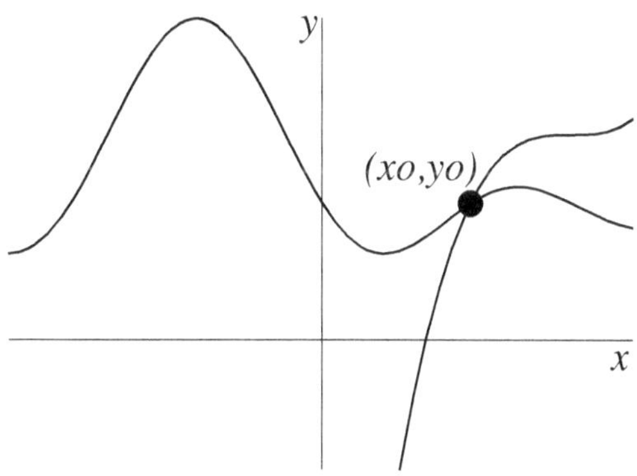

FIGURA 5. Intersección de recorridos

Denotamos este punto por (x_0, y_0). La trayectoria $\mathcal{T}_3$ definida por $(x_3(t), y_3(t)) = (x_2(t + t_2 - t_1), y_2(t + t_2 - t_1))$ tiene el mismo recorrido que $\mathcal{T}_2$ porque es una traslación en tiempo y el sistema es autónomo. Pero también tiene el mismo recorrido que $\mathcal{T}_1$ porque es solución del mismo problema de Cauchy. □

Esto nos dice que las curvas en el diagrama de fase no se intersectan, de modo que una situación como la presentada en la Figura 5 es imposible.

EJEMPLO 6.7. Lo que sí se puede dar para dos trayectorias distintas, es que sus recorridos se confundan. Por ejemplo, tomemos las trayectorias:

$$(x_1(t), y_1(t)) = (\operatorname{sen}(t), \cos(t)) \quad \text{con} \quad (x(0), y(0)) = (0, 1) \tag{42}$$

$$(x_2(t), y_2(t)) = (\cos(t), \operatorname{sen}(t)) \quad \text{con} \quad (x(0), y(0)) = (1, 0). \tag{43}$$

Elevando al cuadrado cada componente y sumando vemos que ambas trayectorias satisfacen $x^2 + y^2 = 1$. También es fácil ver que recorren toda la circunferencia. Sin embargo lo hacen en sentidos opuestos, como se ilustra en la Figura 6. Si queremos hacer que las dos trayectorias recorran la curva en el mismo sentido basta modificar (43) a

$$(\tilde{x}_2(t), \tilde{y}_2(t)) = (\cos(t), -\operatorname{sen}(t)) \quad \text{con} \quad (x(0), y(0)) = (1, 0).$$

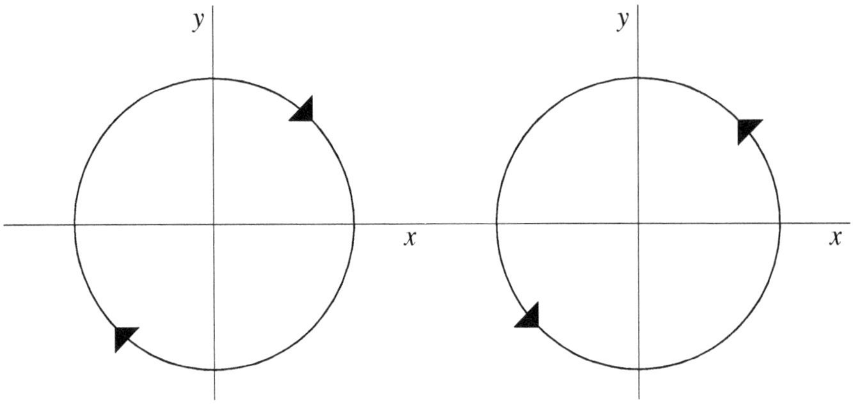

FIGURA 6. A la izquierda el recorrido orientado de (42) y a la derecha el de (43).

El *diagrama de flujo* se construye al graficar en una colección de puntos (x, y) representativos el vector $(F(x,y), G(x,y))$. Por regla de la cadena se tiene que

$$\frac{dy}{dt} = \frac{dy}{dx}\frac{dx}{dt} \quad \text{y luego} \quad \frac{dy}{dx} = \frac{y'}{x'} = \frac{G(x,y)}{F(x,y)}.$$

Por lo tanto el recorrido de la trayectoria es tangente al flujo.

6.3. Clasificación de los puntos críticos

Un punto crítico $(\bar{x}, \bar{y})$ es *estable* si para cada $\varepsilon > 0$ podemos encontrar $\delta > 0$ de manera que $\|(x(t), y(t)) - (\bar{x}, \bar{y})\| < \varepsilon$ para todo t, siempre que $\|(x_0, y_0) - (\bar{x}, \bar{y})\| < \delta$. De lo contrario se dice que es *inestable*. En palabras simples, un punto crítico es estable si las trayectorias que parten cerca de él se mantienen cerca.

Por otra parte, un punto crítico $(\bar{x}, \bar{y})$ es *asintóticamente estable* si es estable y además existe $\delta > 0$ tal que

$$\lim_{t\to\infty}(x(t), y(t)) = (\bar{x}, \bar{y}), \quad \text{siempre que} \quad \|(x_0, y_0) - (\bar{x}, \bar{y})\| < \delta.$$

Notemos que no todo punto estable es asintóticamente estable.

EJEMPLO 6.8. Consideremos el sistema

$$\left\{ \begin{array}{rcl} x' &=& -x \\ y' &=& -ky, \end{array} \right.$$

donde k es una constante no nula, con condiciones iniciales: $x(0) = x_0$, $y(0) = y_0$, que tiene como solución:

$$\left\{ \begin{array}{rcl} x(t) &=& x_0 e^{-t} \\ y(t) &=& y_0 e^{-kt}. \end{array} \right. \tag{44}$$

Así tenemos una solución $(x(t), y(t))$ que depende de (x_0, y_0). Para distintos valores de k, esta solución tiene distintas formas.

Si tomamos $k = 1$, resultan las soluciones

$$\left\{ \begin{array}{rcl} x(t) &=& x_0 e^{-t} \\ y(t) &=& y_0 e^{-t}. \end{array} \right.$$

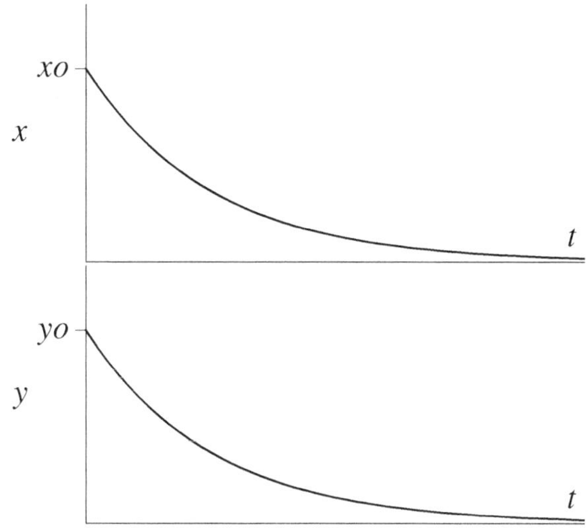

FIGURA 7. Soluciones de (44) para $k > 0$.

Dividiendo las ecuaciones

$$\frac{x(t)}{y(t)} = \frac{x_0}{y_0} \Rightarrow y(t) = \frac{y_0}{x_0}x(t),$$

que representan rectas de pendiente $\frac{y_0}{x_0}$, cuyo gráfico en el plano XY queda ilustrado en la Figura 8, donde las flechas indican el sentido positivo del tiempo. Cuando $t \to \infty$ tenemos que $(x(t), y(t)) \to 0$.

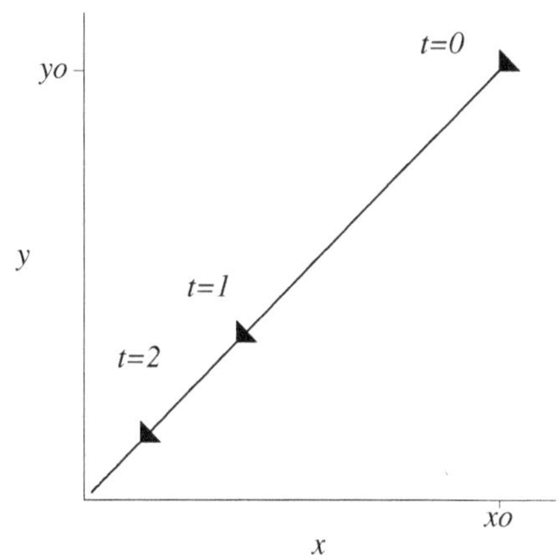

FIGURA 8. Solución del sistema para una condición inicial en el plano de fases XY.

Si graficamos las soluciones para diferentes valores positivos y negativos de x_0 y de y_0 construimos el diagrama de fase de la Figura 9, donde se aprecia claramente que todas las soluciones concurren al origen. Esta característica hace que este punto crítico sea asintóticamente estable.

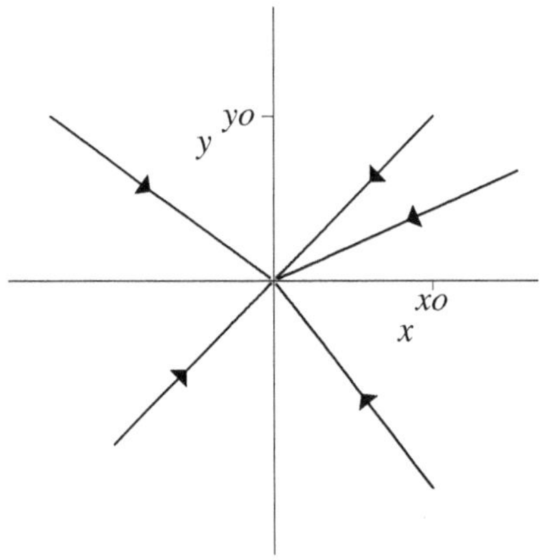

FIGURA 9. Diagrama de fase completo para $k = 1$.

Ahora, si cambiamos el parámetro a $k = 2$, resulta

$$\begin{cases} x(t) &= x_0 e^{-t} \\ y(t) &= y_o e^{-2t}. \end{cases}$$

Vemos que cuando $t \to \infty$ las soluciones también se acercan al origen. Elevando al cuadrado la primera ecuación y reemplazando en la segunda vemos que

$$y(t) = \frac{y_0}{x_0^2} x^2(t).$$

El diagrama de fases se muestra en la Figura 10. Las soluciones se mueven a lo largo de parábolas y el origen sigue siendo asintóticamente estable.

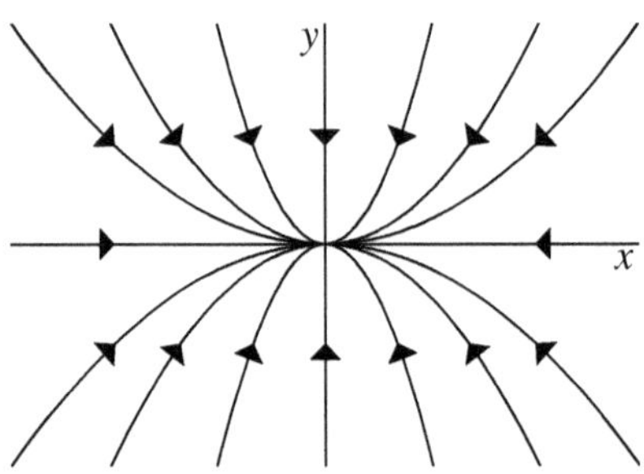

FIGURA 10. Diagrama de fase para $k = 2$.

Analicemos ahora el caso $k = -1$. Esta vez

$$\begin{cases} x(t) &= x_0 e^{-t} \\ y(t) &= y_o e^{t}. \end{cases}$$

Al multiplicar ambas ecuaciones y despejar y obtenemos

$$y = \frac{x_0 y_0}{x},$$

de modo que las soluciones se mueven a lo largo de hipérbolas cuando $x_0 \neq 0$ e $y_0 \neq 0$. Además notamos que cuando $t \to \infty$ $x \to 0$, mientras que $y \to \pm\infty$ según el signo de y_0. En este caso el origen deja de ser estable.

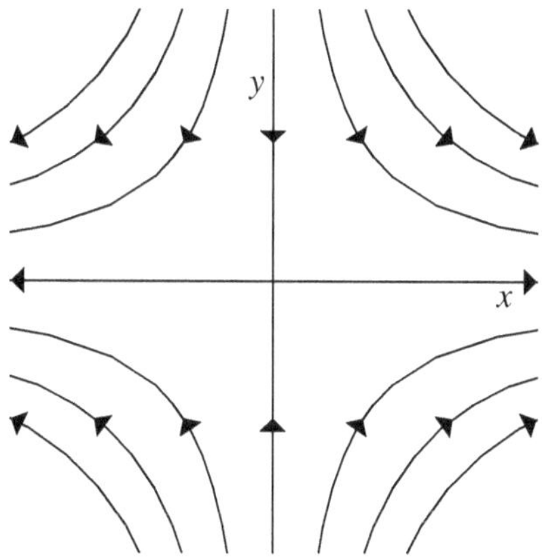

FIGURA 11. Diagrama de fase para $k = -1$.

Se dice que una trayectoria $t \mapsto (x(t), y(t))$ *converge* o tiende al punto crítico $(\bar{x}, \bar{y})$ cuando $t \to \infty$ si

$$\text{lím}_{t\to\infty} x(t) = \bar{x} \qquad \text{y} \qquad \text{lím}_{t\to\infty} y(t) = \bar{y}.$$

Análogamente se define la convergencia cuando $t \to -\infty$.

Las trayectorias pueden converger de distintas formas, como se muestra en la Figura 12. Hay una gran diferencia geométrica: en el gráfico izquierdo de la Figura 12, la trayectoria se aproxima al origen sin una dirección específica, a diferencia del gráfico derecho, donde claramente tiende a una dirección fija cuando se acerca al origen. Si además de converger al punto $(\bar{x}, \bar{y})$ cuando $t \to +\infty$, la trayectoria es tal que existe

$$l = \text{lím}_{t\to\infty} \frac{y(t) - \bar{y}}{x(t) - \bar{x}},$$

entonces se dice que la trayectoria *entra* al punto crítico $(\bar{x}, \bar{y})$ tangente a una semirrecta de pendiente l cuando $t \to \infty$. De la misma forma, si además de converger al punto $(\bar{x}, \bar{y})$ cuando $t \to -\infty$ la trayectoria es tal que existe

$$l = \text{lím}_{t\to-\infty} \frac{y(t) - \bar{y}}{x(t) - \bar{x}}$$

se dice que la trayectoria *sale* del punto crítico $(\bar{x}, \bar{y})$ tangente a una semirrecta de pendiente l cuando $t \to -\infty$.

Un punto crítco aislado $(\bar{x}, \bar{y})$ se llama *nodo* si todas las trayectorias vecinas, o bien entran al punto $(\bar{x}, \bar{y})$, o bien salen de él.

EJEMPLO 6.9. Para el sistema

$$\begin{cases} x' = -x \\ y' = -y \end{cases}$$

ya sabemos que las trayectorias convergen a $(0, 0)$. Además, cualquier trayectoria vecina que tenga una condición inicial (x_0, y_0), tendremos que:

$$\text{lím}_{t\to\infty} \frac{y_0 e^{-t} - 0}{x_0 e^{-t} - 0} = \frac{y_0}{x_0},$$

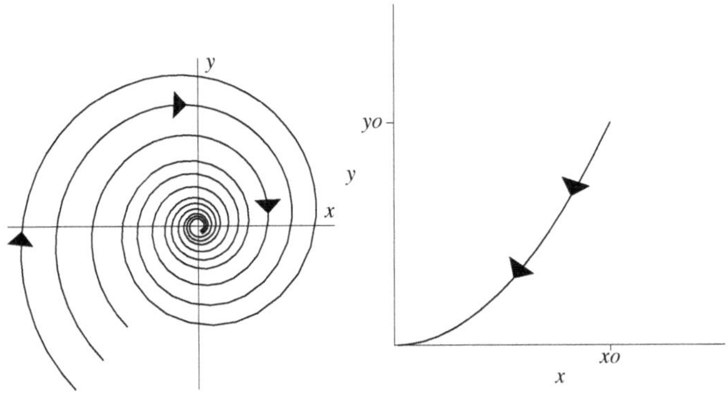

FIGURA 12. Trayectorias que convergen al origen.

de modo que entra tangente a una semirrecta de pendiente y_0/x_0 (vertical si $x_0 = 0$). Por lo tanto $(0,0)$ es efectivamente un nodo.

EJEMPLO 6.10. En el sistema

$$\begin{cases} x' &= -x \\ y' &= -2y \end{cases}$$

también se tiene que el punto crítico $(0,0)$ es un nodo. Todas las trayectorias entran al nodo con pendiente $l = 0$ salvo aquellas que parten de algún punto sobre el eje OY, que entran con pendiente vertical.

Un punto crítco aislado $(\bar{x}, \bar{y})$ se llama *punto silla* si existen dos trayectorias que entran a él tangentes a semirrectas opuestas y dos que salen de la misma forma. Las restantes trayectorias no convergen a $(\bar{x}, \bar{y})$ y tienen como asíntotas a las semirrectas antes mencionadas.

EJEMPLO 6.11. En el sistema

$$\begin{cases} x' &= -x \\ y' &= y, \end{cases}$$

el origen es punto silla (ver Figura 13).

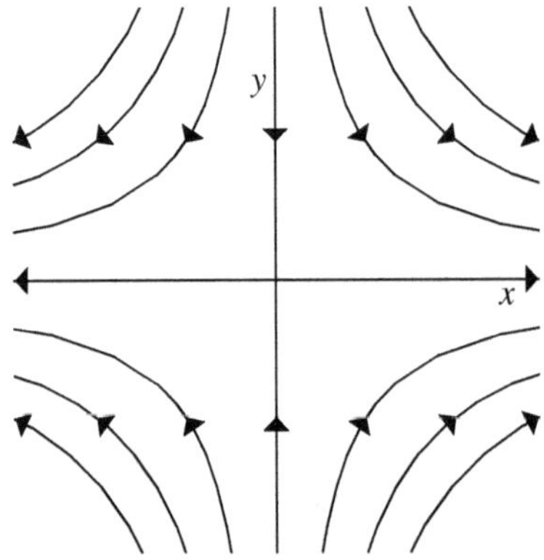

FIGURA 13. Punto silla.

Diremos que un punto crítico es *punto espiral* si todas las trayectorias en una vecindad del punto convergen pero no entran cuando $t \to \infty$, o convergen pero no salen cuando $t \to -\infty$. Un punto crítico es un *centro* si todas las trayectorias en una vecindad del punto son cerradas y existen trayectorias arbitrariamente cerca del punto.

EJEMPLO 6.12. Consideremos el sistema

$$\left\{ \begin{array}{rcrcr} x' & = & \alpha x & + & \beta y \\ y' & = & -\beta x & + & \alpha y, \end{array} \right. \tag{45}$$

con condiciones iniciales $(x(0), y(0)) = (x_0, y_0)$ dadas, que tiene claramente el único punto crítico $(0,0)$. Este es un sistema lineal de matriz

$$A = \begin{pmatrix} \alpha & \beta \\ -\beta & \alpha \end{pmatrix},$$

cuyos valores propios son $\lambda = \alpha \pm i\beta$. Los vectores propios asociados son

$$v_1 = \begin{pmatrix} i \\ 1 \end{pmatrix} \quad \text{y} \quad v_2 = \begin{pmatrix} i \\ 1 \end{pmatrix}.$$

Luego A es diagonalizable y $A = PDP^{-1}$, donde

$$P = \begin{pmatrix} 1 & i \\ i & 1 \end{pmatrix} \quad \text{y} \quad P^{-1} = \frac{1}{2} \begin{pmatrix} 1 & -i \\ -i & 1 \end{pmatrix}.$$

Así, $e^{At} = Pe^{Dt}P^{-1}$ y

$$\begin{aligned} e^{At} &= \begin{pmatrix} 1 & i \\ i & 1 \end{pmatrix} \begin{pmatrix} e^{\alpha t} e^{\beta t} & 0 \\ 0 & e^{\alpha t} e^{-\beta t} \end{pmatrix} \frac{1}{2} \begin{pmatrix} 1 & -i \\ -i & 1 \end{pmatrix} \\ &= e^{\alpha t} \begin{pmatrix} \cos(\beta t) & \operatorname{sen}(\beta t) \\ -\operatorname{sen}(\beta t) & \cos(\beta t) \end{pmatrix}. \end{aligned}$$

Observemos que

$$\begin{pmatrix} \cos(\beta t) & \operatorname{sen}(\beta t) \\ -\operatorname{sen}(\beta t) & \cos(\beta t) \end{pmatrix}$$

es una matriz de rotación en un ángulo βt, mientras que $e^{\alpha t}$ es un factor de escala.

Finalmente, la solución del sistema es

$$\begin{pmatrix} x \\ y \end{pmatrix} = e^{\alpha t} \begin{pmatrix} \cos(\beta t) & \operatorname{sen}(\beta t) \\ -\operatorname{sen}(\beta t) & \cos(\beta t) \end{pmatrix} \begin{pmatrix} x_0 \\ y_0 \end{pmatrix}.$$

Para bosquejar los diagramas de fase del sistema, solo es necesario considerar los signos de α y β. La trayectoria se aleja del origen si $\alpha > 0$ pues $e^{\alpha t}$ es creciente. Si $\alpha < 0$, la trayectoria se acerca. Por otra parte, la rotación ocurre en sentido horario si $\beta > 0$ y antihorario si $\beta < 0$ (ver Figuras 14, 15, 16).

Si $\alpha = 0$ el módulo de $(x(t), y(t))$ permanece constante por lo que la trayectoria define circunferencias. Si $\beta = 0$ no hay rotación y las soluciones se mueven a lo largo de rectas por el origen.

Las Figuras 14, 15 y 16 nos dicen también las características de estabilidad del punto crítico $(0,0)$: si $\alpha < 0$ es un punto espiral asintóticamente estable; si

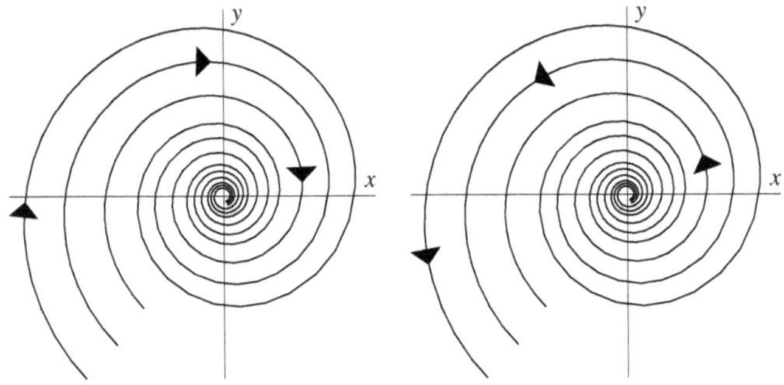

FIGURA 14. Diagrama de fase del sistema (45). A la izquierda $\alpha < 0$, $\beta > 0$, y a la derecha $\alpha > 0$, $\beta < 0$.

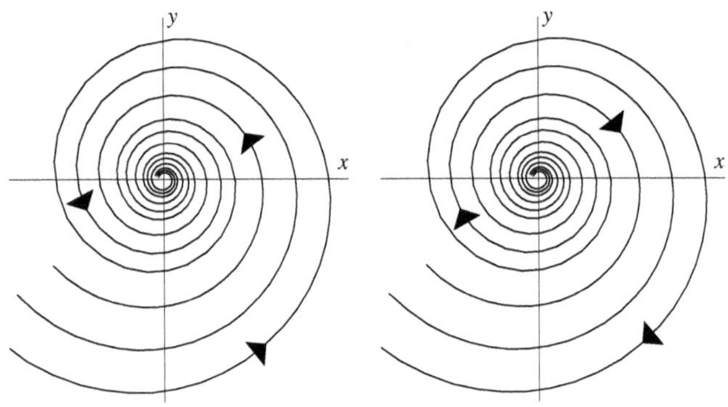

FIGURA 15. Diagrama de fase del sistema (45). A la izquierda $\alpha < 0$, $\beta < 0$, y a la derecha $\alpha > 0$, $\beta > 0$.

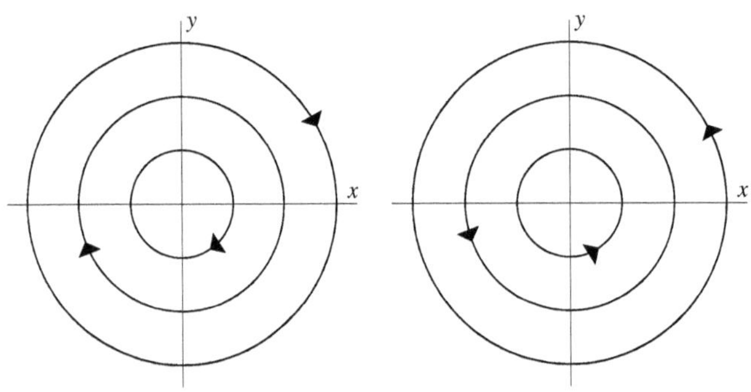

FIGURA 16. Diagrama de fase del sistema (45) para $\alpha = 0$. A la izquierda $\beta > 0$, y a la derecha $\beta < 0$.

$\alpha > 0$ es un punto espiral inestable; si $\alpha = 0$ es un centro estable. Si $\beta = 0$ es un nodo (estable o inestable según el signo de α).

6.4. Puntos críticos de sistemas lineales

Nos interesa estudiar ahora con profundidad los sistemas linealizados, puesto que Henri Poincaré[2] demostró que bajo las hipótesis adecuadas, si se logra clasificar cualitativamente un punto crítico, por ejemplo en términos de nodo, espiral, etc., entonces estas mismas características se mantendran en el sistema original no lineal. Y por otra parte, Alexander Liapunov[3] demostró que bajo ciertas hipótesis, se conservaba la estabilidad asintótica de los puntos críticos al linealizar. Por esta razón, ahora nos concentraremos en los sistemas lineales y pospondremos un momento el enunciado exacto de estos teoremas.

Sin pérdida de generalidad, podemos suponer como punto crítico $(\bar{x}, \bar{y}) = (0, 0)$ (si este no fuera el caso, basta efectuar una traslación), y entonces consideramos el sistema lineal:

$$(46) \qquad (\text{SL}) \left\{ \begin{array}{l} x' = ax + by \\ y' = cx + dy, \end{array} \right.$$

con condiciones iniciales $x(t_0) = x_0$, $y(t_0) = y_0$, y con $ad - bc \neq 0$, para que de esta forma el punto $(0, 0)$ sea el único punto crítico del sistema (y sea aislado).

Tomamos $A = \begin{pmatrix} a & b \\ c & d \end{pmatrix}$ con valores propios λ_1, λ_2. Recordemos que una matriz invertible no tiene al cero como valor propio. Luego $\lambda_1, \lambda_2 \neq 0$. Pueden ocurrir los siguientes casos:

A. Casos principales:

(1) λ_1, λ_2 reales distintos pero de igual signo.
(2) λ_1, λ_2 reales distintos y de distinto signo.
(3) λ_1, λ_2 complejos (conjugados), con parte real no nula.

B. Casos frontera:

(1) λ_1, λ_2 reales e iguales.
(2) λ_1, λ_2 imaginarios puros (conjugados).

Examinaremos por separado cada uno de los casos descritos arriba.

A. Casos principales:

En todos estos casos los valores propios son distintos, por ende la matriz es diagonalizable, es decir, se puede escribir de la forma $A = PDP^{-1}$, con

$$D = \begin{pmatrix} \lambda_1 & 0 \\ 0 & \lambda_2 \end{pmatrix} \quad P = \begin{pmatrix} | & | \\ v_1 & v_2 \\ | & | \end{pmatrix},$$

[2]Henri Poincaré (1854-1912) matemático francés quien plante una célebre conjetura topológica demostrada el año 2006.

[3]Alexander Liapunov (1857-1918) matemático y físico ruso.

donde v_1, v_2 son los vectores propios asociados a λ_1 y λ_2, respectivamente. De esta forma la solución del sistema lineal es

$$\begin{aligned}
\begin{pmatrix} x \\ y \end{pmatrix} &= e^{At}\begin{pmatrix} x_0 \\ y_0 \end{pmatrix} \\
\begin{pmatrix} x \\ y \end{pmatrix} &= P\begin{pmatrix} e^{\lambda_1 t} & 0 \\ 0 & e^{\lambda_2 t} \end{pmatrix}P^{-1}\begin{pmatrix} x_0 \\ y_0 \end{pmatrix} \\
\underbrace{P^{-1}\begin{pmatrix} x \\ y \end{pmatrix}} &= \begin{pmatrix} e^{\lambda_1 t} & 0 \\ 0 & e^{\lambda_2 t} \end{pmatrix}\underbrace{P^{-1}\begin{pmatrix} x_0 \\ y_0 \end{pmatrix}} \\
\begin{pmatrix} \tilde{x} \\ \tilde{y} \end{pmatrix} &= \begin{pmatrix} e^{\lambda_1 t} & 0 \\ 0 & e^{\lambda_2 t} \end{pmatrix}\begin{pmatrix} \tilde{x}_0 \\ \tilde{y}_0 \end{pmatrix}.
\end{aligned}$$

De esta forma, el problema se desacopla en estas nuevas coordenadas $\tilde{x}, \tilde{y}$ introducidas por las direcciones de los vectores propios (llamadas también *direcciones propias*). Resulta simplemente

$$\begin{cases} \tilde{x} = e^{\lambda_1 t}\tilde{x}_0 \\ \tilde{y} = e^{\lambda_2 t}\tilde{y}_0. \end{cases}$$

Observemos que si, por ejemplo, $\lambda_1 < 0$, entonces

$$\lim_{t\to\infty} \tilde{x} = \lim_{t\to\infty} e^{\lambda_1 t}\tilde{x}_0 = 0.$$

Si $\lambda_1 > 0$, entonces

$$\lim_{t\to\infty} \tilde{x} = \lim_{t\to\infty} e^{\lambda_1 t}\tilde{x}_0 = \pm\infty,$$

donde el signo de $\pm\infty$ está dado por el signo de la condición inicial. El mismo argumento es válido para λ_2.

Si queremos estudiar el diagrama de fase, eliminamos la variable t de las ecuaciones anteriores y obtenemos

$$\tilde{y} = c_0\tilde{x}^{\lambda_2/\lambda_1},$$

donde $c_0 = \frac{\tilde{y}_0}{\tilde{x}_0^{\lambda_2/\lambda_1}}$ es una constante.

A.1. λ_1, λ_2 reales distintos de igual signo.

Solo hay dos casos: $\lambda_2/\lambda_1 > 1$ o $\lambda_2/\lambda_1 < 1$. El bosquejo del diagrama de fases para el caso $\lambda_2/\lambda_1 > 1$ se tiene en la Figura 17. En el gráfico de la izquierda, para $\lambda_2 < \lambda_1 < 0$ se tiene estabilidad asintótica, mientras que en el de la derecha, para $0 < \lambda_1 < \lambda_2$, el origen es inestable.

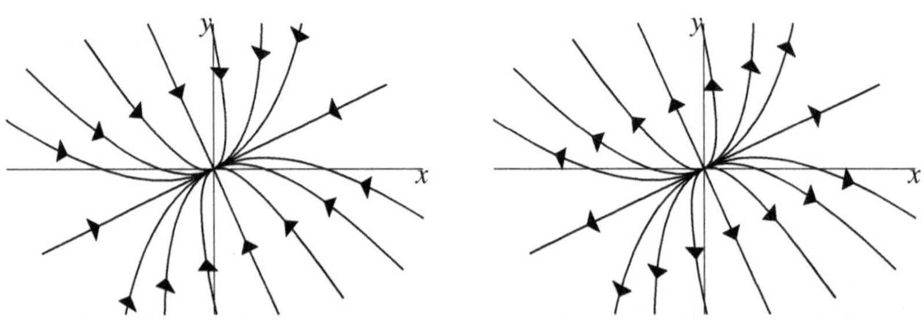

FIGURA 17. Diagramas de fase de (46) para $\lambda_2/\lambda_1 > 1$.

Para el caso $\lambda_2/\lambda_1 < 1$, se tiene la Figura 18. En el gráfico de la izquierda, para $\lambda_1 < \lambda_2 < 0$ se tiene estabilidad asintótica, mientras que en el de la derecha, para $0 < \lambda_2 < \lambda_1$, el origen es inestable.

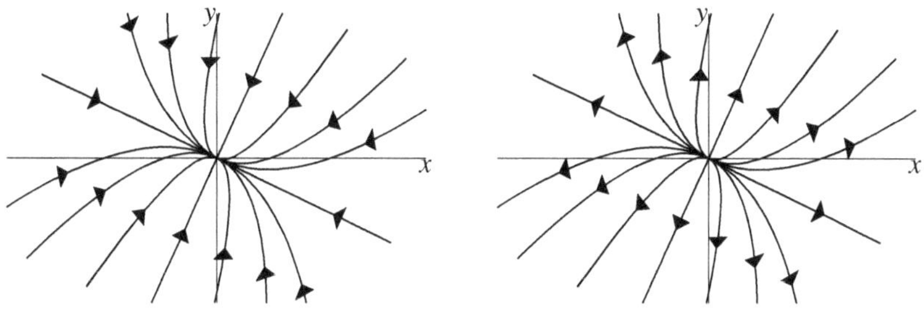

FIGURA 18. Diagramas de fase de (46) para $\lambda_2/\lambda_1 < 1$.

Como conclusión, tenemos que en ambos casos el punto $(0,0)$ es un nodo. Si los valores propios son negativos, es asintóticamente estable; si son positivos, entonces es inestable. Además, vemos que en general para el caso de valores propios reales distintos de igual signo, los recorridos de las trayectorias son siempre tangentes a la recta dada por la dirección del vector propio asociado al valor propio *de menor módulo*.

En efecto:

- $|\lambda_1| < |\lambda_2| \Rightarrow \frac{\lambda_2}{\lambda_1} > 1 \Rightarrow$ recorrido tangente a v_1.
- $|\lambda_2| < |\lambda_1| \Rightarrow \frac{\lambda_2}{\lambda_1} < 1 \Rightarrow$ recorrido tangente a v_2.

A.2. λ_1, λ_2 reales con distinto signo.

Los diagramas de fase serán los de la Figura 19. El punto crítico es un punto silla, que por supuesto es inestable. Las trayectorias entran en la dirección propia asociada al valor propio negativo y salen en la dirección propia asociada al valor propio positivo.

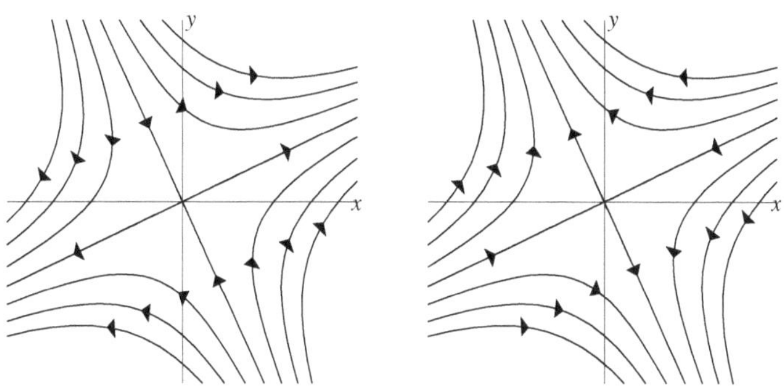

FIGURA 19. Diagramas de fase de (46) para λ_2 y λ_1 de signos distintos.

EJEMPLO 6.13 (Continuación del ejemplo de conejos y ovejas). Volvamos al ejemplo de los conejos compitendo con las ovejas:

$$\begin{cases} x' &= 60x - 3x^2 - 4xy &\equiv F(x,y) \\ y' &= 42y - 3y^2 - 2xy &\equiv G(x,y). \end{cases}$$

Sabemos que

$$\mathcal{C} = \{(0,0), (0,14), (20,0), (12,6)\}.$$

Vimos que este sistema no era degenerado en torno a ninguno de estos cuatro puntos críticos, que ahora clasificaremos con respecto al sistema linealizado. Ya habíamos evaluado el jacobiano en cada punto crítico:

(1) $J(0,0) = \begin{pmatrix} 60 & 0 \\ 0 & 42 \end{pmatrix}$. Sus valores propios son $\lambda_1 = 60$ y $\lambda_2 = 42$, por lo que se trata de un nodo inestable. Los vectores propios asociados son

$$v_1 = \begin{pmatrix} 1 \\ 0 \end{pmatrix} \quad v_2 = \begin{pmatrix} 0 \\ 1 \end{pmatrix},$$

respectivamente. Los recorridos de las trayectorias son tangentes a la dirección v_2 (salvo los 2 que son tangentes a v_1).

(2) $J(20,0) = \begin{pmatrix} -60 & -80 \\ 0 & 2 \end{pmatrix}$. Sus valores propios son $\lambda_1 = -60$ y $\lambda_2 = 2$, por lo que este es un punto silla. Los vectores propios asociados son

$$v_1 = \begin{pmatrix} 1 \\ 0 \end{pmatrix} \quad v_2 = \begin{pmatrix} 80 \\ -62 \end{pmatrix},$$

respectivamente. El eje de las trayectorias convergentes es la dirección v_1.

(3) $J(0,14) = \begin{pmatrix} 4 & 0 \\ -28 & -42 \end{pmatrix}$. Sus valores propios son $\lambda_1 = 4$ y $\lambda_2 = -42$, por lo que este también es un punto silla. Los vectores propios asociados son

$$v_1 = \begin{pmatrix} 46 \\ -28 \end{pmatrix} \quad v_2 = \begin{pmatrix} 0 \\ 1 \end{pmatrix},$$

respectivamente. El eje de las trayectorias convergentes es la dirección v_2.

(4) $J(12,6) = \begin{pmatrix} -36 & -48 \\ -12 & -18 \end{pmatrix}$. Sus valores propios son $\lambda_1 = -27-3\sqrt{73} \approx -52.6$ y $\lambda_2 = -27+3\sqrt{73} \approx -1.4$ por lo que el punto crítico $(12,6)$ es un nodo asintóticamente estable. Los vectores propios asociados son

$$v_1 = \begin{pmatrix} 16 \\ -3+\sqrt{73} \end{pmatrix} \quad v_2 = \begin{pmatrix} 16 \\ -3-\sqrt{73} \end{pmatrix},$$

respectivamente. Los recorridos de trayectorias son tangentes a la dirección v_2 (salvo los 2 que son tangentes a v_1).

En conclusión, tenemos que en el punto $(0,0)$ donde ambas especies desaparecen es inestable, al igual que cuando una sola especie sobrevive en los puntos $(20,0)$ y $(0,14)$. El punto $(12,6)$ es un punto de equilibrio asintóticamente estable, por lo que si tomamos cualquier condición inicial que no sean los otros puntos críticos, tendremos que en un tiempo suficientemente extenso se dará la coexistencia de conejos y ovejas en las vecindades del punto $(12,6)$. Podemos hacer ahora un esbozo del diagrama de fases.

A.3. λ_1, λ_2 complejos conjugados, con parte real no nula, esto es

$$\lambda_1 = \alpha + i\beta \quad \lambda_1 = \alpha - i\beta, \qquad \text{con} \qquad \alpha \neq 0 \quad \text{y} \quad \beta \neq 0.$$

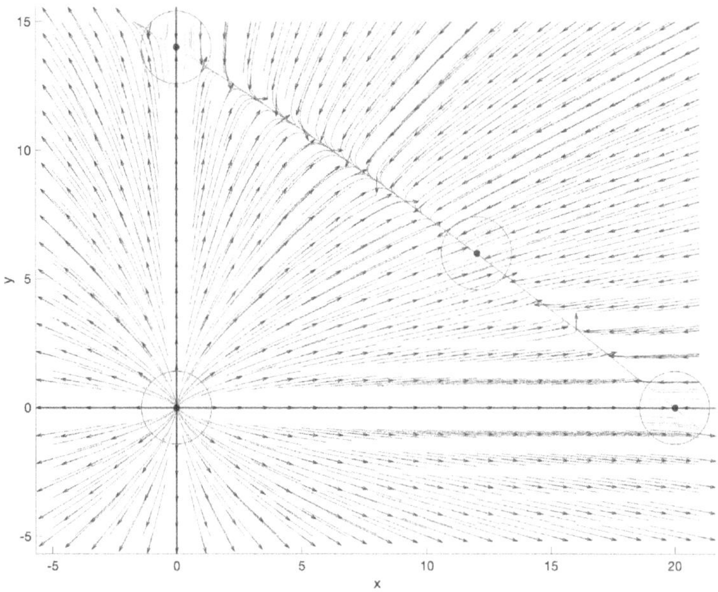

FIGURA 20. Diagrama de fases del modelo de conejos y ovejas con flujo y trayectorias. Los comportamientos cerca de los puntos críticos están indicados con círculos.

Esto es equivalente (salvo cambio de base) al sistema

$$\begin{cases} \tilde{x} &= \alpha\tilde{x} + \beta\tilde{y} \\ \tilde{y} &= -\beta\tilde{x} + \alpha\tilde{y} \end{cases}$$

pues las matrices $\begin{pmatrix} \alpha + i\beta & 0 \\ 0 & \alpha - i\beta \end{pmatrix}$ y $\begin{pmatrix} \alpha & \beta \\ -\beta & \alpha \end{pmatrix}$ tienen igual polinomio característico. Ya habíamos analizado este caso en el Ejemplo 6.12. Vimos que el origen es un punto espiral asintóticamente estable si $\alpha < 0$ y un espiral inestable si $\alpha > 0$.

Notemos que dado que hay un cambio de base, se pierde la información del sentido del giro y ya no se puede deducir de los valores o vectores propios. Para determinar el sentido del giro, lo más fácil es calcular el flujo directamente del sistema original en algunos puntos estratégicos.

EJEMPLO 6.14 (Péndulo no lineal). Ahora que tenemos más herramientas, seguiremos con el ejemplo del péndulo no lineal. El sistema

$$\begin{cases} x' &= y \\ y' &= -\frac{c}{m}y - \frac{g}{L}\operatorname{sen}(x) \end{cases}$$

tiene puntos críticos $\mathcal{C} = \{(k\pi, 0) \mid k \in \mathbb{Z}\}$, y el jacobiano respectivo es:

$$J(x,y) = \begin{pmatrix} 0 & 1 \\ -\frac{g}{L}\cos(x) & -\frac{c}{m} \end{pmatrix} \Rightarrow J(\bar{x},\bar{y}) = \begin{pmatrix} 0 & 1 \\ -\frac{g}{L}(-1)^k & -\frac{c}{m} \end{pmatrix},$$

por tanto los valores propios dependerán de la paridad de k.

k impar: Tenemos que $\lambda^2 + \frac{c}{m}\lambda - \frac{g}{L} = 0$, de donde

$$\lambda = -\frac{c}{2m} \pm \sqrt{\frac{c^2}{4m^2} + \frac{g}{L}}.$$

Puesto que todas las contantes son positivas tenemos dos valores propios reales de distinto signo. Los puntos críticos resultan ser puntos silla inestables.

k par: Aquí $\lambda^2 + \frac{c}{m}\lambda + \frac{g}{L} = 0$ y luego

$$\lambda = -\frac{c}{2m} \pm \sqrt{\frac{c^2}{4m^2} - \frac{g}{L}}.$$

Analicemos por casos el signo de la cantidad sub radical:

(1) *Sobreamortiguado*: El caso $\frac{c^2}{4m^2} > \frac{g}{L}$ nos entrega dos valores propios reales distintos, ambos negativos, por lo que los puntos críticos $(k\pi, 0)$ resultan nodos asintóticamente estables.

(2) *Subamortiguado*: El caso $\frac{c^2}{4m^2} < \frac{g}{L}$ nos entrega dos valores propios complejos conjugados, por lo que los puntos críticos $(k\pi, 0)$ resultan puntos espirales, que además son asintóticamente estables pues $\alpha = -\frac{c}{2m} < 0$. Este caso corresponde al más común, que ocurre cuando el coeficiente de roce es pequeño (notar que $\frac{c^2}{4m^2} < \frac{g}{L}$ si, y solo si, $c < 2m\sqrt{\frac{g}{L}}$). El sentido de giro de las espirales se puede determinar calculando el flujo el algunos puntos vecinos (ver flechas en la Figura 22).

Notemos que si el péndulo está en posición vertical hacia arriba, que corresponde a los puntos k impar, está en un equilibrio inestable. Intuitivamente, si en esta posición lo perturbamos ligeramente, el péndulo oscila hasta la posición vertical hacia abajo, que son los puntos espirales asintóticamente estables con k par (ver situación cerca de $(\pi, 0)$ en la Figura 22).

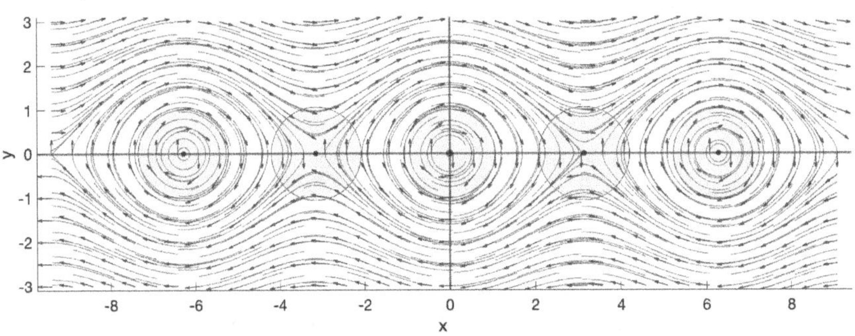

FIGURA 21. Diagramas de fase del péndulo no amortiguado caso $m = g = L = 1$, $c = 0$. (Ver figura en pliego color p. 212).

(3) *Críticamente amortiguado*: El caso $\frac{c^2}{4m^2} = \frac{g}{L}$ nos entrega un solo valor propio real negativo de multiplicidad doble. Este caso aún no lo hemos analizado, pero lo veremos a continuación (corresponde a un nodo en S).

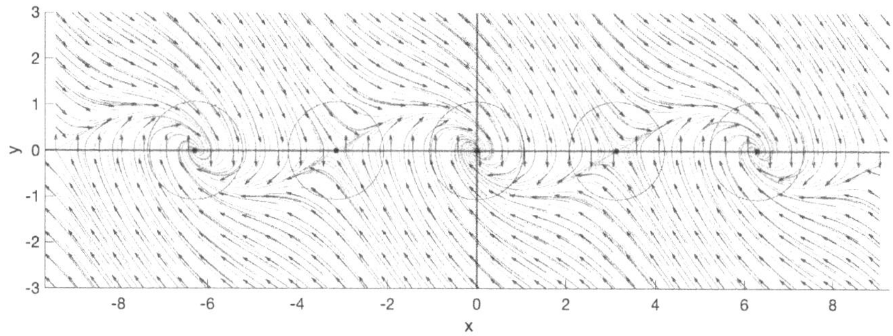

FIGURA 22. Diagramas de fase del péndulo subamortiguado caso $m = g = L = 1$, $c = 1$. (Ver figura en pliego color p. 212).

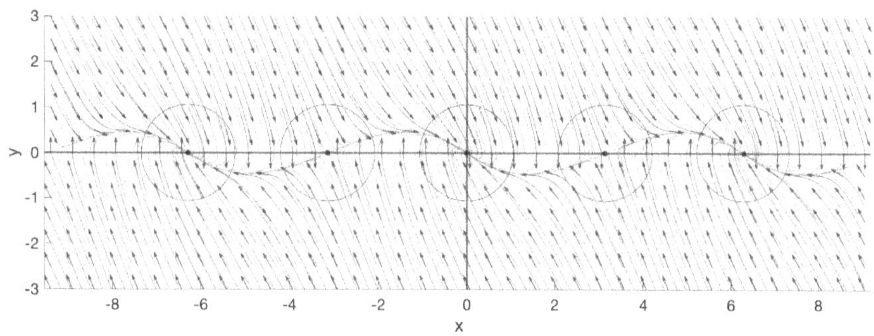

FIGURA 23. Diagramas de fase del péndulo sobreamortiguado caso $m = g = L = 1$, $c = 2.1$. (Ver figura en pliego color p. 212).

B. Casos frontera.

B.1. Un solo valor propio λ con multiplicidad 2.

Tenemos el sistema

$$\begin{cases} x' &= ax + by \\ y' &= cx + dy, \end{cases}$$

con la matriz $A = \begin{pmatrix} a & b \\ c & d \end{pmatrix}$ no es necesariamente diagonalizable (pues tiene el valor propio repetido), pero siempre se puede llevar a su forma canónica de Jordan $A = PJP^{-1}$, donde J puede tener uno o dos bloques. En el caso de tener dos bloques, la matriz es diagonalizable, con

$$J = \begin{pmatrix} \lambda & 0 \\ 0 & \lambda \end{pmatrix} \qquad \text{y de aquí} \qquad e^{Jt} = \begin{pmatrix} e^{\lambda t} & 0 \\ 0 & e^{\lambda t} \end{pmatrix}.$$

Luego, la ecuación en las nuevas coordenadas dadas por los vectores propios generalizados v_1, v_2 es:

$$\begin{pmatrix} \tilde{x} \\ \tilde{y} \end{pmatrix} = \begin{pmatrix} e^{\lambda t} & 0 \\ 0 & e^{\lambda t} \end{pmatrix} \begin{pmatrix} \tilde{x}_0 \\ \tilde{y}_0 \end{pmatrix} \Rightarrow \begin{cases} \tilde{x} &= e^{\lambda t}\tilde{x}_0 \\ \tilde{y} &= e^{\lambda t}\tilde{y}_0 \end{cases}.$$

El diagrama de fase de este caso ya es bien conocido del comienzo del capítulo (ver Figura 9 para caso $\lambda < 0$). El punto crítico será un nodo asintóticamente estable si el valor propio es negativo y un nodo inestable si es positivo. Este tipo de nodos se denominan nodos estrella.

Si la matriz no es diagonalizable, tenemos:

$$J = \begin{pmatrix} \lambda & 1 \\ 0 & \lambda \end{pmatrix} \quad \text{y entonces} \quad e^{Jt} = \begin{pmatrix} e^{\lambda t} & te^{\lambda t} \\ 0 & e^{\lambda t} \end{pmatrix}.$$

De esta forma el sistema en las nuevas coordenadas dadas por los vectores propios generalizados v_1, v_2, es:

$$\begin{pmatrix} \tilde{x} \\ \tilde{y} \end{pmatrix} = \begin{pmatrix} e^{\lambda t} & te^{\lambda t} \\ 0 & e^{\lambda t} \end{pmatrix} \begin{pmatrix} \tilde{x}_0 \\ \tilde{y}_0 \end{pmatrix} \Rightarrow \begin{cases} \tilde{x} &= e^{\lambda t}\tilde{x}_0 + te^{\lambda t}\tilde{y}_0 \\ \tilde{y} &= e^{\lambda t}\tilde{y}_0 \end{cases}.$$

De aquí se tiene que si $\lambda < 0$ resulta un nodo asintóticamente estable, y si $\lambda > 0$, es un nodo inestable. De hecho, de la segunda ecuación se puede despejar $t = \frac{1}{\lambda} ln\left(\frac{\tilde{y}}{\tilde{y}_0}\right)$. Reemplazando en la primera obtenemos

$$\tilde{x} = \tilde{y}\left(\frac{\tilde{x}_0}{\tilde{y}_0} + \frac{1}{\lambda}\log\left(\frac{\tilde{y}}{\tilde{y}_0}\right)\right).$$

Pero esta función es difícil de graficar. Una estrategia es notar primero que las trayectorias con $\tilde{y}_0 = 0$ se mantienen sobre el eje propio y que las trayectorias con $\tilde{x}_0 = 0$ (por ejemplo si $\lambda < 0$) decrecen (en módulo) exponencialmente en $\tilde{y}$ y en $\tilde{x}$ primero crecen en módulo (debido al factor t) y luego decrecen (en módulo) exponencialmente. Esto da trayectorias en forma de S. Además, dividiendo $\tilde{x}$ y $\tilde{y}$ se obtiene:

$$\frac{\tilde{y}}{\tilde{x}} = \frac{\tilde{y}_0}{\tilde{x}_0 + t\tilde{y}_0}$$

que tiende a cero si t tiende a infinito así que las trayectorias resultan tangentes al eje propio cerca del origen. El análsis para $\lambda > 0$ es similar. Este tipo de puntos críticos se denominan nodos en S. Son asintóticamente estables si $\lambda < 0$ e inestables si $\lambda > 0$.

B.2. λ_1, λ_2 imaginarios puros conjugados. Esto equivale (con un cambio de base) al sistema

$$\begin{cases} \dot{\tilde{x}} &= \beta\tilde{y} \\ \dot{\tilde{y}} &= -\beta\tilde{x}. \end{cases}$$

Del Ejemplo 6.12 se tiene que el punto crítico es un centro y resulta ser estable.

Ahora que ya sabemos como se comporta el sistema lineal en función de sus valores propios, podemos resumir los resultados de este capítulo que llevamos hasta aquí en los que se conocen como los teoremas de Poincaré y Liapunov.

TEOREMA 6.1 (Poincaré). *Sea $(\bar{x}, \bar{y})$ un punto crítico de un* SNLA *no degenerado y sean λ_1, λ_2 los valores propios de $J(\bar{x}, \bar{y})$. El punto crítico $(\bar{x}, \bar{y})$ en el (SNLA) será:*

(i) *Un* nodo *si $\lambda_1, \lambda_2 \in \mathbb{R}$ son distintos y tienen el mismo signo. En este caso además todas los trayectorias (excepto dos) son tangentes en $(\bar{x}, \bar{y})$ a la dirección propia asociada al valor propio de módulo menor. Las otras dos, están sobre la otra dirección propia.*

(ii) *Un* punto silla *si* $\lambda_1, \lambda_2 \in \mathbb{R}$ *tienen distinto signo. En este caso además hay dos trayectorias convergentes a* $(\bar{x}, \bar{y})$ *en la dirección propia asociada al valor propio negativo, y dos divergentes en la dirección propia asociada al valor propio positivo. Las demás tienen como asíntotas las direcciones propias.*

(iii) *Un* punto espiral *si* $\lambda_1, \lambda_2 \in \mathbb{C}$, *con partes real e imaginaria distintas de cero.*

TEOREMA 6.2 (Liapunov). *Sea* $(\bar{x}, \bar{y})$ *un punto crítico de un* SNLA *no degenerado y sean* λ_1, λ_2 *los valores propios de* $J(\bar{x}, \bar{y})$. *El punto crítico* $(\bar{x}, \bar{y})$ *en el* SNLA *será:*

(i) Asintóticamente estable *si las partes reales son negativas.*

(ii) Inestable *si alguno tiene parte real positiva.*

OBSERVACIÓN. Por simplicidad en los teoremas anteriores se ha hecho referencia a las trayectorias pero las afirmaciones de tipo geométrico se refieren en realidad a sus recorridos.

Los resultados anteriores son la base del análisis de los sistemas no lineales, pero no nos dicen nada en los casos en que los valores propios toman los valores frontera. Por ejemplo, en el caso del péndulo críticamente amortiguado en que $\frac{c^2}{4m^2} = \frac{g}{L}$, el sistema linealizado tenía un solo valor propio negativo, lo que correspondería a un nodo (en S) asintóticamente estable en el sistema lineal, pero esto no nos permite saber exactamente qué comportamiento tiene el sistema no lineal. Volveremos más adelante sobre este mismo punto cuando analicemos la energía de sistemas conservativos.

EJERCICIO PROPUESTO 6.1. Bosqueje el diagrama de fases del siguiente SNLA:

$$\begin{cases} x' &= 20x - 2x^2 - 10xy \\ y' &= -10y - 10y^2 + 5xy, \end{cases}$$

¿Qué tipo de puntos críticos identifica? Debería obtener un diagrama como el de la Figura 24.

6.5. El enfoque traza-determinante

Consideremos el sistema lineal $X'(t) = AX(t)$, donde $A \in M_{2\times 2}(R)$ es una matriz invertible. El origen es el único punto crítico del sistema. Veremos cómo clasificarlo de acuerdo con las relaciones entre la traza y el determinante de A. Para simplificar la notación introducimos las variables

$$x = \operatorname{tr}(A) \qquad \text{e} \qquad y = \det(A)$$

que determinan el *plano traza - determinante.*

El polinomio característico de la matriz A es

$$p(\lambda) = \lambda^2 - \operatorname{tr}(A)\lambda + \det(A).$$

Sus raíces son

$$\lambda = \frac{-\operatorname{tr}(A) \pm \sqrt{\operatorname{tr}(A)^2 - 4\det(A)}}{2}.$$

Las raíces son reales sobre la parábola $4\det(A) = \operatorname{tr}(A)^2$. Con la notación dada arriba esto es $4y = x^2$.

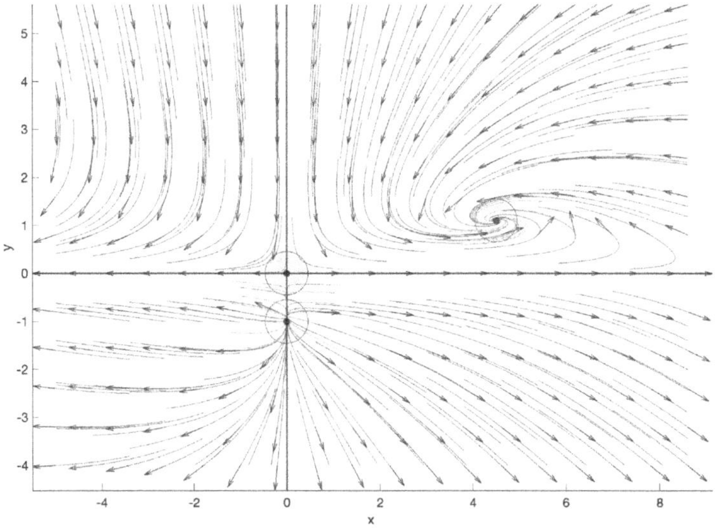

FIGURA 24. Diagrama de fases del Ejercicio 6.1.

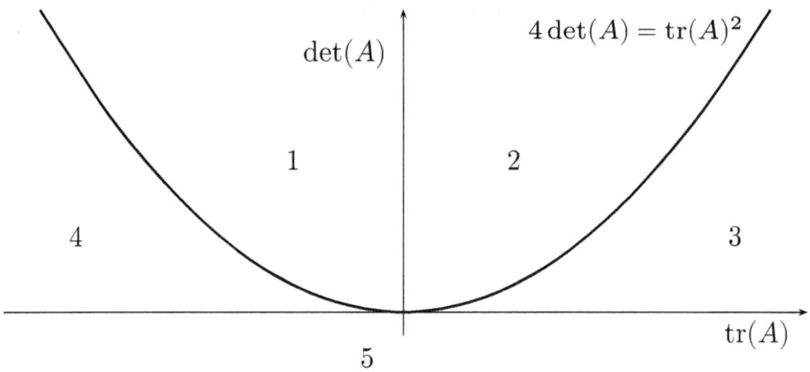

FIGURA 25. Plano traza - determinante.

Cuando estemos en el caso $4y > x^2$ (por encima de la parábola), tendremos el caso de raíces complejas conjugadas. Si $\text{tr}(A) < 0$ (región 1) tendremos un punto espiral inestable; si $\text{tr}(A) = 0$ (eje OY), un centro; y si $\text{tr}(A) > 0$ (región 2), un punto espiral estable.

En el semiplano $\det(A) < 0$ (región 5) las raíces son reales y tienen distinto signo, por lo que tendremos solo puntos sillas inestables.

Veamos qué pasa entre la parábola $4y = x^2$ y la recta $y = 0$. Si $\text{tr}(A) > 0$ (región 3) hay dos raíces reales negativas, por lo que tenemos un nodo asintóticamente estable; si $\text{tr}(A) < 0$ (región 4), hay dos raíces reales positivas y tenemos un nodo inestable.

Sobre la parábola tenemos una raíz real con multiplicidad 2. Se obtienen en este caso nodos inestables si $\text{tr}(A) < 0$ y nodos asintóticamente estables si $\text{tr}(A) > 0$.

Hemos concluido así una forma que nos permite tener una idea general del punto crítico de un sistema teniendo la traza y determinante de la matriz, sin tener que calcular valores y vectores propios explícitamente. Sin embargo, si queremos un gráfico preciso del diagrama de fases, es inevitable calcular los vectores propios, pues indican las direcciones de tangencia de las trayectorias, para el caso que corresponda.

6.6. Energía, funciones de Liapunov y estabilidad

Un concepto útil en física para clasificar los puntos de equilibrio de un sistema es el de energía, gracias al siguiente principio:

> *"En sistemas conservativos, un punto crítico es estable si es un mínimo local de la energía total".*

A grandes rasgos una función de Liapunov es *una energía, en un sentido amplio.* En breve daremos una definicón más precisa.

Antes introduzcamos las llamadas curvas de iso-energía que se pueden obtener directamente para el péndulo no lineal en el caso conservativo ($c = 0$). En general, si tenemos el sistema conservativo:

$$x'' + f(x) = 0$$

si multiplicamos por x' e integramos entre t_1 y t_2, queda

$$\int_{t_1}^{t_2} x'x''\,dt + \int_{t_1}^{t_2} f(x(t))x'(t)\,dt = 0$$

usando que $\frac{d|x'|^2}{dt} = 2x'x''$ y haciendo el cambio de variables $x = x(t)$ se tiene que

$$\frac{|x'(t_1)|^2}{2} - \frac{|x'(t_2)|^2}{2} + \int_{x_1}^{x_2} f(s)ds = 0$$

y si llamamos F a una primitiva de f esto es:

$$F(x) = \int_0^x f(s)\,ds$$

entonces

$$\frac{|x'(t_1)|^2}{2} + F(x_1) = \frac{|x'(t_1)|^2}{2} + F(x_2).$$

Esto quiere decir que la siguiente cantidad (que es exactamente la energía salvo una constante multiplicativa y/o aditiva) es conservada a lo largo de las trayectorias:

$$E(x, y) = \frac{y^2}{2} + F(x).$$

Las curvas de iso-energía quedan así parametrizadas por E de la forma

$$y = \pm\sqrt{2(E - F(x))}.$$

Retomemos el Ejemplo 6.14 del péndulo. Supongamos primero que $c = 0$, lo que significa que *no hay roce*. El sistema es

$$\begin{cases} x' &= y \\ y' &= -\frac{g}{L}\operatorname{sen}(x). \end{cases}$$

En este caso la cantidad conservada es:

$$E(x,y) = \frac{y^2}{2} + F(x) = \frac{y^2}{2} - \frac{g}{L}\cos(x).$$

Las curvas de iso-energía tienen la forma

$$y = \pm\sqrt{2\left(E + \frac{g}{L}\cos(x)\right)}$$

y están parametrizadas por E de -1 a ∞. En la Figura 26 se muestran algunas de dichas curvas.

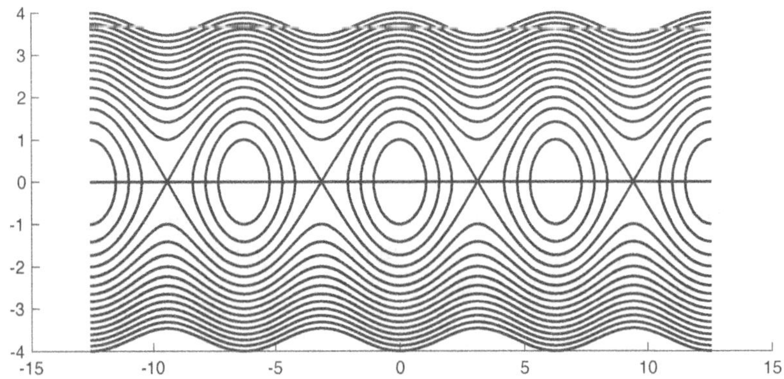

FIGURA 26. Curvas de iso-energía en el caso del péndulo no lineal conservativo ($c = 0$) con $g = L = 1$.

Notar que la energía cinética de este sistema es $K = \frac{1}{2}mL^2\theta'^2 = \frac{1}{2}mL^2y^2$, y la energía potencial $U = mgL(1-\cos(\theta)) = mgL(1-\cos(x))$, entonces la energía total es

$$V(x,y) = K + U = \frac{1}{2}mL^2y^2 + mgL(1-\cos(x))$$

y podemos verificar que V y E se diferencian solamente en una constante multiplicativa y una constante aditiva:

$$V(x,y) = mL^2E(x,y) + mgL$$

de manera que las curvas de nivel de E y V son cualitativamente iguales (ver Figuras 26 y 27) y da lo mismo cuál de las dos funciones de energía considerar.

Si queremos verificar directamente que V es conservada a lo largo de las trayectorias, derivemos la función V con respecto al tiempo usando la regla de la cadena:

$$\frac{dV}{dt} = \frac{\partial V}{\partial x}\frac{dx}{dt} + \frac{\partial V}{\partial y}\frac{dy}{dt} = mgL\operatorname{sen}(x)x' + mL^2yy'.$$

Reemplazando x', y' de las ecuaciones del sistema no lineal, tenemos que

$$V'(t) = mgL\operatorname{sen}(x)y + mL^2y\left(-\frac{g}{L}\operatorname{sen}(x)\right) = 0$$

para todo t, lo que significa que $V(t) = V_0$ para todo t. Es decir, la energía se mantiene constante, por lo que hemos verificado una vez más que el sistema es *conservativo*.

Por otra parte, los mínimos locales de V (o de E) son efectivamente los puntos críticos del sistema: $\{(2k\pi, 0) \mid k \in \mathbb{Z}\}$. Si el sistema parte de uno de estos puntos, permanece en él; pero si parte de un punto distinto las trayectorias no pueden tender a ningún punto crítico pues ellas se mantienen a niveles constantes de energía. Esto dice que ningún punto crítico puede ser asintóticamente estable.

Consideremos ahora el péndulo *con roce*:

$$\begin{cases} x' &= y \\ y' &= -\frac{c}{m}y - \frac{g}{L}\operatorname{sen}(x) \end{cases}$$

Las ecuaciones para la energía son exactamente las mismas, por lo que todavía $V(x,y) = \frac{1}{2}mL^2y^2 + mgL(1-\cos(x))$, pero si derivamos y luego reemplazamos x', y' obtenemos

$$\frac{dV}{dt} = -cL^2y^2 \leq 0.$$

La energía disminuye con el paso del tiempo y se dice que el sistema es *disipativo*. En este caso la pérdida o disminución de energía se debe al roce y es natural pensar que entonces debe tener más posibilidad de evolucionar hacia un punto de equilibrio estable. Es más, antes ya vimos que la posición vertical hacia abajo es punto de equilibrio asintóticamente estable.

Esto es más general, si consideramos el sistema siguiente:

$$x'' + f(x) + g(y) = 0$$

tal que $yg(y) \geq 0$ entonces si $E(x,y) = \frac{y^2}{2} + F(x)$ como antes, se cumplirá que

$$\frac{dE}{dt} = yy' + f(x)y = y(-f(x) - g(y)) + f(x)y = -yg(y) \leq 0$$

es decir el sistema disipará energía.

Dado un punto $(\bar{x},\bar{y}) \in \mathbb{R}^2$, una *corona* alrededor de $(\bar{x},\bar{y})$ es un conjunto $\mathcal{D}_r$ de la forma

$$\{(x,y) \in \mathbb{R}^2 \mid 0 < \|(x,y) - (\bar{x},\bar{y})\| < r\}.$$

Notemos que si a $\mathcal{D}_r$ le agregamos el punto $(\bar{x},\bar{y})$ obtenemos la bola abierta $B_r(\bar{x},\bar{y})$. Una *vecindad perforada* de $(\bar{x},\bar{y})$ es un abierto que no contiene a $(\bar{x},\bar{y})$ pero contiene a una corona alrededor de $(\bar{x},\bar{y})$.

Consideremos el SNLA

$$(\text{SNLA})\begin{cases} x' &= F(x,y), \quad x(t_0) = x_0 \\ y' &= G(x,y), \quad y(t_0) = y_0, \end{cases}$$

donde F y G son funciones continuamente diferenciables.

Sean $(\bar{x},\bar{y})$ un punto crítico aislado del SNLA y $\mathcal{D}_r$ una corona alrededor de $(\bar{x},\bar{y})$. Una función continuamente diferenciable $V : B_r(\bar{x},\bar{y}) \to \mathbb{R}$ es una *función de Liapunov* para el sistema en torno al punto crítico $(\bar{x},\bar{y})$ si satisface las siguientes condiciones:

(1) Se anula en $(\bar{x},\bar{y})$ y es positiva en todo $\mathcal{D}_r$.

(2) $\dfrac{\partial V}{\partial x}F + \dfrac{\partial V}{\partial y}G \leq 0$ en $\mathcal{D}_r$.

Si la igualdad en (2) es siempre estricta, decimos que V es una función de Liapunov *estricta*.

Observemos que, a lo largo de las soluciones del sistema, la función de Liapunov decrece. Más precisamente,

$$\begin{aligned}\frac{d}{dt}V(x(t),y(t)) &= \frac{\partial V}{\partial x}x'(t)+\frac{\partial V}{\partial y}y'(t)\\ &= \frac{\partial V}{\partial x}F(x(t),y(t))+\frac{\partial V}{\partial y}G(x(t),y(t))\leq 0\end{aligned}$$

lo que hace evidente la cercanía entre las funciones de Liapunov y la energía.

TEOREMA 6.3 (Estabilidad por funciones de Liapunov). *Sea $(\bar{x},\bar{y})$ un punto crítico aislado del* SNLA.

(1) *Si existe una función de Liapunov en torno a $(\bar{x},\bar{y})$, entonces el punto crítico es estable.*
(2) *Si además la función de Liapunov es estricta, el punto es asintóticamente estable.*
(3) *Por el contrario, si existe una función con las mismas características pero con $\frac{\partial V}{\partial x}F+\frac{\partial V}{\partial y}G>0$ en $\mathcal{D}_r$, entonces el punto crítico es inestable.*

PRUEBA. Parte 1. Sea $\varepsilon>0$. Para probar la estabilidad debemos encontrar $\delta>0$ tal que si $(x_0,y_0)\in B_\delta(\bar{x},\bar{y})$ entonces $x(t),y(t)\in B_\varepsilon(\bar{x},\bar{y})$ para todo $t>0$. Como V es continua existe

$$\min\{V(x,y)\mid (x,y)\in\partial\overline{B}_\varepsilon(\bar{x},\bar{y})\}=m>0,$$

donde $\overline{B}_\varepsilon(\bar{x},\bar{y})$ es la bola cerrada de centro $(\bar{x},\bar{y})$ y radio ε y $\partial\overline{B}_\varepsilon(\bar{x},\bar{y})$ denota su frontera (que es cerrada y acotada). Por la continuidad de V y dado que V se anula en $(\bar{x},\bar{y})$, existe $\delta\in(0,r)$ tal que $V(x,y)<m/2$ para todo $(x,y)\in\overline{B}_\delta(\bar{x},\bar{y})$. En t_0 tomemos la condición inicial $(x_0,y_0)\in B_\delta(\bar{x},\bar{y})$, y la trayectoria asociada $(x(t),y(t))$. Sabemos que $V(x_0,y_0)<m/2$. Además

$$\frac{d}{dt}V(x(t),y(t))=\frac{\partial V}{\partial x}\frac{dx}{dt}+\frac{\partial V}{\partial y}\frac{dy}{dt}=V_xF+V_yG\leq 0$$

de donde

$$V(x(t),y(t))\leq V(x_0,y_0)<m/2 \qquad \text{para todo} \qquad t\geq 0.$$

Como $(x(t),y(t))$ es una función continua (esto viene del teorema de existencia y unicidad), la curva que describe no intersecta $\partial\overline{B}_\varepsilon(\bar{x},\bar{y})$ para ningún t pues allí V vale m. Concluimos que $(\bar{x},\bar{y})$ es estable.

Parte 2. Para la estabilidad asintótica debemos $\delta>0$ de manera que si $(x_0,y_0)\in B_\delta(\bar{x},\bar{y})$ entonces $\lim_{t\to\infty}(x(t),y(t))=(\bar{x},\bar{y})$. Como la función

$$t\mapsto V(x(t),y(t))$$

es positiva y decreciente para cualquier condición inicial, ella tiene un límite L cuando $t\to\infty$. Si $L=0$, la continuidad de V asegura que $\lim_{t\to\infty}(x(t),y(t))=(\bar{x},\bar{y})$ que es el único punto donde V se anula. Probaremos ahora que L no puede ser positivo. En efecto, si $L>0$ entonces $V(x(t),y(t))\geq L$ para todo t. Por otro lado, siempre se tiene que $V(x(t),y(t))\leq V(x_0,y_0)$. Además, el punto 1 dice que $(\bar{x},\bar{y})$ es estable, de modo que existe $\delta>0$ tal que si $(x_0,y_0)\in B_\delta(\bar{x},\bar{y})$ entonces $(x(t),y(t))\in B_{r/2}(\bar{x},\bar{y})$. En virtud de la continuidad de V el conjunto

$$\mathcal{K}=\{\ (x,y)\in\overline{B}_{r/2}(\bar{x},\bar{y})\mid L\leq V(x,y)\leq V(x_0,y_0)\ \}$$

es cerrado y acotado. Además contiene a la trayectoria y no contiene a $(\bar{x}, \bar{y})$. Luego

$$\text{máx}\left\{\frac{d}{dt}V(x(t), y(t)) \mid (x(t), y(t)) \in \mathcal{K}\right\} = -k < 0.$$

Tenemos entonces que

$$V(x(t), y(t)) \leq V(x_0, y_0) - kt,$$

cantidad que tiende a $-\infty$ cuando $t \to \infty$. Esto es imposible puesto que V no toma valores negativos.

La demostración de la parte 3 se deja como ejercicio al lector o la lectora. □

Para el ejemplo del péndulo sin roce la función

$$V(x, y) = \frac{1}{2}mL^2y^2 + mgL(1 - \cos(x))$$

claramente se anula en los puntos críticos, y es estrictamente positiva en todos los otros puntos, y vimos que $\frac{dV}{dt} \equiv 0$, por lo que por el teorema anterior tenemos que los puntos críticos son estables, que es la misma conclusión que obtuvimos con el análisis de linealización del sistema. Para el sistema amortiguado, si tomamos la misma función V anterior, tenemos que se cumplen las hipótesis del teorema, pero como $\frac{dV}{dt} = -cLy^2 \leq 0$, solo podemos concluir que el origen es estable, aunque en realidad sabemos que es asintóticamente estable.

En un sistema cualquiera, la función de Liapunov es una herramienta muy útil, pero el problema es que hay que probar con diferentes funciones y tratar de encontrar una que sirva. En el caso de sistemas físicos conservativos, la energía total del sistema es una buena función a considerar, pero ya notamos que en el caso del péndulo amortiguado quizá pueda hacerse algo mejor.

En el péndulo amortiguado, tomemos $c/m = g/L = 1$ para facilitar los cálculos. Probemos que la función

$$V(x, y) = \frac{1}{2}(x + y)^2 + x^2 + \frac{1}{2}y^2,$$

es una función de Liapunov estricta en el origen (ver Figura 28). La función claramente cumple con la condición de anularse solo en el punto $(x, y) = (0, 0)$, es positiva fuera del origen, continuamente diferenciable en todo $\mathbb{R}^2$ y además

$$\begin{aligned}\frac{\partial V}{\partial x}F + \frac{\partial V}{\partial y}G &= (x + y + 2x)y - (x + y + y)(y + \operatorname{sen}(x)) \\ &= 2xy - y^2 - (x + 2y)\operatorname{sen}(x).\end{aligned}$$

Por el teorema de Taylor sabemos que $\operatorname{sen}(x) = x - \frac{\cos(\xi)}{3}x^3$ para algún ξ entre 0 y x. Como para usar el teorema basta encontrar una vecindad del origen, consideremos $-\frac{\pi}{2} < x < \frac{\pi}{2}$, con lo que $0 < \cos(\xi) < 1$. Reemplazando se tiene que

$$\frac{\partial V}{\partial x}F + \frac{\partial V}{\partial y}G = -(x^2 + y^2) + \frac{\cos(\xi)}{3}x^3(x + 2y).$$

No es directo establecer si esta expresión cambia de signo o no, pero si hacemos el cambio a coordenadas polares: $x = r\cos(\theta)$, $y = r\operatorname{sen}(\theta)$, obtenemos

$$\frac{\partial V}{\partial x}F + \frac{\partial V}{\partial y}G = -r^2 + \frac{\cos(\xi)}{3}r^4\left(\cos^4(\theta) + 2\cos^3(\theta)\sin(\theta)\right).$$

Claramente $-1 < \cos^4(\theta) + 2\cos^3(\theta)\,\mathrm{sen}(\theta) < 3$ y entonces

$$-\frac{1}{3} < \frac{\cos(\xi)}{3}\left(\cos^4(\theta) + 2\cos^3(\theta)\,\mathrm{sen}(\theta)\right) < 1.$$

Luego, tomando $r < 1$, se tiene

$$\left| r^2 \frac{\cos(\xi)}{3}\left(\cos^4(\theta) + 2\cos^3(\theta)\,\mathrm{sen}(\theta)\right)\right| < 1,$$

de donde vemos que

$$\frac{\partial V}{\partial x}F + \frac{\partial V}{\partial y}G = -r^2\left\{1 + r^2\left(\frac{\cos(\xi)}{3}\left(\cos^4(\theta) + 2\cos^3(\theta)\,\mathrm{sen}(\theta)\right)\right)\right\} < 0$$

en una vecindad del origen. El teorema de estabilidad por funciones de Liapunov nos dice entonces que el origen es un punto crítico asintóticamente estable. Este último ejemplo nos muestra que una función de Liapunov no es necesariamente la función de energía del sistema.

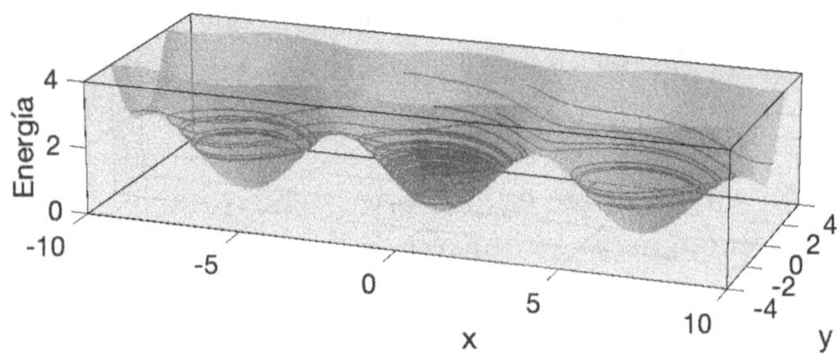

FIGURA 27. Energía total $E(x,y) = \frac{1}{2}mL^2y^2 + mgL(1-\cos(x))$ y trayectorias para el péndulo no-lineal para valores de los parámetros $m = g = L = 1$ y $c = 0.1$. La energía total resulta ser una función de Liapunov no estricta ya que no decrece estrictamente cuando $y = \theta' = 0$. (Ver figura en pliego color p. 213).

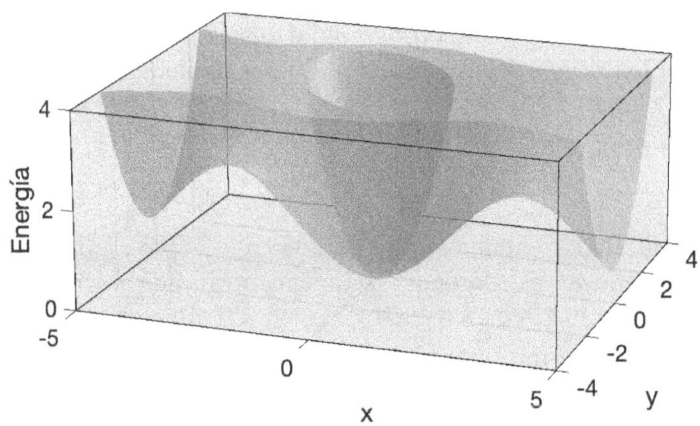

FIGURA 28. Energía total $E(x,y) = \frac{1}{2}y^2 + 1 - \cos(x)$ y función de Liapunov $V(x,y) = \frac{1}{2}(x+y)^2 + x^2 + \frac{1}{2}y^2$ para el caso $m = g = L = c = 1$. (Ver figura en pliego color p. 213).

A continuación se muestran algunos ejemplos de programas en MATLAB útiles para obtener las figuras de diagramas de fase y de energía de este capítulo en el caso del péndulo no lineal, pero que se pueden adaptar fácilmente a otros SNLA. El primer código corresponde a las Figuras 21, 22, 23. El segundo código en la página siguiente es para generar la Figura 27 tridimensional.

Código Figuras 21, 22, 23.

```
% Dimensiones y grilla
minx = -3*pi; maxx = 3*pi; miny = -3; maxy =3;
dx = 0.5; dy = 0.5; % paso de grilla
velocidad = 0; % 1 para flujo no normalizado
% Puntos críticos
for k=1:5
    col(k)=(k-3)*pi; row(k)=0;
end
% Diagrama de fase
[X,Y,F,G] = SNLA(minx,maxx,miny,maxy,dx,dy);
R=sqrt(F.^2+G.^2); % para normalizar el flujo
hold on; theta=0:0.01:2*pi;
nc = length(col); d= 0.5*sqrt(dx^2+dy^2);
nangles = 12;
for i=1:nc
    h=patch(col(i)+3*d*cos(theta),row(i)+3*d*sin(theta),'g');
    set(h,'FaceColor',[1 0.9647 0.7412])
    for k=0:nangles-1
        sX = col(i) + d*cos(2*pi*k/nangles);
        sY = row(i) + d*sin(2*pi*k/nangles);
        s = streamline(X,Y,F,G,sX,sY,1e-4); set(s,'Color','r');
        s2 = streamline(X,Y,-F,-G,sX,sY,1e-4); set(s2,'Color','r');
    end
end
s = streamline(X,Y,F,G,X,Y,[1e-4 2e4]); set(s,'Color','r');
s2 = streamline(X,Y,-F,-G,X,Y,[1e-4 2e4]);
set(s2, 'Color', 'r','Linewidth',1);
xlabel('x'); ylabel('y');
if velocidad == 0
    q = quiver(X,Y,F./R,G./R,0.5);
else
    q = quiver(X,Y,F,G,0.5)
end
q.LineWidth = 1; q.Color='b';
yl = ylim; plot([0 0],[yl(1) yl(2)],'k','Linewidth',1);
xl = xlim; plot([xl(1) xl(2)],[0 0],'k','Linewidth',1);
plot(col,row,'.','Color','b','Markersize',15)
set(gcf,'Color','w','Position',[740 302 1113 847]);
axis tight; set(gca,'FontSize',16);
axis tight equal; hold off
% Sistema SNLA %%%%%%%%%%%%%%%%%%%%%%%%%%%%%%%%
function [X,Y,F,G] = SNLA(minx,maxx,miny,maxy,dx,dy)
    x = minx:dx:maxx; y = miny:dy:maxy; [X Y] = meshgrid(x,y);
    % c=0 no amortiguado, c=1 subamortiguado c=2.1 sobreamortiguado
    g=1; m=1; L=1; c=1;
    F = Y;
    G = -c/m*Y - g/L*sin(X);
end
```

Código Figura 27.

```
% Energía del péndulo no lineal
Lx=10; Ly=4; Lz=4;
coord = [-Lx -Ly 0;Lx -Ly 0;Lx Ly 0;-Lx Ly  0;-Lx -Ly Lz;...
     Lx -Ly Lz;Lx Ly Lz;-Lx Ly Lz;];
idx = [4 8 5 1 4; 1 5 6 2 1; 2 6 7 3 2; 3 7 8 4 3; 5 8 7 6 5; 1 4 3 ...
    2 1]';
xc = coord(:,1); yc = coord(:,2); zc = coord(:,3);
L=1;m=1;g=1;c=0.1;
xp=-Lx:0.01:Lx; yp=-Ly:0.01:Ly;
[X Y]=meshgrid(xp,yp);
E2 = 0.5*m*L^2*Y.^2+m*g*L*(1-cos(X));
hold on
surfl(X,Y,E2); alpha 0.5
camproj('perspective'); shading flat
hold off
for x0=-2:1:2
    for y0=-2:1:2
        x(1) = x0; y(1) = y0;
        E(1) = 0.5*m*L^2*y(1)^2+m*g*L*(1-cos(x(1)));
        dt = 0.1;
        for i=1:200
            x(i+1) = x(i)+ dt*y(i);
            y(i+1) = y(i)+ dt*(-c/m*y(i) -g/L*sin(x(i)));
            E(i+1) = 0.5*m*L^2*y(i)^2+m*g*L*(1-cos(x(i)));
        end
        hold on
        patch(xc(idx), yc(idx), zc(idx), 'r', 'facealpha', 0.1);
        plot3(x,y,E,'LineWidth',1,'Color','r')
        view([20 17]); axis equal
        xlim([-Lx,Lx]); ylim([-Ly,Ly]); zlim([0,Lz])
        xlabel('x'); ylabel('y'); zlabel('Energía')
        grid on; set(gcf,'Color','w'); set(gca,'FontSize',16)
        hold off
    end
end
```

Capítulo 7

Aplicaciones al modelamiento

En el Capítulo 2 se explicó cómo resolver numéricamente ecuaciones de primer orden del tipo:

$$y' = f(t, y(t))$$

donde $y(t)$ es una función escalar. Los métodos numéricos presentados allí pueden aplicarse tanto si f es una función a valores escalares, o sea, una sola EDO, o si f es a valores vectoriales, es decir, un *sistema* de EDOs como se estudió en el Capítulo 5. Esto es útil también para resolver las ecuaciones diferenciales lineales de orden superior vistas en el Capítulo 3, pues vimos que era posible reducirlas a sistemas de EDOs de primer orden.

Ilustraremos esto con varias aplicaciones de modelamiento a problemas reales, donde aprovecharemos de aplicar los métodos numéricos que se vieron en el Capítulo 2, como por ejemplo el método de Euler o el método de Runge-Kutta.

El primer caso es un ejemplo histórico: la pesca en el Mar Adriático. Después veremos el análisis de las réplicas de un terremoto, porque aunque los sismos grandes no pueden fácilmente predecirse, existe una ley que rige sus réplicas, llamada la ley de Omori. Luego pasaremos a un ejemplo de formación de estrellas, cómo evolucionan desde que se forman de polvo cósmico hasta que se vuelven a deshacer en periodos de millones de años. Veremos también un modelo que se propuso para modelar los latidos del corazón humáno, el de Van der Pol y su relación con soluciones caóticas. Finalizaremos con dos aplicaciones a problemas actuales. La primera es un modelo que mezcla comportamientos sociales en términos de desigualdad económica con la disponibilidad de recursos naturales y alimentos. La segunda es el análisis de un modelo epidemiológico de tipo SIR (susceptible, infectado, recuperado), modelos introducidos por Kermack–McKendrick en 1927 y que sin embargo todavía son usados con mejoras y modificaciones para estudiar la evolución de pandemias como fue el caso para la pandemia de Covid en el periodo 2019-2021.

Si el lector o la lectora es entusiasta y con interés de aprender más sobre métodos numéricos para EDO y programación en *python*, hemos dejado una librería de cuadernos interactivos disponible con otros ejemplos de aplicaciones que se pueden consultar como material complementario al de este libro[1].

Acá hay que notar un aspecto muy importante de la modelación en general y se aplica a todos los ejemplos que veremos en este capítulo y algunos de los que hemos visto ya en este libro. Cuando se aplican ecuaciones diferenciales, se trata

[1]Ver https://colab.research.google.com/drive/1aA1NHB67etlNuIgeCEvDoiyf06jHNxnu

de modelos que intentan representar algunos aspectos de la realidad y que pueden efectivamente ayudar a hacer mejores análisis y dar luces sobre los procesos subyacentes. Incluso pueden usarse para asistir a tomadores de decisiones para implementar mejores políticas públicas, identificar incentivos, formar opiniones científicamente más informadas y robustas, pero siempre hay que tener presente que la realidad resulta mucho más compleja. En la práctica casi siempre es así, y los resultados de los modelos tienen que ser considerados con sus limitaciones intrínsecas, y considerados en el contexto y con las hipótesis con que fueron construidos. A pesar de ello, en problemas globales recientes como son el cambio climático y la expansión de pandemias, la simulación usando ecuaciones diferenciales ha sido clave para avanzar en soluciones y adaptaciones de los gobiernos y la población a nivel mundial.

7.1. Sensación de bañarse en un mar tibio

Incluimos en esta sección el ejemplo presentado en el Capítulo 1 que explica por qué podemos sentir el mar tibio en una tarde de verano. Esto está basado en la ley de enfriamiento de Newton presentada como motivación en ese primer capítulo introductorio, que afirma que el aumento de la temperatura del mar durante el día será proporcional a la diferencia que tenga con la temperatura ambiente de la atmósfera.

La EDO a resolver es:

$$T'(t) = k(T_A(t) - T(t)), \quad T(0) = T_0$$

con

$$T_A(t) = T_A^0 - A\,\text{sen}(\omega(t-10))$$

donde T y T_A son las temperaturas del mar y del ambiente respectivamente, T_0 la temperatura inicial del mar, k el coeficiente de intercambio calórico del océano con la atmósfera, A la mitad de la amplitud de oscilación de la temperatura atmosférica, T_A^0 la media diaria de la temperatura ambiente y ω la frecuencia de oscilación de la temperatura ambiente. Tomamos el tiempo en unidades de horas y las temperaturas en grados Celsius. Los valores de los parámetros para la simulación son $T_0 = 15$, $k = 0.1$, $A = 9$, $T_A^0 = 17$, $\omega = 2\pi/24$ y el tiempo de simulación es de 3 días. Notar también que se ha incluido $(t - 10)$ y un signo menos delante de la función seno en la forma de la temperatura ambiente para que cuando t varíe entre 0 y 24 horas, el máximo se alcance en horas de la tarde.

Los resultados de la simulación se muestran en la Figura 1 del Capítulo 1. En ella se observa que, debido al desfase positivo de la solución, la temperatura del mar a partir de algunas horas de la tarde puede superar la temperatura ambiente.

Un ejercicio experimental interesante que se deja propuesto al lector o a la lectora cuando esté de vacaciones en la costa es medir si es posible con un termómetro los momentos en que se alcanzan las temperaturas máximas del mar y de la atmósfera respectivamente y a partir de eso estimar la constante k. Esto se puede hacer a partir de la forma que tiene la solución estacionaria:

$$T(t) = 17 + A'\,\text{sen}(\omega(t - \phi/\omega - 10)).$$

Si Δ es la diferencia de tiempo entre dos máximos sucesivos de la temperatura del ambiente y del mar, entonces $\Delta = \phi/\omega$ es la diferencia de fase entre T y T_A. Como vimos en el Capítulo 1 en el Ejemplo 1.14, se tiene a su vez que $\tan\phi = \omega/k$, esto es

$$\Delta = \frac{1}{\omega}\arctan\left(\frac{\omega}{k}\right)$$

de donde despejando k se tiene que: $k = \frac{\omega}{\tan(\omega\Delta)}$.

Código para obtener la Figura 1 del Capítulo 1.

```
% Temperatura Mar y Atmósfera:
% T: temperatura del mar, Ta: temperatura atmósfera
% T' = k*(Ta-T) ley de enfriamiento de Newton
% Parámetros
dias=3; % días de simulación
dt=0.5; % paso de tiempo en horas
t=0:dt:24*dias; % tiempo de simulación
A=9; % amplitud oscilación atmósfera (8 a 26 grados verano)
omega=2*pi/24; % frecuencia oscilación atm'osfera
k0=0.1; % coeficiente de intercambio calórico
Ta_media=17.0; % temperatura media atmósfera
Ta=Ta_media-A*sin(omega*(t-20)); % temperatura atmósfera
% Método de Euler
T=zeros(size(t));
T(1)=15; % temperatura inicial del mar
i=1;
for rango=0:dt:24*dias-dt
    T(i+1)=T(i)+dt*k0*(Ta(i)-T(i));
    i=i+1;
end
% Gráficos
hold on; set(gca,'FontSize',16); set(gcf,'Color','w')
plot(t,T,'LineWidth',3); plot(t,Ta,'LineWidth',3,'LineStyle',':');
factor=k0/sqrt(k0^2+omega^2);
line([0 24*dias],[Ta_media+A*factor Ta_media+A*factor]);
line([0 24*dias],[Ta_media-A*factor Ta_media-A*factor]);
legend('mar','atmósfera');
xlabel('horas'); ylabel('temperatura (grados Celsius)')
% horas de la tarde
rectangle('Position',[18 8 4 18],'LineStyle','--','LineWidth',2)
rectangle('Position',[18+24 8 4 18],'LineStyle','--','LineWidth',2)
rectangle('Position',[18+48 8 4 18],'LineStyle','--','LineWidth',2)
hold off
```

7.2. Mala pesca después de la Primera Guerra Mundial

Después de la Primera Guerra Mundial, los pescadores del Mar Adriático estaban sorprendidos pues la cantidad de peces para pescar había disminuido en vez de aumentar, a pesar de que durante los años de la guerra se había dejado de pescar. Se propuso el siguiente modelo para explicar la situación, que es un sistema de dos EDOs de primer orden no-lineales:

$$\begin{aligned} \frac{x'}{x} &= a - by \\ \frac{y'}{y} &= -c + dx. \end{aligned}$$

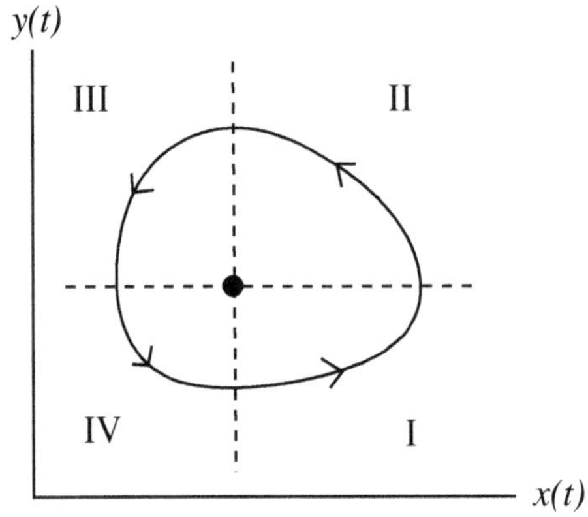

FIGURA 1. Órbita del sistema de Lotka-Volterra en el plano de fases en torno al punto de equilibrio. En el cuadrante I, las presas ($x(t)$) y predadores ($y(t)$) aumentan. En el cuadrante II, las presas comienzan a disminuir, pero los predadores siguen en aumento. En el III, tanto presas como predadores disminuyen. En el cuadrante IV, las presas comienzan de nuevo a aumentar, mientras los predadores siguen disminuyendo. Esta dinámica poblacional se repite cada ciclo pasando nuevamente por I, II, III y IV y así sucesivamente.

Si x e y representan las poblaciones de presa y predador respectivamente, la presa crece relativamente ($a > 0$) si no hay predador y el predador decrece relativamente ($-c < 0$) si no hay presa. Por otro lado, los encuentros entre presa y predador favorecen a los predadores ($d > 0$) y merman las presas ($-b < 0$). Es fácil ver que si $x' = y' = 0$ entonces hay un punto de equilibrio dado por

$$x = \frac{c}{d}, \qquad y = \frac{a}{b}$$

Estas ecuaciones son un clásico modelo del tipo predador-presa, y son llamadas ecuaciones de Lotka-Volterra en honor a Vito Volterra (1860-1940) físico y matemático italiano y su contemporáneo Alfred J. Lotka (1880-1949) químico americano[2][3].

Resulta cómodo representar la solución $x(t)$, $y(t)$ del sistema de Lotka-Volterra como pares ordenados $(x(t), y(t))$, los que se dibujan con puntos en un plano, llamado *plano de fases*. La curva descrita por la solución, partiendo del punto inicial (x_0, y_0), al variar t se denomina *trayectoria*. Asimismo, el punto de equilibrio del sistema también puede representarse por un punto del plano:

$$(x, y) = \left(\frac{c}{d}, \frac{a}{b}\right).$$

Es posible mostrar que las poblaciones de predador y presa, si no están en equilibrio, describen curvas cerradas que al cabo de un cierto tiempo vuelven a pasar por el punto inicial y giran (o se dice que oscilan) en torno al punto

[2]A. J. Lotka. Analytical note on certain rhythmic relations in organic systems, Proc. Nat. Acad. (1920).

[3]V. Volterra. Fluctuations in the abundance of a species considered mathematically, Nature (1926).

de equilibrio. A estas trayectorias cerradas se les llama *órbitas periódicas* (ver Figura 1).

Si ahora se provoca un cambio en los parámetros de la forma

$$\begin{aligned} a &\rightarrow a+\Delta a \\ c &\rightarrow c-\Delta c. \end{aligned}$$

esto equivale a pasar de una situación con pesca a una nueva situación sin pesca. Este cambio hace que el punto de equilibrio se mueva de la posición en el plano de la siguiente forma:

$$\left(\frac{c}{d},\frac{a}{b}\right) \quad \rightarrow \quad \left(\frac{c-\Delta c}{d},\frac{a+\Delta a}{b}\right)$$

esto es, en una disminución de las presas y un aumento de los predadores en una situación sin pesca, lo que se traduce en un desplazamiento de las órbitas del plano hacia arriba y hacia la izquierda.

El resultado que explicaba el aparentemente extraño fenómeno fue muy celebrado en la época y hasta hoy este modelo es utilizado en modelos más complejos de planificación de pesca y de otros recursos renovables.

Para la resolución numérica de este modelo utilizaremos un método de Runge-Kutta de orden 4. Notar que en este caso la función f es una función de $\mathbb{R}^2$ en $\mathbb{R}^2$:

$$f(x,y)=\begin{pmatrix} x(a-by) \\ y(-c+dx) \end{pmatrix}$$

que no depende explícitamente del tiempo (pues supusimos a, b, c y d constantes) y el par (x,y) se maneja como vector. Con todo, el método numérico queda:

$$\begin{aligned}
(x_0,y_0) &= (x(0),y(0)) \\
g_1 &= f(x_n,y_n) \\
g_2 &= f\left((x_n,y_n)+\frac{h}{2}g_1\right) \\
g_3 &= f\left((x_n,y_n)+\frac{h}{2}g_2\right) \\
g_4 &= f\left((x_n,y_n)+h\,g_3\right) \\
(x_{n+1},y_{n+1}) &= (x_n,y_n)+\frac{h}{6}(g_1+2g_2+2g_3+g_4).
\end{aligned}$$

De hecho, es posible verificar que un método de tipo Euler de orden 1 o de Runge-Kutta de orden 2 no provee suficiente precisión para que las órbitas sean cerradas, y es por esto que es necesario utilizar un método de orden 4.

Los resultados numéricos obtenidos con el método de Runge-Kutta de orden 4 descrito más arriba se muestran en la Figura 2, donde se hizo la simulación del paso de una situación con pesca (líneas oscuras) a una situación sin pesca (líneas claras)[4]. Observe que el punto de equilibrio que está en el centro de las órbitas se desplaza arriba y hacia la izquierda como predice la teoría.

[4]Ver `http://personal.cmm.uchile.cl/axosses` sección enseñanza, donde se pueden ver esta y otras simulaciones relacionadas con este texto.

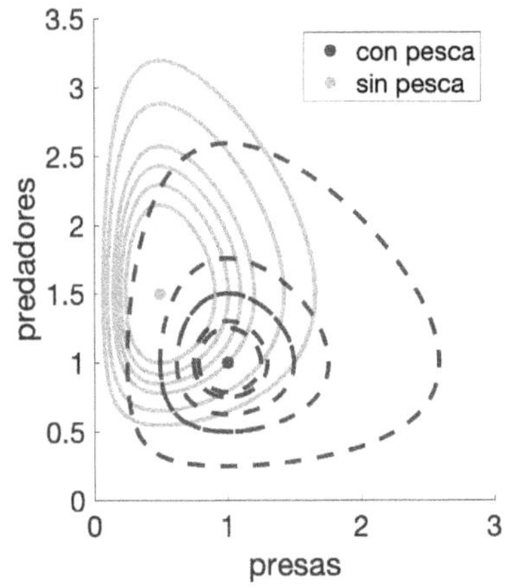

FIGURA 2. Trayectorias y equilibrios del sistema de Lotka-Volterra con pesca (órbitas centradas a la derecha y abajo con línea punteada $a = b = c = d = 1$) y sin pesca (órbitas centradas a la izquierda y arriba con línea sólida $a = 1.5$, $c = 0.5$, $b = d = 1$). Se observa una disminución de las presas (eje x) de 1 a 0.5 a pesar de la prohibición de pesca. Esto se explica por el aumento de predadores (eje y) de 1 a 1.5. Hay un desplazamiento del punto de equilibrio de (1,1) a (0.5, 1.5). (Ver figura en pliego color p. 214).

7.3. Réplicas del terremoto en Chile en 2010

En esta sección veremos cómo se aplica una variante de la ley de Omori proveniente de la sismología, que, usando ecuaciones diferenciales ordinarias, se usa para la predicción de réplicas de sismos. Trabajaremos con los datos del terremoto del 27 de Febrero del 2010 en Chile. Primero resolvemos la EDO analíticamente para luego compararla con soluciones aproximadas usando los métodos numéricos de Euler, de Euler modificado y de Heun.

Sea y_M el número acumulado de réplicas de magnitud mayor o igual que M en función del tiempo, donde t = 0 corresponde al tiempo de ocurrencia del sismo principal. La ley de Omori modificada[5] dice lo siguiente:

$$y'_M(t) = k_M \frac{p}{e^{pt} - 1}, \tag{47}$$

donde p y k_M son constantes positivas. Esto es, el número de réplicas de una magnitud mayor o igual que M decrecen con t, donde t es el tiempo que lleva transcurrido desde el sismo principal.

7.3.1. *Solución analítica y aproximaciones numéricas.*

La solución analítica se obtiene fácilmente por integración directa:

$$y_M(t) = \log(e^{pt} - 1) - pt + c, c \in \mathbb{R}, t \in [0, T].$$

[5]B.-F. Apostol, *Eulers transform and a generalized Omori's law*, Physics Letters A 351 (2006) 175-176.

Para la discretización, consideramos un paso de discretización $h > 0$, $t_n = t_0 + nh$, y_n aproxima $y_M(t_n)$, $t_{n+\frac{1}{2}} = t_n + \frac{h}{2}$. Se define:

$$f(t) = k_M \frac{p}{e^{pt} - 1}.$$

Notar que f no depende de y.

a) Método de Euler:

$$\begin{aligned} y_0 &= y_M(t_0) \\ y_{n+1} &= y_n + hf(t_n) \end{aligned}$$

b) Método de Euler modificado:

$$\begin{aligned} y_0 &= y_M(t_0) \\ y_{n+\frac{1}{2}} &= y_n + \frac{h}{2} f(t_n) \\ y_{n+1} &= y_n + hf(t_{n+\frac{1}{2}}). \end{aligned}$$

Notar que el paso 2 de este método resulta innecesario pues f no depende de y.

c) Método de Heun:

$$\begin{aligned} y_0 &= y_M(t_0) \\ \hat{y}_{n+1} &= y_n + hf(t_n) \\ y_{n+1} &= y_n + \frac{h}{2}(f(t_n) + f(t_{n+1})). \end{aligned}$$

Notar que el paso 2 de este método resulta innecesario pues f no depende de y.

Ahora comparamos la solución analítica con las aproximaciones numéricas. Notar que en $t = 0$ la función y_M está indefinida, por ello hay que escoger como condición inicial algún $t_0 > 0$ cercano a cero y partir del valor de la solución analítica en ese tiempo. Por ejemplo si elegimos $c = 1200$, $k_M = 200$, $p = 0.01$, $T = 200$, $t_0 = h = 4$, la comparación de métodos da como resultado la Figura 3.

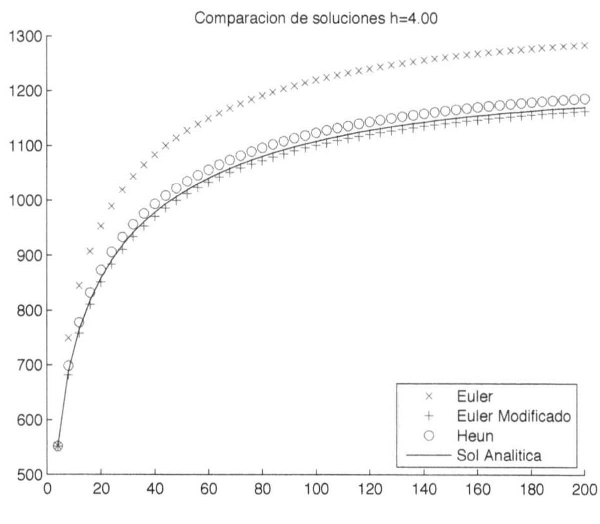

FIGURA 3. Comparación de distintos métodos numéricos con la solución exacta o analítica.

El código de MATLAB para producir el gráfico de la Figura 3 es:

```
% Ley de Omori modificada
% Valor de parámetros elegidos
p = 0.01; kM = 200; c = 1200;
% solución analítica
yM = @(t) kM*(log(exp(p*t)-1)-p*t)+c;
% intervalo de tiempo:
T = 200; h = 8; t0 = h; t = t0:h:T; N = (T-t0)/h;
% lado derecho de la EDO
f = @(t) kM*p/(exp(p*t)-1);
% soluciones numéricas
% 1.- Método de Euler progresivo
y_Euler(1) = yM(t0);
for i = 1:N
    ti = t0+(i-1)*h;
    y_Euler(i+1) = y_Euler(i) + h*f(ti);
end
% 2.- Método de Euler modificado
y_Euler_Mod(1) = yM(t0);
for i=1:N
    tim=t0+(i-1)*h+h/2;
    y_Euler_Mod(i+1) = y_Euler_Mod(i) + h*f(tim);
end
% 3.- Método de Heun
y_Heun(1) = yM(t0);
for i=1:N
    ti = t0+(i-1)*h;
    tf = t0+i*h;
    y_Heun(i+1) = y_Heun(i) + h/2*(f(ti)+f(tf));
end
figure(2)
hold on
plot(t,y_Euler,'x');
plot(t,y_Euler_Mod,'+');
plot(t,y_Heun,'o');
plot(t,yM(t),'k');
legend('Euler','Euler modificado','Heun','Sol. ...
    analítica','Location','SouthEast')
title(sprintf("Comparación de soluciones h=%3.2f",h))
hold off
```

Los gráficos muestran que para valores decrecientes de h el desempeño del método de Euler es siempre muy deficiente (del orden de 10 % al final del intervalo) en cambio los métodos de Euler modificado y de Heun muestran menor error (del orden del 1% al final del intervalo). En todo caso Heun aproxima por exceso y Euler modificado por defecto.

7.3.2. *Lectura y análisis de datos de réplicas*

Los datos de réplicas se pueden obtener de la base de datos del servicio geológico de EEUU (USGS[6]) de la página: usando los parámetros siguientes:

- Magnitud: mínimo 4.0, máximo 5.4; profundidad: todas.
- Fechas: inicio 2010-02-27 00:00:00, final 2010/04/15 23:59:59.

[6]United States Geological Survey `https://earthquake.usgs.gov/earthquakes/search`

- Área rectangular: latitud arriba -32, abajo -40, longitud izquierda -75, derecha -70.
- Tipo de evento: terremoto; orden: del más antiguo al más reciente.
- Tipo de archivo de salida: CSV

Debería obtener una lista un archivo quary.csv con campos separados por comas, el que puede importar a una planilla de cálculo y se puede almacenar en un archivo ASCII llamado `datos.txt` con el formato siguiente:

```
Year,Month,Day,Time(hhmmss.mm)UTC,Latitude,Longitude,Magnitude,Depth
2010,02,27,063412.62,-36.03, -72.85,8.8, 26
2010,02,27,065234.01,-34.87, -72.61,6.2, 35
2010,02,27,065626.19,-34.35, -72.20,5.6, 34
2010,02,27,065931.92,-33.97, -72.12,5.3, 21
2010,02,27,070204.26,-38.10, -73.71,5.1, 35
...
```

Aparecen en primer lugar los datos del terremoto del 27 de febrero del 2010 a las 06:34 UTC (tiempo universal coordinado correspondiente al horario del meridiano de Greenwich del Royal Observatory en Londres), que corresponde restando 3 horas a las 3:34 de la madrugada hora local de Chile continental, y tuvo una magnitud de 8.8. Luego aparecen otros sismos en la misma región rectangular que supondremos son réplicas del sismo inicial. Son en total unos 1.400 sismos, uno por cada fila.

El siguiente programa de MATLAB le facilitará la lectura de los datos:

```
%%% Archivo leerdatos.m que se ocupa en los programas siguientes
A=importdata('Datos.txt',',',1); %datos separados por comas
% Lectura de magnitudes. A.data son los datos numéricos
magnitudes=A.data(:,7); mmin=nanmin(magnitudes);
mmax=nanmax(magnitudes); mstep=0.2;
% Gráficos número de réplicas >= magnitud_min
figure(); ax = gca; ax.FontSize = 16; grid on; hold on; i=0; y=[];
for M=mmin+0.6:mstep:mmax-2.8
    seleccion=find(magnitudes>=M); B=A.data(seleccion,:);
    agno=B(:,1); mes=B(:,2); dia=B(:,3); UTC=B(:,4);
    aux=UTC/10^4; hora=fix(aux); min=fix((aux-hora)*100);
    seg=fix(((aux-hora)*100-min)*100);
    fecha=datenum(agno,mes,dia,hora,min,seg);
    ndatos=length(fecha); numero_replicas=1:ndatos;
    t=nanmin(fecha):0.25:nanmax(fecha);
    i=i+1;
    y{i}.data=interp1(fecha,numero_replicas,t);
    y{i}.magnitud_min=M; y{i}.fechas=t;
    plot(fecha,numero_replicas,'r.'); plot(t,y{i}.data);
    datetick('x','dd/mm');
    xlabel('fecha'); ylabel("número de réplicas");
    if i<=7
        label=sprintf('Magn>=%3.1f',M);
        text(fecha(ndatos),ndatos,label,'Fontsize',16);
    end
end
hold off
```

Los datos de las réplicas quedan almacenados como y$\{i\}$.data. Las magnitudes mínimas respectivas son `M(i)=y`$\{i\}$`.magnitud min`. Una unidad de tiempo corresponde a 6 horas, `y`$\{i\}$`.data(1)` es 1 y corresponde al sismo inicial y `y`$\{i\}$`.data(5)` es el número de réplicas de magnitud mayor o igual que `M(i)` luego de transcurridas $(5-1)\times 6 = 24$ horas del terremoto. Si desea ver las curvas tiene que hacer simplemente: `plot(y`$\{i\}$`.data)` o bien: `plot(y`$\{i\}$`.fechas,yi.data); datetick('x','dd/mm')` para verlo con fechas (ver Figura 4).

Si ahora graficamos los datos reales de las réplicas `y`$\{1\}$, `y`$\{2\}$, `y`$\{3\}$, etc. para el sismo del 27 de Febrero del 2010 en función de una nueva variable $\tau = ln(e^{pt}-1)-pt$ para distintos valores de p se obtiene aproximadamente un haz de rectas (ver Figura 5) que se intersectan en un punto, esto es $y-y_0 = k_M(\tau-\tau_0)$ donde y_0,τ_0 y k_M se pueden estimar.

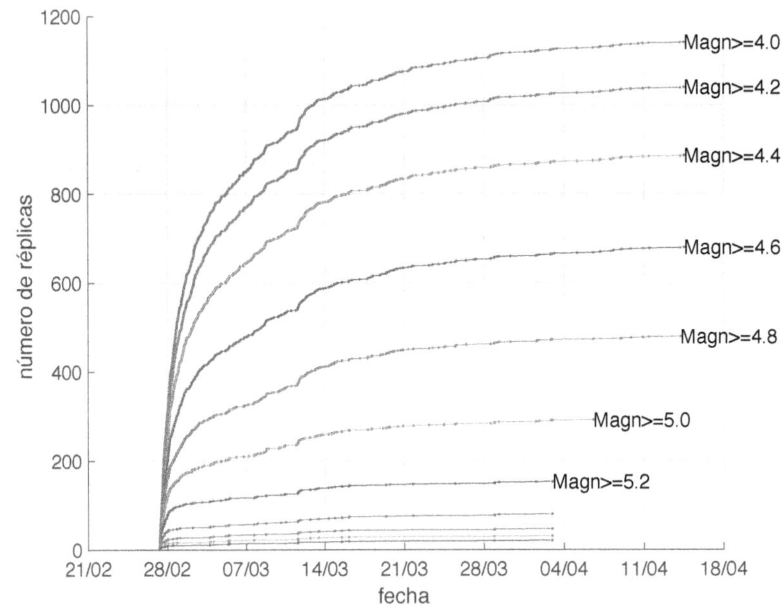

FIGURA 4. Número de réplicas del sismo del 27/02/2010 para distintas magnitudes.

Se observa que el valor $p = 0.02$ da rectas aproximadas que se intersectan en un punto. Usando las pendientes de estas rectas, podemos aproximar k_M para cada valor de M. Esto se resume en la tabla de valores del Cuadro 1.

Se toma $t \in [t_i.t_f]$ con $t_i = 5$, $t_f = 45$, $\tau_0 = \tau(t_i)$. Las pendientes

$$k_M = \frac{y\,\{i\}\,(t_f) - y\,\{i\}\,(t_i)}{\tau(t_f) - \tau(t_i)}$$

proveen los k_M respectivos y las posiciones están dadas por

$$y_0 = y\,\{i\}\,(t_i).$$

7.3.3. *Comparación entre datos reales y modelo.*

La solución analítica está dada por:

$$y_M(t) = y_0 + k_M(\tau-\tau_0), \quad \tau(t) = \log(e^{pt}-1) - pt$$

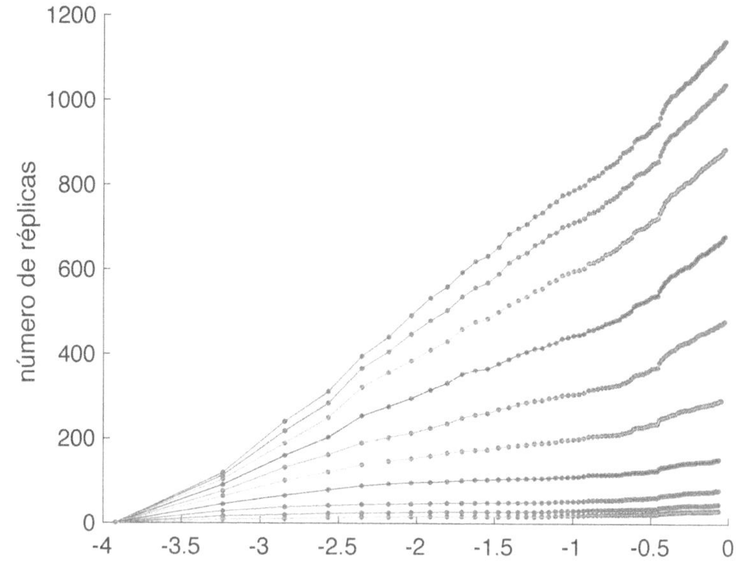

FIGURA 5. Número de réplicas para distintas magnitudes luego de un cambio de variables.

y{i}	M	k_M	y_0
1	4.0	290	396
2	4.2	258	367
3	4.4	211	322
4	4.6	150	254
5	4.8	93	190
6	5.0	51	139
7	5.2	19	89
8	5.4	9	45
9	5.6	6	25
10	5.8	4	15

CUADRO 1. Valores de las constantes k_M e y_0 para distintos valores de M.

al reemplazar los valores obtenidos en la parte anterior se obtiene la Figura 6 izquierda, donde se grafica la solución analítica comparada con los datos reales. La comparación con las curvas numéricas de Euler modificado o Heun es similar, dado que ya vimos que las curvas teórica y numérica se ajustaban bien en estos casos. Se observa un buen ajuste al comienzo de las curvas hasta $t = 50$ aproximadamente que corresponde al 10 de marzo del 2010. Los valores de k_M y de y_0 dependen de M, pero al parecer no para los valores estimados de τ_0 ni p que resultan los mismos para todas las curvas.

7.3.4. *Modificación del modelo.*

Observe del gráfico anterior que el día 11 de marzo se produce una discontinuidad en la derivada de las curvas y M . Podemos mejorar el modelo aproximando

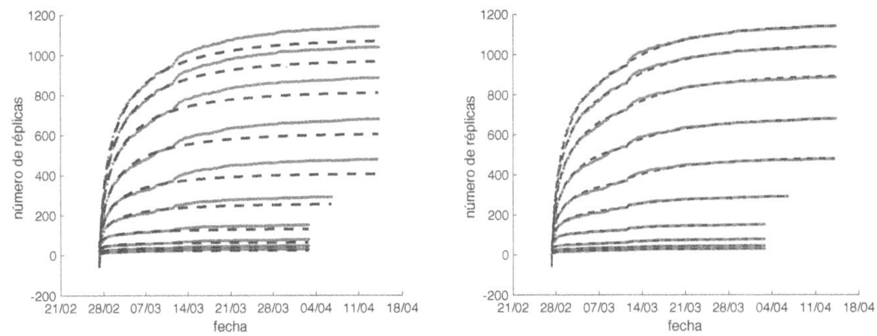

FIGURA 6. Comparación de los datos reales (línea sólida) de las réplicas del sismo con el modelo (línea punteada) sin ajuste (izquierda) y con ajuste (derecha).

el haz de rectas por una función lineal por pedazos, esto es k_M es una constante diferente antes y después del 11 de marzo. Al hacer esto se obtienen ajustes como el de la Figura 6 derecha, donde se grafica la solución numérica usando el método de Euler modificado comparada con los datos reales.

Notemos que aunque todavía es posible obtener una solución analítica en este caso, si $k_M = k_M(t)$ fuera una función complicada del tiempo, de modo tal que $k_M(t)\frac{p}{e^{pt}-1}$ no tenga una primitiva analítica, entonces no podría obtenerse una solución analítica y el único recurso serían los métodos numéricos. Esto suele suceder en la práctica en la ingeniería y las ciencias, en que los modelos simples con que se introducen y se estudian los fenómenos tienen solución analítica, pero para aplicarlos en la práctica es necesario introducir modelos más complejos que suelen no tener dichas soluciones y es necesario recurrir a las aproximaciones numéricas.

7.3.5. *Capacidad predictiva.*

¿Sería posible estimar con nuestro mejor modelo el número de réplicas con magnitud mayor o igual a 5 que se producirían del 16 de abril al 16 de mayo del 2010? El modelo puede dar una predicción. Tomando $M = 5$ y calculando $y_M(16/05/2010) - y_M(16/04/2010)$ con el modelo de sección anterior se obtienen 2 réplicas de magnitud mayor o igual a 5.

El código para estos últimos pasos se puede consultar a continuación; la programación de la parte predictiva se deja como ejercicio al lector o lectora.

Código para el ajuste del modelo de la distribución de réplicas del sismo del 27/02/2010.

```
%%% Ley de Omori modificada
leerdatos % carga datos de réplicas
p=0.02; ti=5; tf=45;
figure('color','w'); hold on; ax = gca; ax.FontSize = 16;
for i=1:10
    t=1:length(y{i}.data);
    tau=log(exp(p*t)-1)-p*t;
    plot(tau,y{i}.data,'r.',tau,y{i}.data,'-','Markersize',10);
    kM(i)=(y{i}.data(tf)-y{i}.data(ti))/(tau(tf)-tau(ti));
    y0(i)=y{i}.data(ti); xlabel('\tau'); ylabel('número de réplicas');
end
hold off
title(sprintf('Gráfico de los datos en función de tau para ...
   p=%3.2f',p));
tau0=tau(ti); M=4:0.2:5.8;
%%% Datos y ajuste teórico
figure('color','w'); hold on; ax = gca; ax.FontSize = 16;
for i=1:10
    t=1:length(y{i}.data);
    tau=log(exp(p*t)-1)-p*t;
    y_analitica=y0(i)+kM(i)*(tau-tau0);
    plot(y{i}.fechas,y{i}.data,'r.',y{i}.fechas,y_analitica,...
        'b--','Linewidth',3,'Markersize',10);
    datetick('x','dd/mm'); xlabel('fecha'); ylabel('número de ...
        réplicas');
end
title("Datos v/s ajuste teórico");
hold off
% Ajuste lineal por pedazos para el segundo tramo de las curvas
p2=0.02; ti2=51; tf2=100;
for i=1:10
    t=1:length(y{i}.data);
    tau2=log(exp(p2*t)-1)-p2*t;
    kM2(i)=(y{i}.data(tf2)-y{i}.data(ti2))/(tau2(tf2)-tau2(ti2));
    y02(i)=y{i}.data(ti2);
end
tau02=tau(ti2);
% Ajuste mejorado
figure('color','w'); hold on; ax = gca; ax.FontSize = 16;
for i=1:10
     t=1:length(y{i}.data);
     tau=log(exp(p*t)-1)-p*t;
     tau2=log(exp(p2*t)-1)-p2*t;
     y_analitica=y0(i)+kM(i)*(tau-tau0);
     y_analitica2=y02(i)+kM2(i)*(tau-tau02);
     y_analitica3=y_analitica.*(t<ti2)+y_analitica2.*(t>=ti2);
     plot(y{i}.fechas,y{i}.data,'r.',y{i}.fechas,y_analitica3,...
         'b--','Linewidth',2,'Markersize',10);
     datetick('x','dd/mm'); xlabel('fecha'); ylabel('número de ...
         réplicas');
 end
 title('Ajuste mejorado')
 hold off
```

7.4. No linealidad y formación de estrellas

En un modelo simple de formación de estrellas[7], el gas atómico se convierte en gas molecular que a su vez se convierte en estrellas. Luego las estrellas al desintegrarse vuelven a formar gas atómico. Si a es la fracción de masa de gas atómico, m la fracción de masa de gas molecular y s la fracción de masa de estrellas activas, entonces:

$$a + m + s = 1$$

donde 1 es la masa total considerada, y para ciertas constantes k_1 , k_2 y n se tiene

$$\begin{aligned} a' &= s - k_1 m^2 a \\ m' &= k_1 m^2 a - k_2 m^n s. \end{aligned}$$

7.4.1. *Aplicación del método de Euler*

Para $k_1 = 8$, $k_2 = 15$, $1 < n < 2$ resolvemos numéricamente el sistema usando el método de Euler progresivo para obtener la evolución de la masa de estrellas s para una fracción inicial de gas atómico y molecular dada por $a(0) = 0.4$, $m(0) = 0.3$. La idea es hacer variar n para observar el efecto de esta nolinealidad en el la formación de estrellas.

```
% Función que implementa Euler progresivo del modelo de estrellas
% entrega las soluciones a,m y s considerando los parametros k1, k2, ...
    a0 y m0
% utiliza dt como el valor de la discretización del tiempo, y T
% corresponde al horizonte hasta el que se calcula la solución
function [a,m,s] = Estrellas_Euler(k1,k2,n,a0,m0,dt,T)
n = reshape(n, length(n), 1); % se deja n como vector
% se inicializan las variables
a = a0*ones(size(n));
m = m0*ones(size(n));
s = 1*ones(size(n));
% solución
for i= dt:dt:T
% método de Euler progresivo
a=[a a(:,end)+dt*(s(:,end)-k1*(m(:,end)).^2.*a(:,end))];
m=[m m(:,end)+dt*(k1*(m(:,end)).^2.*a(:,end-1)-...
    k2*(m(:,end)).^n.*s(:,end))];
s=[s 1-a(:,end)-m(:,end)];
end
end
```

Se simula para $T = 100$ millones de años con un paso de tiempo de 0.1 y distintos valores de n con el comando:

```
k1 = 8; k2 = 15; a0 = 0.4; m0 = 0.3;
dt = 0.01; T = 100;
t = 0:dt:T;
n = [1.2 1.5 1.9]';
[a,m,s] = EstrellasEuler(k1,k2,n,a0,m0,dt,T);
```

[7]P. Hellings, 1994, *Astrophysics With a PC: An Introduction to Computational Astrophysics, Chapter 11. Star Formation in the Galaxy.*

Para realizar las gráficas de las soluciones $a(t)$, $m(t)$ y $s(t)$ superpuestas y los gráficos $(a(t), m(t))$ para distintos valores de n se genera el archivo que se muestra a continuación.

```
% Grafica las soluciones a(t),m(t) y s(t) superpuestas y
% los gráficos ( a(t),m(t) ) para los valores del arreglo n
function GraficaEvolucionEstrellas(a,m,s,t,n)
for i=1:length(n)
 % gráfico a,m,s respectivo a n(i)
 subplot(2,length(n),i)
 hold on
 plot(t,a(i,:),'g','LineWidth',2); plot(t,m(i,:),'b','LineWidth',2);
 plot(t,s(i,:),'r','LineWidth',2);
 title(sprintf('Caso n = %2.1f',n(i)));
 xlabel('millones de años'); ylabel('fracción')
 legend('gas atómico','gas molecular','estrellas ...
     activas','Location', 'Best')
 hold off
 % gráfico (a(t), m(t)) respectivo a n(i)
 subplot(2,length(n),i+length(n))
 plot(a(i,:),m(i,:),'r') %,'LineWidth',1);
 title(sprintf('Gráfico ( a(t),m(t) ) para n=%2.1f',n(i)));
 xlabel('gas atómico');
 ylabel('gas molecular')
end
end
```

Ahora se ejecuta: `GraficaEvolucionEstrellas(a,m,s,t,n)` y se obtiene la Figura 7.

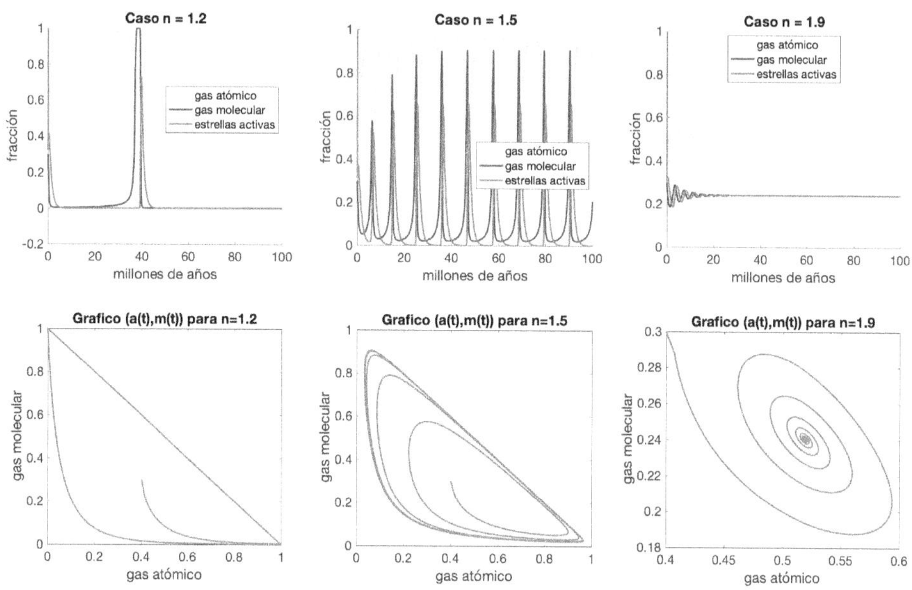

FIGURA 7. Evolución de estrellas usando el método de Euler progresivo. (Ver figura en pliego color p. 214).

El método de Euler para $n = 1.2$ y $n = 1.5$ converge a un ciclo límite, lo que se ve con mayor claridad en el gráfico $(a(t), m(t))$ de la Figura 7. Para $n = 1.9$ la solución converge a un punto de equilibrio de manera oscilatoria. Suponiendo que la evolución del sistema tiende a un cierto equilibrio periódico, como en el caso $n = 1.5$ ¿Con qué frecuencia se reproducen las estrellas? Graficaremos el periodo límite en función de n a partir de lo cual será posible establecer, simulando para distintos valores de n, que [1.41, 1.8] es un rango en el que la solución converge a un ciclo límite.

7.4.2. *Ciclos límite y estimación de los periodos*

El siguiente programa permite estimar el periodo del ciclo límite. Para ello consideramos como inicio de formación de estrellas los tiempos en que la derivada del s pasa de ser negativa a positiva y estimamos el tiempo asintótico que transcurre entre esos tiempos.

```
% Función que estima el periodo asintótico de la formación de ...
    estrellas.
% p = periodo(s,dt) entrega el periodo estimado para la solución s
% con una discretización del tiempo igual a dt
function p = periodo(s,dt)
    ds = s(2:end)-s(1:end-1); % diferencia entre periodos
    %índices en los que s es creciente y hay creación de estrellas
    ind = find(ds>0);
    % >1 cuando se inicia un proceso de creación de estrellas
    dind = ind(2:end)-ind(1:end-1);
    % >0 en los índices en que inicia creación de estrellas
    ind = [ind(1) ind(2:end).*(dind>1)];
    ind(ind == 0) = []; % solo los indices en que se inicia creación
    dift = ind(2:end)-ind(1:end-1); % número iteraciones entre ...
        inicio creaciones
    p = dift(end)*dt; % periodo límite estimado entre inicio de ...
        creaciones
end
```

7.4.3. *Aplicación del método de Runge-Kutta*

Antes de graficar los periodos, veamos cómo se implementan los métodos de Runge-Kutta orden 4 y `ode45` para el mismo modelo, para comparar los resultados, lo que se muestra en los tres códigos siguientes.

Primero recordemos del Capítulo 2, Sección 2.4.5 que el método de Runge-Kutta de orden 4, se inspira de la aproximación:

$$\int_{x_n}^{x_{n+1}} \approx \frac{h}{6}\left(f(y(x_n, x_n)) + 4f(y(x_{n+\frac{1}{2}}, x_{n+\frac{1}{2}})) + f(y(x_{n+1}, x_{n+1}))\right)$$

con $x_{n+h/2} = x_n + \frac{h}{2}$ y corresponde al siguiente algoritmo:

$$\begin{aligned} y_0 &= y(0) \\ g_1 &= f(x_n, y_n) \\ g_2 &= f\left(x_{n+\frac{1}{2}}, y_n + \frac{h}{2} g_1\right) \\ g_3 &= f\left(x_{n+\frac{1}{2}}, y_n + \frac{h}{2} g_2\right) \\ g_4 &= f(x_{n+1}, y_n + h g_3) \\ y_{n+1} &= y_n + \frac{h}{6}(g_1 + 2g_2 + 2g_3 + g_4). \end{aligned}$$

En este caso:

$$\begin{aligned} x &\leftarrow t \\ y &\leftarrow X = (a, m, s) \text{ de la EDO} \\ f &\leftarrow dX = F(t, X, k_1, k_2, n) \\ h &\leftarrow dt. \end{aligned}$$

Esto motiva los dos códigos siguientes.

```
% Función que entrega el vector de dimension 3 correspondiente
% a la derivada del estado X=[a,m,s] dada por la EDO
function dX = F(t,X,k1,k2,n)
a=X(1);m=X(2);s=X(3);
da = s - k1*m^2*a;
dm = k1*m^2*a - k2*m^n*s;
ds = -da - dm; % pues s = 1-a-m
dX = [da; dm; ds]; % retorna el resultado
end
```

```
% Implementa Runge-Kutta de orden 4 en el modelo de estrellas
% entrega a,m y s considerando los par'ametros k1,k2,a0 y m0
% utiliza dt como paso de tiempo y T el horizonte
function [a,m,s] = EstrellasRK(k1,k2,n,a0,m0,dt,T)
% inicializamos las variables
a(1) = a0; m(1) = m0; s(1) = 1-a-m; % condiciones iniciales.
t = 0:dt:T; N = length(t);
% solución
for i= 1:N-1
 % Runge-Kutta de orden 4
 X = [a(i); m(i); s(i)]; % actualizamos X
 g1 = F(t(i), X ,k1,k2,n);
 g2 = F(t(i)+dt/2, X+dt/2*g1,k1,k2,n);
 g3 = F(t(i)+dt/2, X+dt/2*g2,k1,k2,n);
 g4 = F( t(i)+dt , X+dt*g3 ,k1,k2,n);
 X = X+(dt/6)*(g1 +2*g2 +2*g3 +g4);
 % se retorna el resultado
 a(i+1) = X(1); m(i+1) = X(2); s(i+1) = X(3);
end
end
```

Por otro lado el método ode45 de MATLAB es un método Runge-Kutta (4,5), llamado también método Dormand-Prince, en honor a sus autores (1980). Específicamente, calcula soluciones con algoritmos del tipo Runge-Kutta de cuarto y quinto orden, y considera la resta entre ellas como el error de la solución de cuarto orden. En la práctica, ode45 es considerado como la primera alternativa numérica a la cual recurrir para resolver ecuaciones diferenciales ordinarias.

En el siguiente código se impone un paso de tiempo uniforme para la salida de la solución de ode45 solamente para poder hacer la búsqueda de los periodos como en las funciones anteriores, pero ode45 utiliza internamente un paso de tiempo variable.

```
% Función que resuelve el problema de las estrellas con ode45
% entrega las soluciones a,m y s considerando los parametros ...
    k1,k2,n,a0 y m0
% utiliza dt y T como antes
function [a,m,s] = EstrellasOde45(k1,k2,n,a0,m0,dt,T)
t = 0:dt:T;
edo = @(t,X) F(t,X,k1,k2,n); % F entrega la derivada del vector [a;m;s]
[t,X] = ode45(edo,t,[a0;m0;1-a0-m0]); %% SE RESUELVE CON ODE 45 %%
a=X(:,1)'; m = X(:,2)';
s= 1-a-m;
end
```

El siguiente gráfico muestra las estimaciones del periodo de formación de estrellas para distintos valores de n y para los distintos métodos.

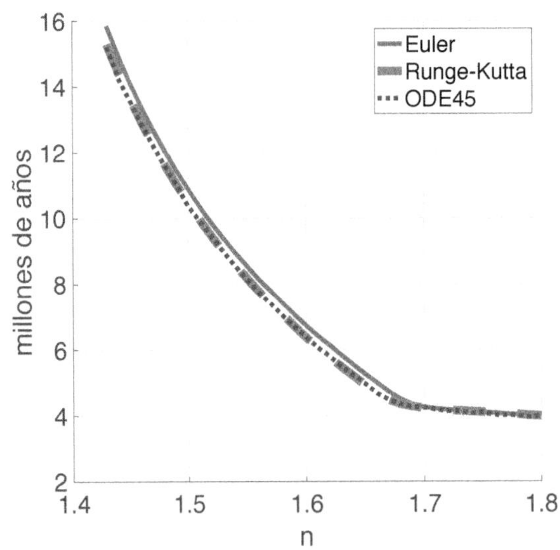

FIGURA 8. Comparación del periodo asintótico estimado entre los métodos.

Como se puede apreciar, el método de Euler tiende a sobreestimar un poco dicho periodo. Se observa que el periodo de formación de estrellas es decreciente en n y varía aproximadamente entre los 4 y los 16 millones de años.

7.5. Van del Pol y el sonido del caos

La idea es aproximar y estudiar numéricamente algunas propiedades del llamado oscilador de Van der Pol, además de reproducir el histórico sonido del caos asociado a esta ecuación. Considere el oscilador de Van der Pol:

$$x'' - \mu(1 - x^2)x' + x = f(t), \quad t > 0,$$

con condiciones iniciales

$$x(0) = x_0, \quad x'(0) = y_0.$$

Esta EDO no lineal de orden 2 fue usada en los años 20 por los holandeses Balthasar van der Pol y J. van der Mark para modelar los latidos del corazón[8].

Ellos mismos construyeron un circuito eléctrico en que el voltaje se comportaba como este oscilador y notaron un curioso hecho: cuando el sistema estaba forzado por una función periódica f de cada vez mayor frecuencia, se podía registrar con un micrófono conectado al circuito una escala de sonidos puros, que correspondían a la respuesta por bloqueo de frecuencia que buscaban, pero intercalados de un extraño y misterioso sonido. En ese momento se lo atribuyeron al sistema de audio, pero más tarde se sabría que era debido a la alternancia de orden y caos del oscilador: era el sonido del caos registrado por primera vez en 1927. El circuito original ya no existe, pero hay al menos una copia moderna que funciona con semiconductores[9] y que pertenece al célebre escritor y divulgador de la Teoría del Caos, James Gleick.

7.5.1. *Simulación numérica caso no forzado:*

Consideramos la variable auxiliar $y = x'$ y escribimos la EDO original de la forma $X' = F(t, X)$ donde $X = (x, y)$ es de dimensión 2, esto es:

$$\begin{aligned} x' &= y \\ y' &= \mu(1 - x^2)y - x. \end{aligned}$$

Programemos un método de Runge-Kutta de orden 4 para resolver este último sistema usando los métodos de las secciones precedentes, teniendo cuidado con el cambio de notación. Para ello, definimos las variables en un solo vector X y una función con que calculamos el lado derecho de $X' = F(t, X)$:

```
% Función que implementa el sistema de EDO de Van der Pol caso No ...
    Forzado
% dX = F(t,X,mu) entrega el vector de dimensión 2 correspondiente a la
% derivada de X dada por la EDO de Van der Pol con el parámetro mu
% caso no forzado, i.e. f = 0
function dX = F(t,X,mu)
x=X(1);
y=X(2);
dX=[y;mu*(1-x^2)*y-x];
end
```

[8] B. van der Pol, J. van der Mark, *The heartbeat considered as a relaxation oscillation, and an electrical model of the heart.* The London, Edinburgh, and Dublin Philosophical Magazine and Journal of Science Ser.7, 6, 763-775, 1928

[9] *There's No Quiet Without Noise, by David Colman, New York Times, July 8, 2011.*

Utilizamos N intervalos de tiempo y hacemos que la rutina Runge-Kutta retorne (x y) y el arreglo con los puntos de discretización del tiempo a través del comando: [tintervalo x y] = RK(I,X0,mu,N).

El método Runge-Kutta de orden 4, con $x_{n+\frac{h}{2}} = x_n + \frac{h}{2}$ y corresponde al siguiente algoritmo:

$$\begin{aligned}
y_0 &= y(0)\\
g_1 &= f(x_n, y_n)\\
g_2 &= f(x_{n+\frac{1}{2}}, y_n + \frac{h}{2}g_1)\\
g_3 &= f(x_{n+\frac{1}{2}}, y_n + \frac{h}{2}g_2)\\
g_4 &= f(x_{n+1}, y_n + hg_3)\\
y_{n+1} &= y_n + \frac{h}{6}(g_1 + 2g_2 + 2g_3 + g_4).
\end{aligned}$$

En este caso:

$$\begin{aligned}
x &\leftarrow t\\
y &\leftarrow X = (x, y) \text{ de la EDO}\\
f &\leftarrow dX = F(t, X, \mu)\\
h &\leftarrow \frac{I(2) - I(1)}{N}.
\end{aligned}$$

A continuación se presenta el código del archivo en MATLAB:

```
% Función que implementa Runge-Kutta de orden 4
% [tintervalo x y]=RK(I,X0,mu,N) entrega las soluciones x,y del método
% Runge-Kutta de orden 4 con condiciones iniciales 'X0' (en R2) y
% parámetro 'mu'(en R) sobre el intervalo 'I'(=[a,b], a,b en R)
% además, entrega un arreglo 'tintervalo' de tamaño (N+1) que
% corresponde a la discretización del intervalo 'I' en N intervalos ...
    iguales
function [tintervalo x y]=RK(I,X0,mu,N)
    h = (I(2)-I(1))/N; % tamaño de cada intervalo
    tintervalo = I(1):h:I(2); % se genera la discretización del tiempo
    x(1) = X0(1);    y(1) = X0(2); % condiciones iniciales
    for i = 1:N
        % Ejecución de Runge Kutta de orden 4
        X = [x(i); y(i)]; % se actualiza X.
        t = tintervalo(i);
        g1 = F(  t   ,    X    ,mu);
        g2 = F(t+h/2, X+h/2*g1,mu);
        g3 = F(t+h/2, X+h/2*g2,mu);
        g4 = F( t+h  ,  X+h*g3  ,mu);
        X = X+(h/6)*(g1 +2*g2 +2*g3 +g4);
        x(i+1) = X(1); y(i+1) = X(2); % retorna el resultado
    end
end
```

Ahora consideramos $f \equiv 0$, $t \in [0, 60]$, N =100, 500 y 1000 intervalos de tiempo, y resolvemos la ecuación para $\mu \in \{0.1, 1, 5\}$ graficando $(t, x(t))$ y $(x(t), y(t))$

para condiciones iniciales $(x_0, y_0) = (3, 1)$ y $(x_0, y_0) = (0.5, 0)$. Para realizar las gráficas, se creó la función siguiente:

```
% Oscilador de Van der Pol
function vanderpol_RK()
I = [0 60];
% iteración sobre las condiciones iniciales.
for i = 1:2
    if i==1; X0 = [3;1];
    else X0 = [0.5;0];
    end
    % iteración sobre mu.
    for mu = [0.01 1 5]
        figure % se abre una ventana para cada mu
        p = 1; % indica posición en el subplot
        %iteración sobre N.
        for N = [100 500 1000]
            % se resuelve el sistema con Runge-Kutta orden 4
            [t,x,y]=RK(I,X0,mu,N);
            % Gráficas
            subplot(3,2,p)
            plot(t, x); % grafica (t,x)
            xlabel('t'); ylabel('solución')
            title(['van der Pol, mu = ',num2str(mu),', N = ...
                ',num2str(N)]);
            subplot(3,2,p+1)
            plot(x, y); % grafica (x,y) con y = x'
            title(['van der Pol, mu = ',num2str(mu),', N = ...
                ',num2str(N)]);
            xlabel('x'); ylabel('y = dx')
            p = p+2; % se pasa a la siguiente fila del subplot
        end
    end
end
end
```

Algunos de los gráficos obtenidos se muestran en las páginas a continuación. Se observa un ciclo límite, esto es, una órbita periódica del sistema tal que otras trayectorias no cerradas tienden en espiral hacia ella, desde el interior o desde el exterior, cuando el tiempo tiende a infinito.

Se observa que a mayor μ, más fina tiene que ser la discretización para garantizar la convergencia del método. Esto se deduce al comparar las Figuras 9 y 10 (caso $(x_0, y_0 = (3, 1))$. Para el caso $\mu = 0.1$ la órbita es circular, luego se estira y se asemeja a un rectángulo de esquinas curvas ($\mu = 1$).

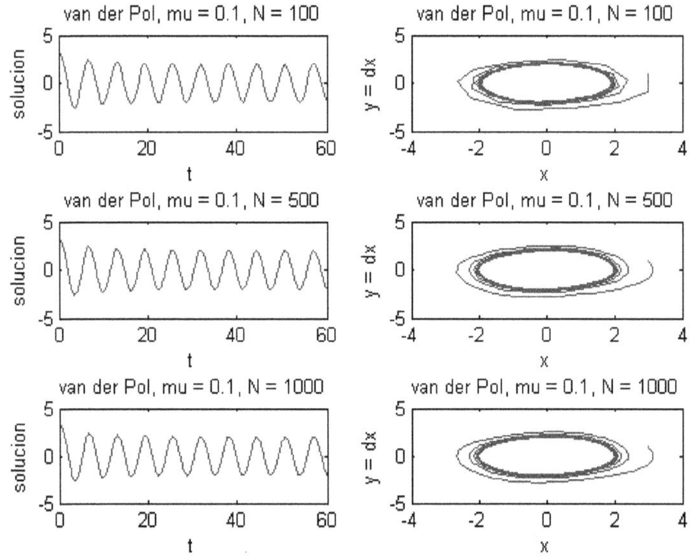

FIGURA 9. Solución Van der Pol para $\mu = 0.1, (x_0, y_0) = (3, 1)$.

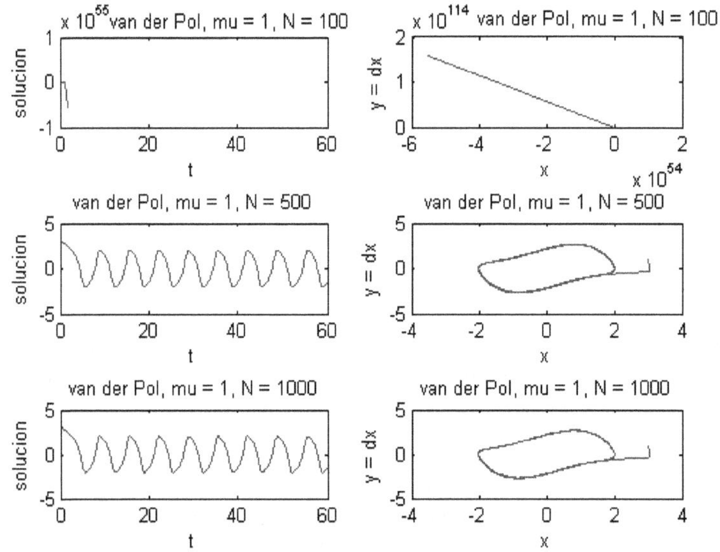

FIGURA 10. Solución Van der Pol para $\mu = 1, (x_0, y_0) = (3, 1)$.

También se podría hacer la implementación utilizando el comando ode45 de MATLAB obteniéndose resultados muy similares al método previamente programado. Al programar se utiliza la misma función F que definimos antes:

```
edo = @(t,X) F(t,X,mu)
[t,X]=ode45(edo,I,X0);
```

7.5.2. *Simulación numérica caso forzado*

Consideremos ahora $f(t) = A\sin(\omega t)$, con $A = 1.2$, $\omega = 2\pi/10$, $t \in [0, 1000]$. Escribimos esta vez la ecuación como:

$$\begin{aligned} x' &= y \\ y' &= \mu(1-x^2)y - x + A\cos(z) \\ z' &= \omega \end{aligned}$$

y definiendo una función F(t,X,mu,A,omega). Calculamos la solución (usando esta vez ode45) y graficando $(t, x(t))$ y $(x(t), y(t))$ para $\mu \in \{6, 8.53, 12\}$ y para condiciones iniciales $(x_0, y_0, z_0) = (2, 0, 0)$. Los siguientes programas muestran la implementación de este sistema de EDOs en MATLAB y su resolución usando ode45.

```
% Función que implementa el sistema de EDO de Van der Pol caso Forzado
% dX = F2(t,X,mu,A,omega) entrega el vector de dimensión 3 que
% corresponde a la derivada de X del sistema de EDO de Vander Pol ...
    con el
% parametro mu y una funcion f(t) = A*sin(omega*t)
function dX = F2(t,X,mu,A,omega)
    x=X(1); y=X(2); z=X(3);
    dX=[y;mu*(1-x^2)*y-x+A*cos(z);omega];
end
```

```
% Oscilador de Van der Pol caso forzado f(t) = Asin(wt)
function vanderpol2()
    A = 1.2; omega = 2*pi/10; I = [0 1000]; X0 = [2;0;0];
    figure % se abre una ventana
    p = 1; % indica posición en el subplot
    % iteración sobre mu.
    for mu = [6 8.53 12]
        edo = @(t,X) F2(t,X,mu,A,omega);
        [t,X] = ode45(edo,I,X0); % se resuelve el sistema %
        x = X(:,1); y = X(:,2);
        % Gráficas
        subplot(3,2,p)
        plot(t, x); % grafica (t,x)
        xlabel('t'); ylabel('solución')
        title(['van der Pol, mu = ',num2str(mu)]);
        subplot(3,2,p+1)
        plot(x, y); % grafica (x,y)
        title(['van der Pol, mu = ',num2str(mu)]);
        xlabel('x'); ylabel('y = dx')
        p = p+2; % se pasa a la siguiente fila del subplot
        soundsc(x) % con esto se "escucha" la solución.
    end
end
```

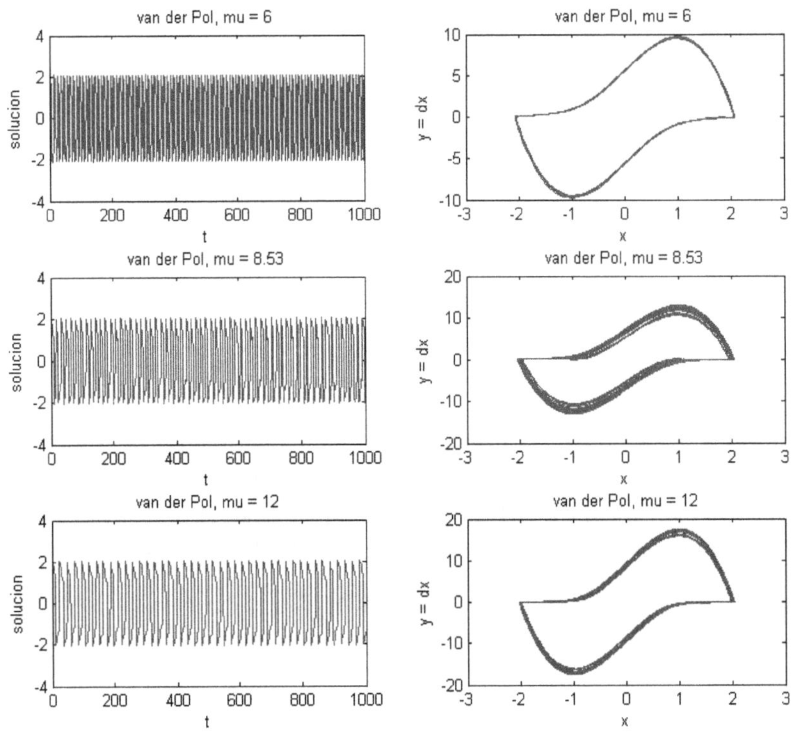

FIGURA 11. Soluciónes Van der Pol en el intervalo $[0, 1000]$ para $(x_0, y_0) = (2, 0)$ y $\omega = 0$

Notar que al final del código utilizamos el comando `soundsc(x)` para "escuchar" la solución. Estos son los sonidos que escuchó Van der Pol y su colega en 1927. Para $\mu = 6$ se escucha un sonido de frecuencia constante, para $\mu = 12$ se escucha un sonido más variable, pero no tanto como para $\mu = 8.53$, con el que se escucha un sonido más irregular como un ruido (ver Figura 11). Para $\mu = 6$, cuya solución se escucha como un sonido regular, el ciclo límite se observa con gran nitidez, al contrario del caso $\mu = 8.53$, cuya solución se escucha como un ruido irregular, donde se tiene que la gráfica de (x,y) está delimitada, pero es difícil determinar a partir de la gráfica si existe un ciclo límite o no. De lo anterior se deduce que el orden (solución periódica) corresponde al caso $\mu = 6$ y el caos, al caso $\mu = 8.53$.

7.6. Interacción humanidad naturaleza desigualdad

Consideramos aquí una variante de un modelo muy interesante propuesto recientemente[10] para modelar la relación de la humanidad con la naturaleza. En este modelo C representa a la población de comunes, E representa la población de la élite, N representa los recursos naturales disponibles, y la última variable A representa el alimento que mantiene a la población humana, también equivalente de algún modo al grado de bienestar. El modelo se compone de cuatro EDOs de evolución no lineales para $t \geq 0$:

$$\begin{aligned} C' &= \alpha(b_1 - a_1)C \\ E' &= \alpha(b_2 - a_2)E \\ N' &= rN(L - N) - DCN \\ A' &= DCN - C_C - C_E, \end{aligned}$$

donde a_1, a_2 son tasas de desaparición que van a depender de la solución, b_1, b_2 son tasas de nacimiento, r es un factor de regeneración de los recursos naturales, L es el límite de carga de la naturaleza, D es la tasa en que la gente común usa los recursos naturales para producir alimentos. Los valores C_C y C_E corresponden a tasas de consumo de alimento de la gente común y de la élite respectivamente. α es una constante de ajuste.

Definiremos a_c la disponibilidad de alimentos crítica por debajo de la cual se comienza a racionar el alimento. Este es:

$$a_c = p \cdot (C + k \cdot E).$$

Aquí p representa la cantidad de alimento mínima per capita y k es el factor de desigualdad entre la gente común y la élite, por ejemplo si $k = 10$, entonces la élite consumiría 10 veces más per cápita que los comunes. Con esto, C_C y C_E son funciones que vienen representadas por:

$$\begin{aligned} C_C &= s \cdot C \cdot \min\left\{1, \frac{A}{a_c}\right\} \\ C_E &= k \cdot s \cdot E \cdot \min\left\{1, \frac{A}{a_c}\right\} \end{aligned}$$

donde s es el salario de subsistencia per cápita.

Las cantidades a_1 y a_2 quedan definidas como:

$$\begin{aligned} a_1 &= a_s + \max\left\{0, 1 - \frac{C_C}{sC}\right\}(a_h - a_s) \\ a_2 &= a_s + \max\left\{0, 1 - \frac{C_E}{sE}\right\}(a_h - a_s) \end{aligned}$$

donde a_s es la tasa de mortalidad cuando los estratos se encuentran en condiciones saludables y a_h es la tasa de mortalidad en condiciones de hambruna.

A continuación se presenta un ejemplo de resolución del modelo y algunos resultados para distintos valores del factor de desigualdad $k = 1, 5, 10$. Una de las características de este modelo es que simula un colapso de la cantidad de alimentos en el caso de un aumento de k. Hemos además incluido algunos factores

[10]S. Motesharrei, J. Rivas, E. Kalnay. Human and nature dynamics (HANDY): Modeling inequality and use of resources in the collapse or sustainability of societies. Ecological Economics, 2014.

para tratar de emular la población y la cantidad de alimentos que se producen a nivel global.

```
% Modelo Handy Comunes-Elite-Recursos-Alimentos
alpha=1.1; as = 1e-2; ah = 7e-2; b1 = 6e-2; b2 = 3e-2;
s = 5e-4; p = 5e-3; r = 1e-3; L = 1e2;
% condiciones iniciales
C(1)=1e2 ;E(1)=4 ;N(1)=50 ;A(1)= 250; t(1)=0;
% valor de D que maximiza la población total C+E
D = 2*(ah-b1)/(ah-as)*s/L*(1+E(1)/C(1));
% factor de desigualdad rangok = 1 sociedad igualitaria
% rangok = 10 sociedad desigual
rangok = 1:0.1:10; % de sociedad igualitaria a desigual
F = []; G = []; dt = 0.1;
for k = rangok
for n=1:8000
    t(n+1) = t(n) + dt;
    ac = p*(C(n)+k*E(n));
    CC = s*C(n)*min(1,A(n)/ac);
    CE = k*s*E(n)*min(1,A(n)/ac);
    a1 = as + max(0, 1-CC/s/C(n))*(ah-as);
    a2 = as + max(0, 1-CE/s/E(n))*(ah-as);
    C(n+1) = C(n) + dt*alpha*(b1-a1)*C(n);
    E(n+1) = E(n) + dt*alpha*(b2-a2)*E(n);
    N(n+1) = N(n) + dt*(r*N(n)*(L-N(n))-D*C(n)*N(n));
    A(n+1) = A(n) + dt*(D*C(n)*N(n)-CC-CE);
end
F = [F A(end)]; G =[G C(end)+E(end)];
end
pob_mundial=8e9; alimentos_mundial=5.5e9;
fp=pob_mundial/max(C+E); fa=alimentos_mundial/max(A);
figure(); hold on;
set(gca, 'FontSize', 15); set(gcf, 'Color', 'w')
xlabel('factor de desigualdad k');
yyaxis left;
plot(rangok,fp*G,'LineWidth',5); ylabel('población límite ...
    (habitantes)')
yyaxis right;
plot(rangok,fa*F,'LineWidth',3); ylabel('alimento (toneladas/año)')
legend('Población','Alimento'); hold off

figure(); hold on
title(sprintf('Factor de desigualdad k=%.1f',k))
yyaxis left
plot(t,fp*C,'-.','LineWidth',5); plot(t,fp*E,':','LineWidth',5);
ylabel('población (habitantes)');
yyaxis right
plot(t,fa*A,'LineWidth',3); plot(t,fa*N,'LineWidth',3);
legend('Comunes','Élite','Alimento','Recursos');
ylabel('alimento/recursos (toneladas/año)');
set(gca, 'FontSize', 15); set(gcf, 'Color', 'w')
xlabel('años');
hold off
```

nombre	valor	descripción
α	1.1	constante de ajuste
a_s	10^{-2}	tasa de mortalidad saludable
a_h	7×10^{-2}	tasa de mortalidad hambruna
b_1	6×10^{-2}	tasa de nacimiento comunes
b_2	3×10^{-2}	tasa de nacimiento élite
s	5×10^{-4}	salario de subsistencia per cápita
p	5×10^{-3}	cantidad de alimento mínima per capita
r	10^{-3}	factor de regeneración recursos naturales
L	10^2	límite de carga de la naturaleza
k	1 a 10	factor de desigualdad social
D	$\frac{2s(a_h-b_1)}{L(a_h-a_s)}(1+\frac{E(0)}{C(0)})$	tasa óptima conversión de recursos a alimentos
$C(0)$	10^2	población inicial de comunes
$E(0)$	4	población inicial de la élite
$N(0)$	50	cantidad inicial de recursos naturales
$A(0)$	250	cantidad inicial de alimento

CUADRO 2. Valores para las constantes y condiciones iniciales.

7.7. Modelando una pandemia

El siguiente es un modelo epidemiológico introducido por Kermack y McKendrick, ambos británicos, en 1927[11]. Modela la composición de una población constante $N = S + I + R$ ante una enfermedad, donde $S(t)$ representa el número de personas susceptibles de contagiarse, $I(t)$ el número de infectados y $R(t)$ el número de recuperados inmunes a la enfermedad para cada $t \geq 0$:

$$\begin{aligned} S' &= -\beta SI \\ I' &= \beta SI - \gamma I \\ R' &= \gamma I \\ S(0) &= S_0 > 0,\ I(0) = I_0 > 0,\ R(0) = 0,\ S_0 + I_0 = N, \end{aligned}$$

donde $\beta > 0$ es un parámetro de infección y $\gamma > 0$ la tasa de inmunización. Todo esto suponiendo que las soluciones $S(t)$, $I(t)$, $R(t)$ existen, son únicas, no negativas, continuas y con derivada continua para $t \geq 0$. Es posible probar los siguientes hechos a partir del modelo:

- La epidemia crece inicialmente en el número de infectados si el número inicial de susceptibles supera el umbral $\rho = \frac{\gamma}{\beta}$, esto es $S_0 > \rho \Rightarrow I'(0) > 0$.
- Suponiendo que existe el límite $\lim_{t\to\infty}(S, I, R) = (S_\infty, I_\infty, R_\infty)$ se puede demostrar que $I_\infty = 0$, $S_\infty = N - R_\infty$ y R_∞ es raíz de la función: $F(z) = N - z - S_0 \exp\left(\frac{-z}{\rho}\right)$. Esto puede obtenerse de dividir la primera y última de las EDO.
- Se puede usar el teorema del valor intermedio para probar que la raíz anterior existe y es única.

El programa siguiente discretiza estas ecuaciones para algunos valores de los parámetros $S_0 = 100$, $I_0 = 20$, $R_0 = 0$, $\gamma = 0{,}1$ y $\beta = 0{,}01$ y se muestra

[11] W. O. Kermack y A. G. McKendrick, *A contribution to the theory of epidemics*, Proc. Roy. Soc. (A) 115 (1927), 700–721, 139 (1932), 55–83.

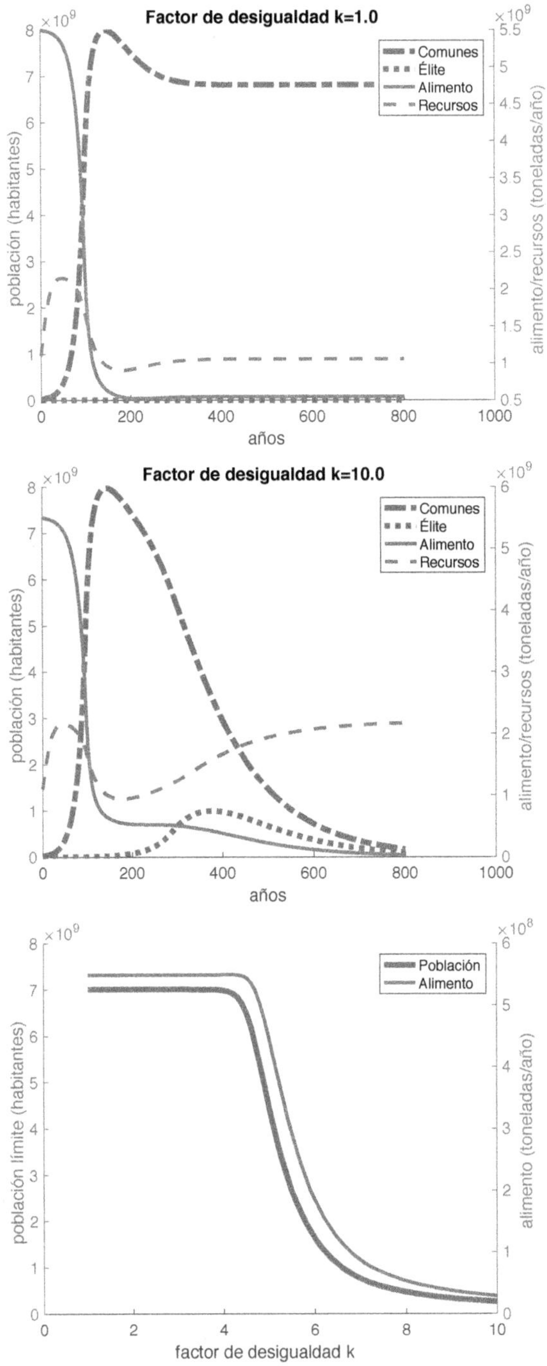

FIGURA 12. Modelo de población recursos alimentos para sociedad igualitaria $k = 1$, sociedad desigual $k = 10$ y variando k. Se aprecia un colapso de alimentos disponibles cerca del valor del factor de desigualdad $k = 5$. (Ver figura en pliego color p. 215).

la evolución de las variables $S(t)$, $I(t)$ y $R(t)$. Notar que primero se alcanza un máximo de infectados y después toda la población se recupera y se vuelve inmune.

Código para la resolución del modelo SIR que genera la Figura 13 usando el método de Euler.

```
% Modelo SIR
S0=100; I0=2; R0=0; % condiciones iniciales
beta=0.01; gamma=0.1; % tasa de infección y de recuperación
dt=0.1; % paso de tiempo
% metodo de Euler
S(1) = S0; I(1) = I0; R(1) = R0;
for n=1:500
    S(n+1) = S(n) - dt*beta*S(n)*I(n);
    I(n+1) = I(n) + dt*beta*S(n)*I(n) - dt*gamma*I(n);
    R(n+1) = R(n) + dt*gamma*I(n);
end
figure('color','w'); hold on;
plot(S,'b--','LineWidth',6);
plot(I,'r-','LineWidth',6);
plot(R,':','LineWidth',6);
set(gca, 'FontSize', 25); ...
    legend('Suceptibles','Infectados','Recuperados');
xlabel('tiempo'); ylabel('población');
xlim([0 500]); hold off
```

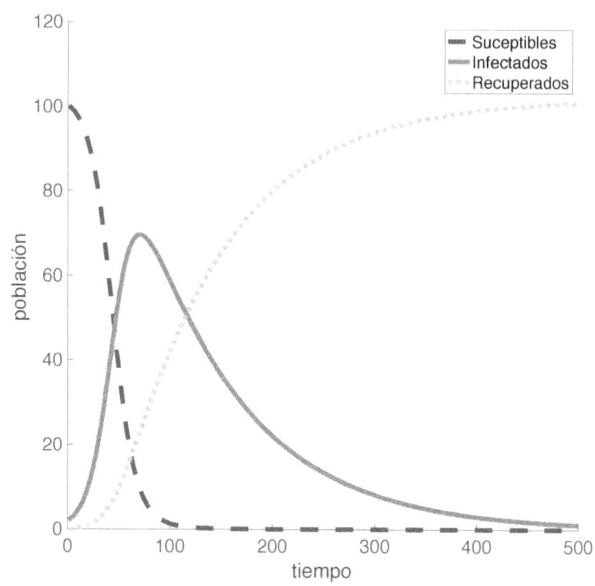

FIGURA 13. Modelo SIR utilizado en epidemiología.

Si el lector o lectora interesados quiere explorar en mayor profundidad las aplicaciones reales de este tipo de modelos en la pandemia de Covid-19, donde por ejemplo se considera el impacto en poblaciones de distintas edades, el efecto de medidas de confinamiento y de políticas de vacunación, puede visitar la página especialmente dedicada del Centro de Modelamiento Matemático[12].

[12]Ver la página `https://covid-19.cmm.uchile.cl/covid-19`

Bibliografía complementaria recomendada

Esta es una lista de otros libros de ecuaciones diferenciales ordinarias muy recomendados que pueden usarse para extraer ejercicios, ejemplos y explorar otras formas de abordar los contenidos presentados en este texto:

- G. F. Simmons, *Ecuaciones Diferenciales con aplicaciones y notas históricas*, McGraw-Hill, 2da edición, 1993.
- E. Penney. *Ecuaciones diferenciales.* Prentice-Hall, Parson Educación, 2001.
- D. Kreider, R. Kuller, D. Ostberg, *Ecuaciones diferenciales*, Fondo Educativo Interamericano, 1973.

Los siguientes son algunos libros que pueden servir para recordar y profundizar en los conceptos de cálculo y de álgebra lineal utilizados en este texto. Esto incluye: continuidad, límites, derivadas, integrales, teorema fundamental del cálculo, independencia lineal, bases, determinantes, vectores y valores propios y forma canónica de Jordan.

- M. Spivak. *Calculus*, Editorial Reverté, 3ra edición, 2012.
- G. H. Golub, C. F. Van Loan. *Matrix Computations*, Johns Hopkins University Press, 4ta edición, 2013.
- P. Lancaster, M. Tismenetsky. *The theory of matrices with applications.* Computer Science and Scientific Computing Series. Academic Press. 2da edición, 1985.

Para quien se interese en una exposición más exigente de las ecuaciones diferenciales en lo teórico, puede consultar:

- V. I. Arnold, *Ecuaciones Diferenciales Ordinarias*, Editorial Rubiños, 1995.

Con respecto a la teoría del caos, ecuaciones no lineales, atractores extraños, recomendamos los siguientes libros:

- J. Gleick. *Caos, la creación de una ciencia.* Editorial Planeta, 2012.
- I. Stewart. *¿Juega Dios a los dados? La nueva matemática del caos.* Editorial Booket Paidós, 2019.

Para quienes quieran profundizar en aspectos de análisis funcional, como es el caso del teorema del punto fijo de Banach, se puede consultar por ejemplo el libro:

- M. Reed, B. Simon. *Methods of Modern Mathematical Physics, I: Functional Analysis.* Academic Press, San Diego, New York, 1980.

Finalmente, respecto de las aplicaciones de ecuaciones diferenciales, y para facilitar su consulta, dejamos aquí un listado de todas las referencias a artículos y libros ya mencionadas en este libro. Esta última lista incluye las fuentes originales que inspiraron varios de los ejemplos que se usaron en diversos ámbitos a lo largo de este texto: los sistemas predador-presa, los modelos de poblaciones, la sismología, la astronomía, la epidemiología y la meteorología entre otros.

- M.-C. Anisiu. *Lotka, Volterra and their model.* Didactica Mathematica, 32 (2014), 9–17.
- A. J. Lotka. *Analytical note on certain rhythmic relations in organic systems*, Proc. Nat. Acad. 6 (1920), 410–415.
- V. Volterra. *Fluctuations in the abundance of a species considered mathematically*, Nature 118 (1926), 558–560.
- B.-F. Apostol. *Eulers transform and a generalized Omori's law.* Physics Letters A 351 (2006) 175–176.
- P. Hellings. *Astrophysics With a PC: An Introduction to Computational Astrophysics, Chapter 11. Star Formation in the Galaxy*, Willmann-Bell, 1994.
- B. van der Pol and J. van der Mark. The heartbeat considered as a relaxation oscillation, and an electrical model of the heart. The London, Edinburgh, and Dublin Philosophical Magazine and Journal of Science Ser.7, 6, 763-775, 1928.
- D. Colman. *There's No Quiet Without Noise*, New York Times, July 8, 2011.
- W. O. Kermack, A. G. McKendrick. A contribution to the theory of epidemics. Proc. Roy. Soc. (A) 115 (1927), 700–721, 139 (1932), 55–83.
- S. Motesharrei, J. Rivas, E. Kalnay. *Human and nature dynamics* HANDY*: Modeling inequality and use of resources in the collapse or sustainability of societies.* Ecological Economics, Vol. 101, 90–102, 2014.
- E. Kalnay. *Atmospheric modeling, data assimilation and predictability.* Cambridge University Press, New, York, 2003.

Pliego color

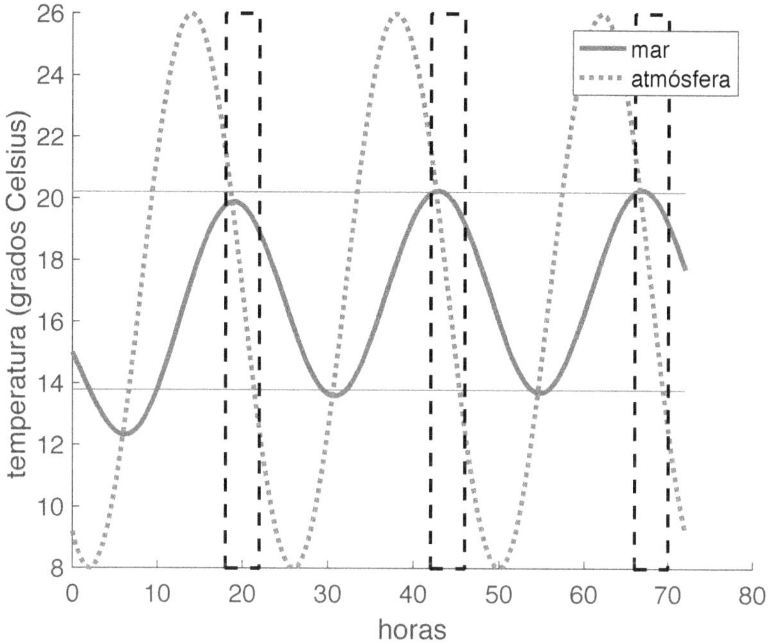

FIGURA 1. Variación de la temperatura del mar en horas, inicialmente de $T(0) = 15$ grados frente a una temperatura ambiente periódica $T_A(t) = 17 - 9\,\mathrm{sen}(\omega(t-20))$, $\omega = 2\pi/24$, $k = 0.1$. Se indica en línea punteada las horas de la tarde entre las 18 y las 22 horas en que la temperatura del mar podría comenzar a superar a aquella de la atmósfera.

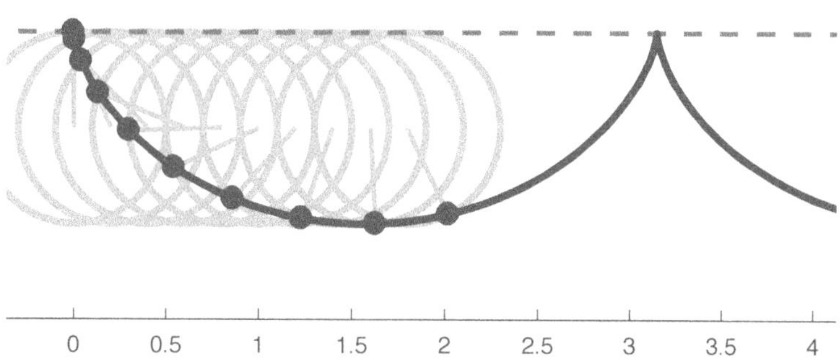

FIGURA 5. Curva braquistócrona (inicio de una cicloide) con $\omega \in [0, 3\pi]$, parámetro $k = 1$ y constante $C = 0$. La cicloide se genera al seguir un punto fijo que rueda con una circunferencia.

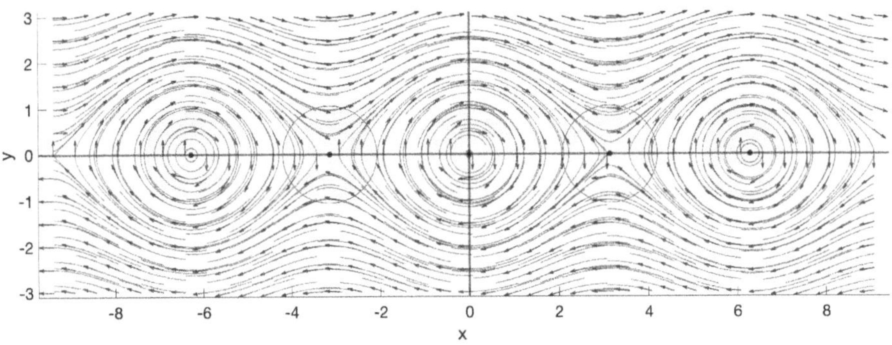

FIGURA 21. Diagramas de fase del péndulo no amortiguado caso $m = g = L = 1$, $c = 0$.

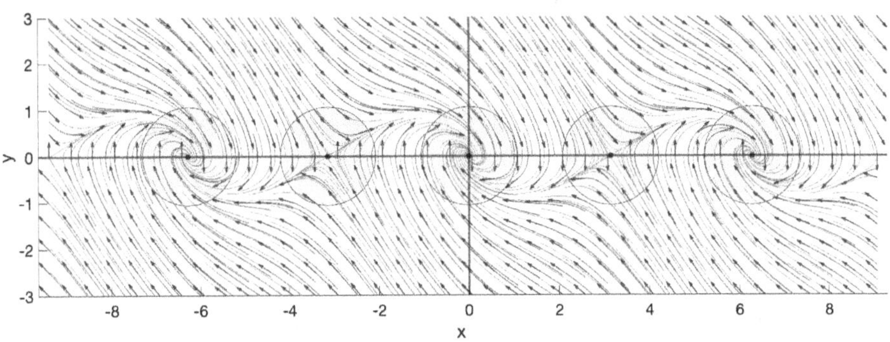

FIGURA 22. Diagramas de fase del péndulo subamortiguado caso $m = g = L = 1$, $c = 1$.

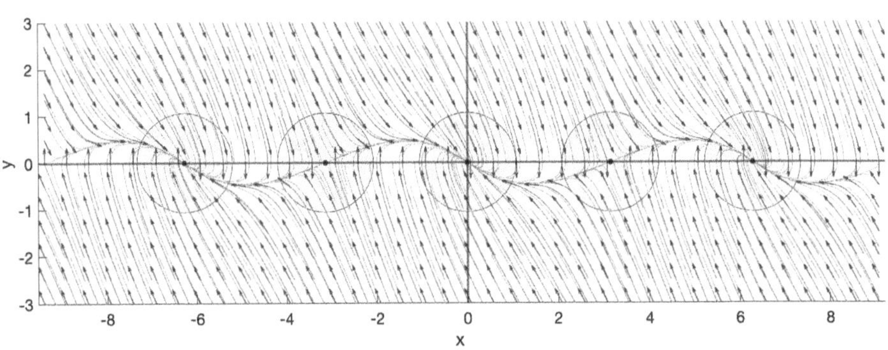

FIGURA 23. Diagramas de fase del péndulo sobreamortiguado caso $m = g = L = 1$, $c = 2.1$.

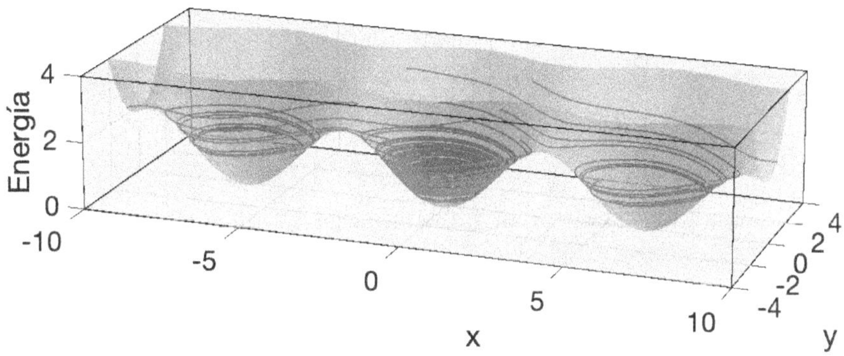

Figura 27. Energía total $E(x,y) = \frac{1}{2}mL^2y^2 + mgL(1-\cos(x))$ y trayectorias para el péndulo no-lineal para valores de los parámetros $m = g = L = 1$ y $c = 0.1$. La energía total resulta ser una función de Liapunov no estricta ya que no decrece estrictamente cuando $y = \theta' = 0$.

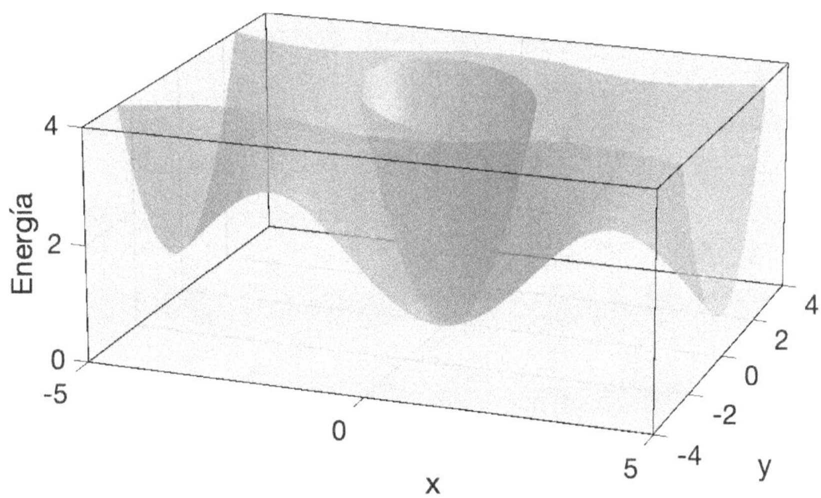

Figura 28. Energía total $E(x,y) = \frac{1}{2}y^2 + 1 - \cos(x)$ y función de Liapunov $V(x,y) = \frac{1}{2}(x+y)^2 + x^2 + \frac{1}{2}y^2$ para el caso $m = g = L = c = 1$.

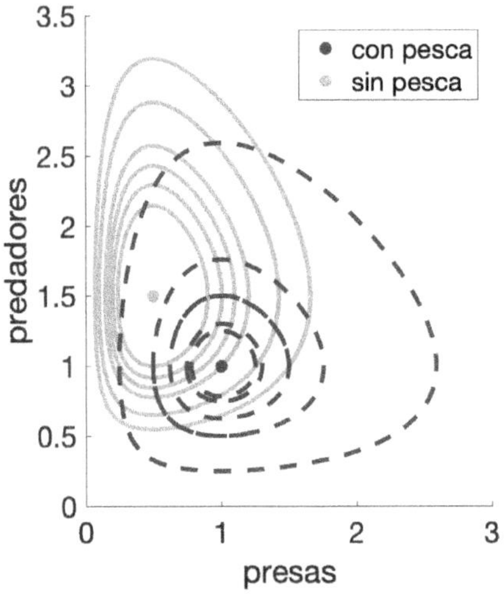

FIGURA 2. Trayectorias y equilibrios del sistema de Lotka-Volterra con pesca (órbitas centradas a la derecha y abajo con línea punteada $a = b = c = d = 1$) y sin pesca (órbitas centradas a la izquierda y arriba con línea sólida $a = 1.5$, $c = 0.5$, $b = d = 1$). Se observa una disminución de las presas (eje x) de 1 a 0.5 a pesar de la prohibición de pesca. Esto se explica por el aumento de predadores (eje y) de 1 a 1.5. Hay un desplazamiento del punto de equilibrio de (1,1) a (0.5, 1.5).

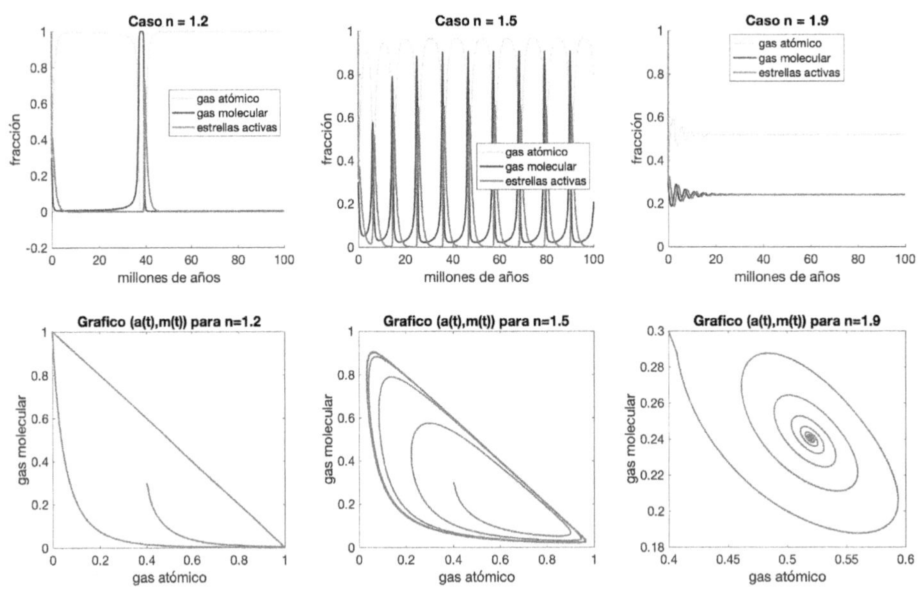

FIGURA 7. Evolución de estrellas usando el método de Euler progresivo.

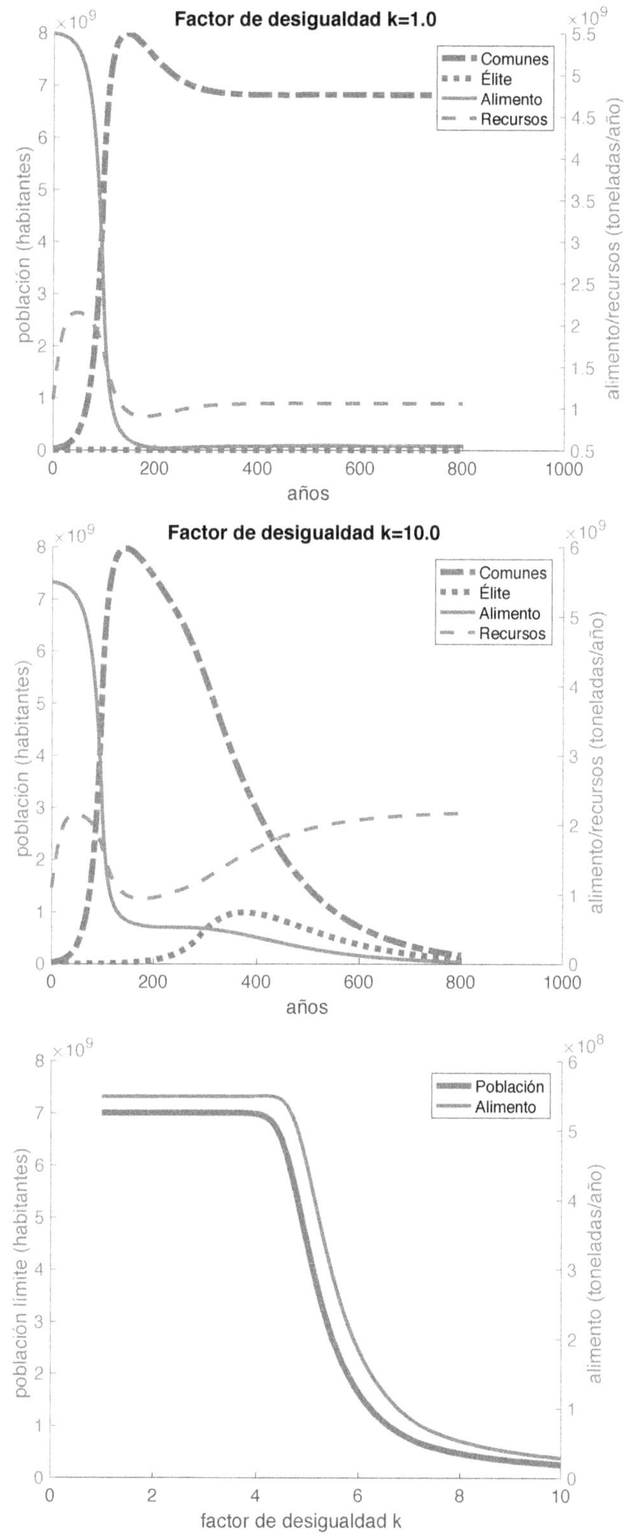

FIGURA 12. Modelo de población recursos alimentos para sociedad igualitaria $k = 1$, sociedad desigual $k = 10$ y variando k. Se aprecia un colapso de alimentos disponibles cerca del valor del factor de desigualdad $k = 5$.

www.ingramcontent.com/pod-product-compliance
Lightning Source LLC
LaVergne TN
LVHW082237051026
849532LV00012B/4020